国家自然科学基金重点资助项目（批准号：59838290）
国家自然科学基金资助项目（批准号：50208013）
上海市重点学科建设项目资助（沪教科 2001－41）

当代城市规划理论与实践丛书

陈秉钊　主编

政府视角的城市规划

童　明　著

中国建筑工业出版社

图书在版编目（CIP）数据

政府视角的城市规划／童明著．—北京：中国建筑工业出版社，2004
（当代城市规划理论与实践丛书）
ISBN 7-112-06808-8

Ⅰ.政…　Ⅱ.陈…　Ⅲ.城市规划—研究
Ⅳ.TU984

中国版本图书馆CIP数据核字（2004）第086046号

责任编辑：陆新之
责任设计：郑秋菊
责任校对：赵明霞

当代城市规划理论与实践丛书
陈秉钊　主编
政府视角的城市规划
童　明　著
*
中国建筑工业出版社 出版、发行（北京西郊百万庄）
新 华 书 店 经 销
北京嘉泰利德公司制版
北京建筑工业印刷厂印刷
*
开本：787×1092毫米　1/16　印张：21　字数：400千字
2005年1月第一版　2006年11月第二次印刷
印数：3,001—4,500册　定价：**42.00**元
ISBN 7-112-06808-8
TU·6055(12762)

本社网址:http://www.china-abp.com.cn
网上书店:http://www.china-building.com.cn

总序

1898年英国E·霍华德的《明日的田园城市》问世象征了现代城市规划理论的诞生。过去的一百年，世界在城镇化的重大发展时期里，城市规划理论得到了重大的发展。

由于城市规划毕竟是一门应用性的学科，要把城市规划的理论付之于实践，要把理论落实到地上，必然需要得到工程技术学科的支持。霍华德亲自领导，于1903年在距伦敦市中心56km的赫特福德郡（Hertfordshire）购置了1545hm^2乡村土地，创建了第一座田园城市莱奇沃斯（Letchworth），并请建筑师R·昂温和B·帕克负责编制城镇规划方案。

也许是在城市规划的日常实践中，建筑师的工作是大量的，所以导致城市规划学科的技术层面，物质形态的部分内容逐渐占据了突出的地位。于是《明日的田园城市》中城市物质形态（Physical）的部分被一代又一代地强化，而作为城市规划理论更本质的部分，城市规划、建设、管理中的社会目标、经济分析、经营管理、社会团体的参与，等等，却逐渐被淡忘了。“把城市看成是一种扩大形式的建筑学，那就是建筑师设计单幢建筑，城市规划师设计建筑群。”（E·帕金森）①

然而在城市规划工作者中，毕竟有些人看到了在物质形态的背后更本源的东西，“我们同行们逐渐了解到，最根本的社会和经济的力量，它是形成我们环境的最重要因素，任何成功的城镇设计，必

① 英国皇家城市规划学会前主席

须以它们的社会和经济力量为出发点。”（W·鲍尔）[①] 包括许多建筑师也看到了，“在当代条件下，建筑继续存在于城市之中，是城市的一部分，使城市生活的某些空间得以物质化。然而，今天更胜于过去者，就是我们意识到城市要多出于它的建筑物和建筑学。……所有这些，都不仅是完全跳出了建筑师日常职业实践的范围，而且，我们习以为常的分析手段和建造项目都无法对这些条件提供答案。”（I·S·莫拉莱斯）[②]

《当代城市规划理论与实践丛书》不是对霍华德开创的现代城市规划理论的否定，恰恰相反，而是对当前尤其是我国在向市场经济体制转轨过程中，城市规划、建设和管理遇到的许多问题的探索，对《明日的田园城市》所包含的许多被淡忘了的内容的追回。我们力图立足于城市规划，由此走出去，从史学、哲学、系统工程学等获得思想武器，从经济学、社会学、管理学、法学、地理学等科学中汲取养料，最后要走回来，解决城市规划当前所面临的问题。

城市规划主要是政府行为，随着我国加入 WTO 之后，政府职能将更进一步转变，本丛书将从技术层面转向政策层面，以政府的作为为主要内容。

城市规划学科是一个综合体，也是一个多面体，《当代城市规划理论与实践丛书》力求从更多视角来观察、分析城市和城市规划。它绝非否定以往的视点，而是一种补充。因为单纯的形态设计已经不能使我们到达霍华德田园城市理想的彼岸。丛书是献给城市规划的第三个春天。

陈秉钊

于 2002 年 1 月

---

① 英国利物浦城市规划处原处长．城市的发展过程．中国建筑工业出版社，1981

② 第十九届世界建筑师大会主题报告．现在与未来：城市中的建筑学．Ignasi de sola-Morales．张钦楠译．建筑学报：1996（10）

序

自从改革开放以来，我国的社会经济发展在结构和形式上，都发生了深刻的历史转变。城市建设也由以往的单一政府指令模式，逐步向多元参与模式转变，越来越多的投资者介入到城市建设中来，给城市发展注入了巨大的活力，使我国许多城市以前所未有的速度进行着扩张和更新。

在这一发展过程中，许多以往体制中未曾出现的问题逐渐显露，使得传统的城市规划与管理方式面临着巨大挑战。市场决策多元化的特征，使政府原有的控制作用明显削弱，各地区的城市建设出现了不同程度的失控。各种利益集团常常只从自身角度出发，在开发过程中片面追求经济效益最大化，忽视社会整体利益，忽视城市规划与发展的根本使命。

随着地区之间竞争压力的增强，各级政府经常需要独立面对大量竞争性的问题，原有的计划性导向模式大大减弱，城市发展由垂直传达关系转变为平行竞争关系。同时，城市规划在时间上的连贯性经常缺失，使得政府必须随时应对新的问题和新的动态，进行适时的方向调整，以争取把握稍纵即逝的机遇，避开潜在发生的问题。这些现象在许多政府的城市管理运作中，对旧有的惯性思维提出了巨大的挑战，也为城市规划研究提出了新的课题。

在宏观层面上，城市社会经济的发展需要释放市场，增强活力，然而为了防止市场的无序，又必须强调集中管理，加强控制。过分的集权常常导致政府官员的个人偏好成为社会引导，而过分的放权又会导致发展方向上的紊乱。

在中观层面上，许多城市政府都致力于通过城市环境的改善来缓解社会问题，促进经济发展。然而，城市的复杂特征导致了许多城市管理问题都是相互关联的，这需要进行大量的制度创新、政策比较与选择。但是，在新的历史环境中，许多城市政府部门缺乏明确的思路和方法。

在微观层面上，城市政策研究的困难性经常使得许多地方政府官员在面对复杂的政策过程无所适从。低技能的政策操作，高额的政策风险，使许多城市政府部门在原本应当做出积极而审慎判断的决策层面上畏缩不前，而倾向于选择细微琐碎的工作。许多城市政府关注的不是城市发展的战略研究，而是积极干预具体项目的决策开发，大抓标志性工程。

《政府视角的城市规划》一书是针对在城市规划决策中大量存在的这些现象所进行的一项研究和探讨。该书强调应当从根源上改变物质性规划长期以来在人们思想观念中所形成的一种惯性模式，换一种角度来探讨城市规划的本质及使命，这涉及到城市规划的评价标准及其可能发挥的作用效果。

传统城市规划决策模式更多地强调技术因素，强调如何把事情“做好”，缺乏针对现实社会政治环境中的特征研究，而不能够细致地阐述社会问题。同时，这种思维模式也可以使城市规划避免复杂的社会价值判断，成为一种纯洁的技术性行为，而这正是早期以建筑学思维模式为主体的城市规划弊病。

该书从政府视角的角度出发，描述了现代城市规划在一百多年的历史过程中，如何从以物质空间环境为重心的“工程设计”的模式，逐渐朝向以社会经济问题为重心的“政策设计”模式进行演进；同时该书也从政策思维的角度，总结了存在于现代城市规划思想之中的“计划性”与“控制性”的思路，它们随着社会政治环境的不同，交替成为主导性的基础思想，影响着现代城市规划的目标和方向，并形成了各种具体的城市规划方法与手段。

政府干预在城市发展的转型过程中起着关键的作用，城市发展的状况与城市政策的选择有着密切的关联。如何运用恰当的政策手段，来调节城市发展的方向和目标，在城市研究中显得越来越重要。面对新的历史阶段中的外部整体环境，面对日趋复杂的研究对象与内容，政府部门在社会事务中的角色作用以及手段方法上面临着重大的变革，城市政策研究也面临着新的挑战，特别是思想基础的深层次的转型。

因此，该书将城市规划行为视作一种政策行为，而政策的制定本质上就是一种政治过程。政策是通过社会—政治程序制定而来的，也就是在多种相互冲突的利益组织之间寻求解决方法，而不是科学程式的选择。城市规划是从涉及面极广的组织内部的众多冲突中产生而来的，其中包括众多不同的价值观标准、目标及手段的不同理解。政策的决定涉及到通过“社会权衡”的过程，而不能完全按照传统模式中的综合性规划，也不可能中央性地指导。

该书认为，城市规划研究应当更多直面现实环境中的政策问题。真正的城市政策行为是通过复杂的，难以系统化、规范化的政治过程、政治冲突中产生的。大部分的城市政策都是处于全然的“计划性”与全然的“市场型”之间的，城市政策很大程度上是一种在政府和市场之间的权衡。

由于城市的发展存在着更为复杂的价值取向，远比简单的经济指标的衡量要复杂。因此，规划师本身就需要具备政治家那样的政策思维能力，不仅需要对社会发展进行有效的控制，还应当根据不同的现实环境，拥有识别、判断并选择恰当政策的能力。

该书的出版将有助于在变革的年代提升对城市规划的本质的认识，自然更根本的目的是使城市规划运用起政策的手段达到城市规划的目标。

陈秉钊

2004 年 6 月

前　言

本书源于一个基本而又简单的问题：城市规划合理性的根源在于什么？换而言之，也就是如何可以使城市规划合理化。这样就涉及到一系列随之而来的问题：城市规划的评价标准是什么？如何判定某个城市规划是好，还是不好？如何可以使城市规划更加趋向合理化？这些手段是否可以采用一种比较成型而稳定的方式来进行界定？

在逡巡了数年之后，我发现，要想针对这个问题进行明确回答是困难的，或者，是不可能的。我们已经跨越了依据图形美学来进行评判的时代，跨越了幻望理想城市的时代，也跨越了因循守旧、不思变革的时代。但是随之而来的，就是一种迷茫困惑的苍白现实，这正如卡尔·曼海姆所言："一旦乌托邦消逝，历史就不再是向一个无限终极发展的某个过程。我们据以评价事物的标准体系消失了，只剩下一堆内部特征都相同的事物。"

人们经常发现，理论上无所不能的城市规划实际上已经变得越来越无所能，虽然每个城市在规划中所投入的资金与精力越来越多，但是在现实中并没有产生等量齐观的作用与效果。城市规划与否其实并无多少实质性的差别：一方面，城市规划的集权控制已经细化到城市的每个角落，另一方面，城市的运转似乎又处在一片宽容放纵之中。城市的现实与城市规划并无太多的因果关联，它就像是一个自为自在的生物体，依靠着本能随时在调整着自己，在一个极其多元的选择过程中，人们很难区分事务的原因和结果。

几乎所有人都会同意，各种城市规划方法是在特定的历史和社会经济背景下发展起来的，而这些背景在很大程度上决定了提出问题的方式，以及相应的规划手段。要想把这些问题说清楚则非易事，正如法国的让—保罗·拉卡兹所言："城市规划方法与其他方法相反，它不会听凭人们将它禁锢在科学的或内部专业的逻辑中，其知识不能通过大学之类的教育来传授，而且不能对城市规划的理由进行论证。我们将要看到，决策方式问题有其社会和政治的参考标准。"

本书也来源于我在1999年所完成的博士学位论文《现代城市规划的思想基础及其演讲》之所以相隔这么久才付诸刊印，一方面是对较短时间内完成书稿的质量信心不足，另一方面也是对于它所谈论的主题仍然疑惑不决。最后，书稿以《政府视角的城市规划》为题出现。

从政府视角来看待城市规划，就意味着主题身份的转变。城市规划必然不是一种封闭而自为的专业体系，它无法存在一种内在逻辑和评判准则。它从根源上是政策行为的一个方面，而田园城市、昌迪加尔、巴西利亚只是一种特例。城市规划存在于大量日常性的政策决策、规则与措施中。

从政府视角来看待城市规划，就意味着城市规划并不必然是一种绝对正确事务，不同的社会背景和时势环境决定着城市规划的表达与方式，它的根据是在不断发生变化的，这使得前提性地预测与设计基本上是徒劳的。但是这也并不意味着城市规划是没有必要的，这就如同任何一个国家和政府都不可缺少经常遭遇挫折的经济与社会政策一样。

从政府视角来看待城市规划，就意味着城市规划是以过程而存在的，它很可能是一列没有终点的火车，依据不同的判断而变更着行进的方向与路径。

从政府视角来看待城市规划，就意味着去除幻想，融入现实。

促使我走进这种思想状态的，应当首先感谢当时正在从事翻译的Colin Rowe & Fred Koetter所撰写的《拼贴城市》，这成为了本书的精神支柱。另外还有Peter Hall所撰写的《区域与城市规划》、《明日的城市》等，他的著作提供了一个受益良多的城市规划发展背景，成为本文的写作思考的基础。对本文产生重要影响的还有Charles E.Lindblom，Charles Wolf，Douglass C.North，J.E.Anderson等人的著作，他们实在太多了，由衷地感谢他们。缺乏前人严谨的工作，任何理论上的写作是难以想象的。

在写作过程中，首先感谢导师陈秉钊教授多年来在学业上的悉心指导，他为本文的构思提供了一个宽阔的空间，感谢他在本书的出版过程中的鼓励与鞭策。感谢我在同济求学期间的诸位师长，以及同门的诸位师兄弟，每月一次的聚会交流，都使我在论文写作中有一份新的促进。感谢杜建英在文字与图片处理中所做的工作。

最后，感谢我的妻子张琴，我的母亲和岳母，多年来她们对我的学业、生活给予了全心全意的支持，使我能够全力以赴地投入到学习研究中。本书将献给她们。

童　明

2004年9月于同济大学

目　录

1

城市规划研究的视角转向

1.1 城市与政治

如果从政治的角度来看，城市规划可以说是一项历史久远的使命。根据史学之父希罗多德（Herodotus）的记述，德奥修斯（Deiocus）为了取得对米底亚人的专制统治，强迫米底亚人建造一座城市，并且精心把它装饰起来，使之不注意其他的事情，从而建立起在经济和政治上的垄断[①]。而亚里士多德则记述，古希腊的希波达姆斯（Hippodamos）在公元前5世纪就已经开始了系统性的规划，并运用三合一的原则规划了几个城市[②]。从众多的考古发掘及历史研究记录来看，很多古代城市都是带着强烈的政治意图，经过刻意设计而来的，而不是仅仅作为一种自然形成的人类聚居点。

图1-1 米利都城，希波达姆斯规则

① 引自刘易斯·芒福德著. 倪文彦，宋俊岭译. 城市发展史——起源、演变和前景. 中国建筑工业出版社，1989：37

② 三合一原则是指，城市包括10000个居民，分为工匠、农民和武士三个阶层。同时用地也分为三个部分：宗教用地、公共用地和私人用地

在拉丁文中，Civilization 与 Urbanization 是同义词。O·斯宾格勒认为："人类所有的伟大文化都是由城市而来的。第二代优秀人类，是擅长建造城市的动物。这就是世界史的实际标准，这个标准不同于人类史的标准；世界史就是人类的城市时代史。国家、政府、政治、宗教等等，无不是从人类生存的这一基本形式（城市）中发展起来并附着其上的。"

在古希腊时期，政权与城市之间的关系则反映得最为明显：独立的政权形式往往以著名的城邦方式来表达。"城邦起源于一种地方公共安全联盟，后来成为人们道德、理智、审美、社会和实践生活的焦点，以这种形式发展并丰富它们，此前此后，都没有任何一种社会形式能做到。"①

亚里士多德的名言"人是政治的动物"，实质上意味着："人是这样一种动物，其特征就在于生活在城邦之中。"因此，从词源上来讲，城邦、城市（Polis）与政治、政策（Politics、Policy）都有着同样的根源。在某种意义上，政治依托于城市进行表达，而城市规划的根本目的，则在于一种政治管理。

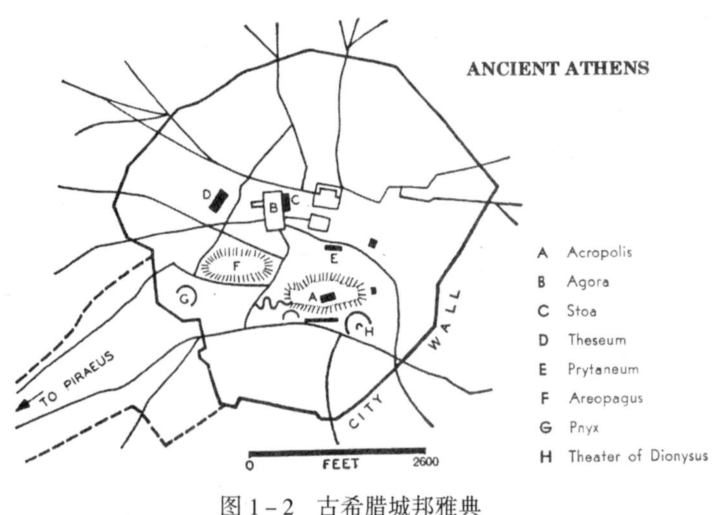

图 1-2　古希腊城邦雅典

① H.D.F.Kitto. The Greeks. 徐卫翔等译. 上海人民出版社. 1998 年

然而，政府部门针对城市发展过程中所出现的各种问题进行公共干预与管理，成立独立的组织机构，形成正式的职业和正规的手段与方法，使之成为一项公共事务，并得到社会的普遍关注，却是一百年左右的事情。这突出表现为英国于19世纪末一系列有关城市开发的制度性法规的颁布，如《公共卫生法》（1875年）、《住宅改善法》（1875年、1890年）等，以及于1909年通过的第一部《城乡规划法》。

第二次世界大战之后，尤其是到了1960年代，城市规划领域的基础思想以及具体实践发生了重大的转变，政府部门以一种与以往不同的概念介入到城市管理之中。在二次大战以前，大多数国家的城市规划实质上是一种空间设计，编制非常精细的大比例尺图纸，表示出各种用地、功能项目和建议开发项目的分布状况。

图1－3 莫斯科总体规划，1971

1960年代以后，随着传统规划手段在实践中越来越缺乏有效性，人们开始对城市规划的本质进行深刻的反思，这种精英模式的城市规划形式遭到了多方面的质疑。人们逐渐认识到，城市规划需要更多地注意广泛的社会问题，而不是具体设计的细节；规划应该强调实现目标的过程以及时间顺序，而不是详细地表述所希望达到的最终状态。

城市规划发展方向转向社会科学，从只关心物质环境的规划转变到理性的、综合性的规划；从实践指向的专业转变到强调理论的理解；从以建筑师、工程师为主，转变到融合各种专业，尤其是社会科学的全方位的协作；从注重设计手法，转变到注重政策研究。

这种转变一方面来自于战后西方城市物质环境的惊人发展，在政府的政策和资金的引导下，城市发展吸引了大量来自各种渠道的公共的、私人的投资，城市更新极大地改变了许多城市原有的中心区。然而城市物质结构和社会肌理的改变也导致了惊人的社会不良后果，社会低层阶级和穷人在城市建设中遭到忽视，处境困难。

转变的另一方面来自于对城市规划专业自身的反思：现有的城市规划专业是否反映了政治、经济、社会、空间以及精神上的要求？城市规划是否能真正有效地、系统性地处理这些问题？许多社会学家认识到城市政策所引起的社会问题，需要对城市规划专业自身进行深刻反省，同时，城市规划的技术和方法不断复杂化，促使城市规划专业的范围不断扩大。

1.2 当前城市规划研究存在的问题

1.2.1 城市规划研究的必要性

在人类社会逐渐步入高度城市化的今天，城市及其区域的发展对于一个民族、一个国家、以至于全球的进步与发展，所产生的影响和作用是毋庸置疑的。世界上的每个地区在社会、经济、文化等方面都越来越受制于城市的发展状态，它已经成为人类文明进步的象征。因此，城市规划行为也就越来越体现出自身的价值和重要性。

一个“好”的城市规划可以对城市社会经济的提高与发展，人民生活的舒适与安宁，交通运输的便利与迅捷产生巨大的推进作用。然而，城市规划中的任何偏差与失误，都可能招致适得其反的效果。并且，城市规划不同于经济政策那样，可以及时得以调整并加以变更，以适应形势的发展变化。它是一个难以逆转的过程，一旦付诸实施，所形成的物质环境在相当长的时期内不可能推倒重来，从而对国民经济和社会结构产生极其深远的影响。因此，城市规划的制定应当是一项非常审慎的行为。

在一个普遍存在资源稀缺的环境中，城市规划决定了有限的社会资源优先权的安排：在什么地方进行建设？建造什么？如何操作？谁在什么时候，为什么应该提供经费？公共资源如何筹措？公共利益如何限定？什么机构负责处理日常公共事务？……这些问题在城市规划的制定过程中同样也必须得到考虑。

现代城市规划的制定与实施也是一项庞杂、繁复的社会行为，但是，这种社会行为的本质，以及对它进行分析研究的复杂性至今未能得到广泛的认识。由于几乎所有的城市规划师都不可能认识到城市规划的每一个方面，而只能考虑自身领域中的事务，因此往往不能够将城市作为一个有机的整体来进行考虑，他们只是分别考虑自己的行为范围、研究领域中的内容，以及相关理论的重要性。

城市规划教育也常常过分强调了具体的专业特征，而未能指出规划师的责任与职能。传统城市规划主要关心住房、设施、用地、规划技术、交通等具体问题，这使许多规划师只具备单一技能而缺乏全局观念，规划教育较少注意“确定目标”和“从目标中引导手段”等政策方面的问题。因此，这些问题的改进都有待于理论基础上的探究。

实际上，每个看似简单的规划实践行为往往都涉及到无数相关的政治社会学理论，如果在城市规划领域内不能建立起有效的理论体系，那么城市规划的综合性角色和社会责任就难以体现。城市规划和一些社会分析必须研究如何配置社会资源，以实现政府的目标和决策；城市中各种各样的要素和行为必须得到综合考虑，以减少社会冲突和资源浪费；城市规划必须是持续性的，以保证城市发展目标在一段时期内的连贯性。这就需要一个有力的理论基础来支持众多的决策和行动，保持城市规划的综合性行为和连续性过程。

1.2.2 现代城市规划理论的构成

虽然城市规划行为必须依据一定的理论框架进行，但是在具体实践中，理论研究的作用与人们的期望相去甚远，其作用往往得不到体现。城市规划理论与实践脱节的问题长期以来困扰着城市规划学科的发展与完善，使之无法作为一门严密科学而存在。

对于一门严密科学而言，它的理论研究应当是从大量客观现象中抽象出具有普遍意义的规律，从而形成可靠、真实地反映事物运动变化本质过程的知识体系，并根据这种知识体系形成有效的方法程序，指导具体的实践行为。但是这种特征并未能够在城市规划领域中得到完全的体现。

经过长期的发展，城市规划理论已经逐步形成体系，并对城市的现实发展产生深远的影响。该体系所包含的许多基本内容也获得了一定程度的共识：针对城市系统及其功能要素之间的相互关系进行分析，预测城市人口和经济的发展或衰退的趋势；建立关于某个地区的地貌、地理和其他环境特征的信息系统；制定总体规划来进行宏观控制；审批土地划分，确定土地使用性质，进行人口密度控制，针对建筑高度、密度进行控制；有条件地审批项目，评估项目对环境造成的影响；针对众多土地使用的密度和强度、操作和设计行为的控制管理；制定切合于现实情况的道路、交通规划，以及关于教育、娱乐等公共设施的规划。另外还有用来实现城市规划目标的资金筹集税收政策，控制城市发展的有效方法，与城市总体规划相联系的市政投资项目，符合城市规划目标的地区行政分区……

凯文·林奇认为城市规划理论系统应该由三个部分组成，其中包含功能理论（functional theory）、“范式理论”（normative theory）、决策理论（decision theory）。这三个部分作为一个整体，相互联系，相互支撑，构成城市规划理论系统。同时，这三个理论的组成成分、侧重点各不相同，如果不加以辨别区分，则无法清晰地掌握城市规划的过程，从而不能制定出高效的规划政策①。

（1）功能理论侧重于城市系统本身，解释城市的形态、结构及其运行机制，因而最具实践意义。功能理论经历的发展时间最长，成果也最为丰富。其重点是城市空间系统，主要是关于城市如何发展，如何操作等问题。

功能理论从不同的角度来研究城市系统，从而形成许多分支领域：如果将城市作为一个历史过程，那么侧重于采用一定的标准来研究城市的历史过程，并预测城市的未来发展趋势；如果将城市视为一种人文生态系统，那么一方面研究由一系列的经济行为和居住行为所形成的一种静态图示，例如芝加哥学派所研究的同心圆、扇形等城市结构，另一方面研究由社会吸引力与排斥力相互作用的动态系统；如果将城市视为社会生产和物资分配的空间形式，那么城市则是一种经济载体，对各种经济物资的生产、分配和消费过程进行研究；如果将城市视为一种引力场，那么则需研究控制人口和经济分配的城市之间

① Kevin Lynch. A Theory of Good City Form. MIT Press, 1982. 37

的引力与斥力，以及它们所形成的相互作用的城市体系；如果将城市视为一种社会的冲突领域，那么研究城市中各种形式的政治冲突；如果将城市视为一种空间环境，那么从心理学、美学等方面来研究城市的物质空间形态。

在功能理论中，每一种角度都有各自的侧重和各自的作用，但是这些理论分支都具有一些共同的特征：①这些理论都带有某种价值目标的假设，虽然这些价值可能是隐含的。例如交通问题的研究重点在于交通方面，而不会涉及到历史文化保护上来。②这些理论的本质大部分都是静态的，机械的，只能作出小幅度的变化与调整，也无法适应人类社会复杂的变化过程，无法应对连续性的、不可预见的变化。③这些理论无法解释社会环境问题以及丰富的城市文脉与意义。城市空间被抽象为一个中性的容器，人类在城市中所感受的许多东西都被忽略了。④这些理论没有考虑到城市是人类有目的地进行改造的自然事物，城市被一些呆板、僵硬的法规、政策所控制，而不是由人类的意志来决定。

（2）范式理论主要侧重于人们的价值目标与城市的空间形态之间关系的研究，是针对功能理论不能解释的城市社会文化特征，而形成的缺陷提出的。它是关于人们在主观意识中，关于城市“好”、“坏”的评价，城市应当如何发展等问题的研究。功能理论的对象是城市物质环境，但不能够解释社会意识形态等方面的问题。而范式理论则弥补了纯粹功能研究的不足，物质形态在满足人类价值目标方面并无特定的重要性，它不是一种决定因素。

凯文·林奇认为一个生活在豪宅中的富人可能是悲惨的，而一个在贫民窟中生活的人却可能是欢乐的。[①] 同时，物质形态只有在稳定的价值系统中才有可能对某种社会文化产生预期的作用，但是它不可能产生出一种泛文化的影响。功能理论研究必须考虑到所处的社会文化环境，才能产生应有的效果。

因此功能因素在城市内部以及城市系统的变化发展中并不一定起主要作用，而公众的社会意识形态对于城市的影响也并不一定能够被

① Kevin Lynch. A Theory of Good City Form. MIT Press, 1982. 40

人们以某种方法掌握并运用。虽然城市形态是复杂的，但是人类的价值系统则更加矛盾复杂，尤其是一些心理学、美学方面的问题，更加不可度量并被客观地掌握。因此，范式理论的研究方法并不可以用功能理论的方法来度量，这是一个新兴的，难于驾驭的领域，需要更多的重视与研究。

(3) 决策理论主要是关于如何作出关于城市发展的政策，这个部分已经超出了传统意义上的城市规划理论范畴。与功能理论和范式理论的本质不同，决策理论并不是针对城市系统本身，而是针对整个规划决策过程，主要是关于城市规划如何制定、如何执行，并且在实践中起什么样的作用等问题。

由于城市规划所涉及到的行为主体是由许多代表不同利益的机构、个人所组成，在这样的一个环境中作出明确的城市规划决策是很困难的。在规划过程中确定谁是业主，谁来参与规划，谁对决策过程起决定作用，这同样是一个难于回答的问题。决策理论的重点主要就是针对这些问题进行探索，只有清楚地辨识城市规划的过程，才能制定出合乎实际情况的规划政策，取得良好的效果。

1.2.3 理论研究体系的不完善性

尽管在学术界，针对城市规划理论进行界定的工作始终进行着，但是至今也尚未形成一种公认、完善的知识体系，这表现为城市规划理论一方面不能清晰地反映出城市运动发展的前因后果、内在本质，另一方面理论研究也缺乏内在的明晰性与合理性。

虽然很多理论研究将城市规划看作是一门由建筑学、政治学、经济学、交通学、环境学、心理学、美学等综合交叉学科的研究体系，但是很难将这其中的因果关系整理出一种逻辑关系明确的过程，因而常常只能停留于表面的叠加。

早期的城市规划理论家往往忽视规划实践，按照一种理想中的模式来考虑规划中的现实问题。而新的经验主义者又过分偏于另一个方向，他们简单地看待称作为规划的行为，并描述他们所看到的事物，但是由于缺乏必要的理论支撑，基本概念没有得到明确的阐述，面对大量的抽象调查数据，思想上却处于一种零散的、混乱的状态之中。

这样导致许多矛盾被掩盖在“综合的、系统的、全面的”等笼统用语之中，而其内在的许多矛盾之处却没有得到很好的阐述。

这也使得各领域之间的冲突得不到合理的解释，在某个领域中合理的事务行为，在另一个领域中却可能是不合理的：在交通布局上合理的规划，在用地布局上可能不合理；在经济计划上合理的规划，可能在历史文化保护方面不合理。这些现象也使得城市规划学科很难得出一个清晰的界定，并造成一定的思想混乱，导致城市规划研究也表现出诸多的矛盾性。这些矛盾性主要表现为：

(1) 理论性与实践性：一门理论的形成是由于人们能够从研究领域内部各要素之间的相互关系中，得出一些共性的、普遍性的认识。城市规划理论应当是对城市内在本质的反映，对城市发展规律的总结归纳。

但是规划理论常常在实践中不能够得到彻底的贯彻，差异甚大的各种规划环境体现不出规律性，很难形成某种系统性的理论，能够有效解决规划中所出现的各种问题。同时，从事城市建设具体工作的人员有时可以凭借经验与直觉顺利地完成工作，而不依赖于他对城市规划理论系统性的掌握，但是这些日常工作经验与直觉却很难形成有效的理论体系。

因此，规划理论及政策与日常行为之间关系不紧密，理论对于实践并没有体现出太大的意义，许多人认为日常工作经验即可足以应付规划中所出现的问题。这种现象使得人们对于规划理论的作用产生怀疑，另一方面对日常经验又不屑一顾。正统的理论缺乏有效性，而有效的日常经验又缺乏正统性。

(2) 实证性与观念性：从自然科学的思维角度来看，一门理论的正确与否在于是否能够经受实践的检验。尽管许多规划理论的根据来源于科学原理，符合客观发展规律，但是在城市规划实践中，许多规划问题的根据并不在于客观事实，而在于人们的价值观念。

例如为什么历史性的城市空间让人回味无穷，而现代城市空间却索然无味？为什么自然环境较差的四合院、传统里弄的生活让人觉得舒适温馨，而现代居住区却让人觉得了无情趣？这些问题无法从客观标准来进行判定，而在于人们的主观理解判断，并随着人们的价值观念而变化，没有绝对的正确与错误之分。

现代城市规划学科的许多问题一方面是因为城市系统的涉及面过于庞大、复杂，另一方面是城市规划中所涉及的各种行为主体的价值观念、思维方式、理想目标的不一致所造成的，因而无法形成统一的理论，也形成不了固定模式来指导具体的规划实践。

（3）精确性与框架性：城市规划是针对未来的一种预见性的决策行为，但是在理论界，人们对于城市规划所起的作用常常表现为两方面的理解：一些看法认为规划是一种针对具体问题的行为，是对城市的认识所形成的科学知识的运用过程，是从城市研究、政策制定、一直负责到最终的实施过程。

麦瑞安姆（C.E.Merriam）认为“规划是运用社会智慧来决定城市政策的行为，它立足于对资源的考虑，仔细综合，彻底分析，同时兼顾其他必须包含在内的各种要素，来避免政策的失败或失去统一的方向。同时向前展望，向后回顾，尽可能充分利用我们的资源。”① 而托雷茨基（C.Touretzki）认为：“对于规划，我们可以认为是在对经济发展趋势的科学预测指导下，和对社会发展规律的认真观察下，最合理、最理性地运用所有社会劳动和物质资源。”②

另一些看法则认为，城市规划理论与政策无关，也无需针对日常工作中所出现的各种行为作出具体规定，规划环境的多样性以及行为主体的复杂性使得未来不可完全预测，具体、详细的规划也不能够因势利导、随机而变，规划只是起一种总体框架的作用，或者是一种行为准则，规划是行为的一个策划过程，无需具体到实施操作细致程度。例如纽曼（W.H.Newman）认为：“规划是在做某事之前的决策，也就是说规划是行为过程的程序。”③ 古力克（L.Gulik）认为：“规划是在总体上限定出所要做的事情，限定按照某事物的目标来行为的

① Charles E.Merriam. The National Resources Planning Board. Planning for America. Now York Henry Hdt&Co, 1941. 486.

② Ch.Touretzki. Regional Planning of the national economy in the O.SS.R.and its bearing on regionlism. International Social Science Journal. Vol11. No. 3, 1959. 3

③ William H.Newman. Administrative Action. NowYork: Pitman Publishing Corp, 1958. 15

方法。"[①]

对于一门学科的看法与定义反映了该学科的发展阶段，由于人们对于一门学科看法不同，这门学科的研究对象以及研究领域的界定也随之变化；同时，对于学科领域看法的变化反过来又影响到学科的发展。

现代城市规划理论体系自20世纪初逐渐形成以来，其目标就是朝向合理化、严密化而进步完善，但是理论研究与现实的差距表明城市规划难以形成一种统一的体系：城市规划行为离不开科学研究，但脱离了社会环境因素则无法进行。同时城市规划也不可能仅仅通过日常行政过程即可完成，需要大量的理论探索。

因此，从政府角度出发来研究城市规划的角色及其使命，其目的也在于此。从表面现象出发已经无法解决理论研究中所存在的诸多问题，向原则问题的回溯应当是一项必然的任务。

1.2.4 社会研究领域中的特征困境

现代城市规划在解决现代城市中的诸多现实问题时，在某些方面是十分成功的。但是，城市规划不是万灵药，在解决空间环境问题这样的限定领域中，现代城市规划并没有形成一个明确的、有效的方法体系来解决所有的问题，而日常行为也经常停留在经验决断、主观判断的水平上。

这种现象并不是城市规划研究领域所独有，任何涉及到人类社会研究的学科几乎都面临着这样的难题，其根本原因在于主观世界与客观世界的本质及其衡量标准得不到统一的解释。

近代自然科学的飞速发展使人们习惯性地将自然科学研究的思维方式运用到各个学科领域中去。但是人类社会作为人类自身的产物，它的形成与发展并不是一个自为、自在的过程，必然受到人类主观意志的作用控制，人类社会领域中事物的形成发展受到各种行为主体的意志、各种价值目标，以及复杂多样的环境因素的影响。

---

① Luther Gulik. Notes on the Theory of Organization. Papers on the Science of Administration. Now York: Institute of Public Administration, 1937. 13

社会领域研究的困难性在于人类价值系统的复杂性，正是因为这种复杂性深深地影响了社会领域中规律性的掌握。

为什么人类的价值系统是复杂的？法国社会学家涂尔干（Emile Durkheim）认为，社会价值系统的复杂现象来自于“与高度分工相联系的、正在增长的异质性与个性”，他认为：“随着社会分工的发展和集体意识重要性的削弱，人们的差异会变得越来越大。”① 这种差异使得社会价值观念得不到统一。一件事物对于一部分人来说是好的，而对于另一部分人来说则是不好的。价值观念得不到稳定的衡量标准，并且在一定程度上造成了行为混杂的局面。

科学行为可以在一种限定的、平衡的、稳定的环境中进行，而社会研究则必然是在日常生活中进行，社会价值观的不统一使得社会研究得不到稳定的环境，从而陷入混杂的状态。

李凯尔特（Hemrich Rickert）认为自然科学与研究社会的人文科学应当严格区分开来，他认为自然科学研究与价值观毫不相关的各种事物之间的普遍联系与规律，而人文科学则研究与普遍文化价值观紧密联系的对象及其特殊的、个别的、不能重复再现的发展现象，所以社会人文科学的研究方法完全不同于自然科学的研究方法。②

因此，从许多分歧的观点中也就衍生出不同的研究方式。一般来说，涉及到社会领域的研究包含两种类型的方式：实证研究与范式研究。

实证研究是指一个理论或假说所研究的有关因素（变量）之间的因果关系，它不仅要能够反映或解释已经观测到的事实，而且还要能够对有关事物未来将会出现的情况作出正确的预测，这个理论也将会接受将来发生情况的检验。通常人们将这种阐述客观事物是什么，将会怎样的研究称为实证研究。实证研究有正确与错误之分，科学与不科学之分，而它的检验标准则在于能否被客观事实与人类自身的逻辑推理所证明。

而范式研究是指在社会研究中，那些涉及到价值目标选择的问题，以及那些不涉及到有关事物之间是否存在某种因果关系的问题，

---

① D·P·约翰逊．社会学理论．1988．236，转引自何景熙、王建敏．西方社会学史说．四川大学出版社，1995．4

② H·李凯尔特．文化科学和自然科学．涂纪亮译．商务印书馆，1986．23

而且涉及到应该怎样行动的问题所进行的研究。这些研究陈述事物应当怎样，并确立某种价值规范标准。范式研究不可能诉诸于事实来确定哪一种主张是正确合理的，哪一种是不合理的，它只能通过社会理性来树立某种价值标准。

研究方法中存在的分歧使得城市规划既不能完全从物质功能主义出发，也不能单纯以某一社会机构或个人的价值为标准。由于价值体系的复杂性，任何价值目标都不能从单一的立场来判定是否是“正确的”，还是“错误的”。

从基本道理上来讲，为了保证规划的公正性，任何个人和机构都不应当从自身的角度出发来制定规划，而应当以一种客观的立场来进行，使规划所涉及到的对象都得到平等对待。

但是这种客观立场在现实中只是一种理想状态，城市规划不可能脱离所处的社会环境，也不可能脱离某种社会组织的控制、操作来进行。因此，谁参与制定规划？谁对决策过程起决定作用？运用什么理论来制定规划？这些实践问题同样很难由某种理论能够作出确切的回答，规划过程与规划理论具有同样的重要性。

许多城市规划理论家逐步认识到，一个“好”的城市规划不仅来自于一个“好”的规划理论，而且也来自于一个“好”的规划过程。城市规划不仅包括理想蓝图的绘制，也包括一种动态的调整、完善过程。

费鲁迪（Faludi）认为应当在城市规划理论中区分“规划中的理论”（Theory in planning）和“关于规划的理论”（Theory of planning）。规划中的理论涉及规划的工具手段，强调运用科学的方法来增强规划的有效性；而关于规划的理论则是关于规划行为的价值判断，强调规划师在政治性的政策制定过程中的行为特征。

从传统意义上来讲，城市规划与政府行为之间的关系被看作是政策建议者和政策制定者之间的一种关系，一种仆人与主人（Servant and Master）之间的关系。城市规划只需准确地执行政策意图，而不用过问政策意图本身是否恰当，因为政策意图前提性地被认为是正确的。

然而，在现实环境中，一项政府决策的制定，本身就可能包容大量不确定的因素，更不用说在政策执行中的问题了。因此，费鲁迪认为，为了增强规划的有效性，规划理论不仅需要关心规划“之内”的事情，而且更要关心关于规划“过程”中的事情。

对于这种区分，费鲁迪认为是十分必要的。首先，两者的形式与内容之间的不同，规划中理论的工作重心在于规划对象本身，而关于规划的理论的工作重心则在于整个规划过程。经常我们可以发现某个城市规划政策所立足的理论是完善的，但这个政策在现实中的实施却是失败的。我们可以通过科学的方法，建立规划模型来定位，并论证某个商业中心的选址，然而在实施过程中却表明这个商业中心是失败的，或者根本实施不了。虽然这个规划政策在理论上是完全有效的，但是有可能它的出发点是无效的，或者是政策的执行者并没有真正体现出政策的本意。这种问题出在规划过程的形式上，而非规划政策本身。

其次，如果对这两个概念不进行区分，则会导致不良后果。传统意义上的理性、科学方法的目标就是为人们提供公正的、不以人们的价值观为转移的、机械操作性的手段工具，尽量减少人们主观的干涉与影响，从而使规划政策达到有效性。然而由于城市规划过程所处的社会政治环境，这种方法实质上是以一种理想的状态来考虑人类的行为方式。

这对于这两种理论概念上的区分并不意味着要将两者对立，或者一个主要而另一个次要，而是需要在一个系统中更加强调两者之间的紧密联系。越来越多规划理论家的观点倾向于将包含于整个规划过程中的部门的体系称为社会—技术综合体（social-technical complexes）。这反映了人们已经开始逐渐地认识到了从事规划过程的环境以及进行规划理论工作的状态，更加关心加强规划预见的准确性，或者了解所取得的成果中的不确定因素。只有注重两者之间的结合，才能使从事城市规划工作的人们重视规划的过程环境，并视之为行为的基础。

1.3 寻求合理的研究视角

1.3.1 研究视角的转向

从全球范围来看，城市规划整个专业目前正处于一个快速变化的时代，其主要特征就是变得更加具有综合性，其发展目标就是要加强规划的有效性。

直到1970年代，城市规划研究在意识上的重点还集中在社会决策中的完全理性的抽象模型之中。但是在使用中，这些模型并不令人满意，作为一种理论模型，它不能取得假设中的成果，由于它的逻辑严密性，它不能按照实际情况不断地进行调整；作为一个规范模型，由于理性在现实生活中是“有限”的，从模型中引导出的理论常是不适用的，因而常常遭致失败。

在随后的20至30年间，大量的社会学和行为科学的理论和方法不断融入到城市规划的理论研究中来。目前，城市问题已经吸引了来自于环境、人文、社会科学等各学科的注意，它们不断加入城市规划专业中来，并体现于城市公共政策之中。

随着公共政策理论研究在各种领域中越来越受到重视，许多城市研究者开始注重研究规划过程中的实际情况。Y·多尔（Y. Dror）认为，“规划研究不是对理想模式的一种阐述，而是对规划实质过程中的本质、环境、阶段、技术等作出必要的分析。”①

越来越多的理论研究关心城市公共政策的实质性内容，关心所采用战略的适宜性，关心所涉及到的管理机制，关心如何在特定社会环境中开展规划，如何进行社会规划。城市公共政策研究的趋势表明，必须结合经验性的社会研究领域内的成果，形成新的方法体系，才能为城市规划理论提供坚实的基础。

在一个多元化的、复杂的现实环境中，城市规划的制定将会存在着不同的选择，并且，这些选择项经常是复杂的、平行的。为了使规划在现实中更加有效，我们必须对以往的城市规划传统进行研究，分析它们的方法和技术，规划形成过程中的环境，以及它的程序和最终目标，并将这些考虑因素与在规划过程中所遇到的真实情况相比较。假如可以用一种简单的比较方式来表达，那么，如果规划所预期的目标实现了，我们认为这个规划是成功的；如果预期的目标没有实现，就不难发现它的失败之处。

事实上，城市规划的结果并非简单地体现出一种黑白关系，在现

① Yehezkel Dror. The Planning Process: A Facet Design. Andreas Faludi, A Reader in Planning Theory. Pergamon Press, 1973. 323

实世界中，如果不进行限定，没有一件事情可以被称之为绝对“好”的，或绝对“正确”的。城市规划的有效性往往只是针对某个局部方面的，它的失败也并不表明需要进行彻底否定。

应该看到，任何一种城市规划措施都不可能完全有效，即便是有效的，也是相对而言的。城市规划的作用往往是有限的，相互矛盾的，甚至有时是会产生副作用的。单纯地、抽象地评价一个城市规划是否有效，或者优劣与否，则缺乏实际意义。

作为一种政府行为的城市规划，意味着它不可能存在最终的答案，也不存在最终真理。基于这种信念，从政府角度来看待城市规划行为，其目的就是针对公共政策的复杂性、矛盾性及其原理作出一定的、初步的认识；对形成现代城市规划的基础思想及其环境进行理解，因为它构成了规划及政策形成的环境，影响着人们的具体行为操作。

1.3.2 政府视角研究的目的

现代城市规划是作为一项重要的政府行为而兴起的，它在某些领域非常成功地解决了许多社会所面临的问题。这是一项带有理性色彩的行为，以富有理想为其基本特征，是一项已经得到普遍接受的社会基本事务。

但是如果更进一步进行分析，现代城市规划的思想发展并不具有一条单一明确的线索，它包含了不只一种基本思想。甚至常常在同一个规划政策中，包含了相互交织的多种基础思想，它们之间相互互补、竞争，并且在某种程度上，相互冲突。它们或者以一种单独方式同时分别体现出来，或者以各种混合的方式体现出来，各自具有不同的侧重点。

从政府的角度来看待城市规划，也就意味着城市规划作为一种政治行为，其目的并不是为了得出一张关于未来的精确的蓝图，也不是构造一种实现蓝图的良好程序，同时，城市规划的意图也不在于确立一种绝对的规范标准，指明一种形成良好规划结果的过程。

从本质上来讲，任何一项政府行为都是相对的，因时而异的，因此，针对政府行为的分析，注意力应当在于城市规划及政策的基础思想的本质特征上，而不是程序特征上。基础思想包含了涉及城市生活的城市空间安排的社会哲学以及多种综合要素，而不是某种具体事务的设计，它是用来指导人们现实行为的基础。

由于思想基础是影响城市规划制定的重要因素，因此就必须关心城市规划思想基础的一种发展轴线，关心城市规划的思想基础及其作用环境的本质特征，并且致力于辨析城市公共政策的基础思想与城市公共政策之间的相互关系。

简要地说，城市规划的思想基础为决策行为提供了哲学基础，它阐明了主要目标和方法：基础思想为实际行为提供了一种操作合理性的基础，它为行为者限定了环境，特别是限定了所要针对的主要问题以及可以采取的主要手段，以及它们所应有的精神。它具有一种防御性的功能，为来自外界的批判和攻击提供了一种有力的辩白。在各种各样的环境中，当需要进行更加细致的城市规划工作时，思想基础引导着决策者采取特定的方法和手段。

所以，尽管城市规划是关于城市开发的区位、总体特征的要求，以及无数公共项目和设施的设计行为，但是它本质上应当是一项严格的政治行为。总之，它包含了这样一些特征：①它是关于未来将要采取的行为；②这种行为建立在合理地掌握知识，并合理地运用知识的基础之上；③它拥有正式的组织形式，起着有关公共政策、公共服务，以及这些设施及功能的资金的管理和分析的功能。这些行为被认为是内在于政府概念之中的。

1.3.3 城市规划与城市政策

从总体印象上来看，现代城市规划的历史发展从开始的“工程设计”，越来越向一种制度化的“公共政策”形式演变，因此，城市规划与城市政策混用的“概念不清”现象也会频繁出现。虽然不可能对这两个概念作出明确的限定和区分，但是毕竟在表面的感觉上还是能体现出一些不同的侧重点：

（1）城市公共政策强调在现代城市中的、一种具有公共干预性质的、针对城市发展问题的行为。目前许多城市规划研究通常只关注于技术范畴，视城市规划为独立于社会政治领域之外的行为，很少注意公共性质问题。然而，如果仅仅考虑技术性的分析，而不考虑现实中政府行为（即通过政策研究来促进、改善现实中的政府行为），那么，这种分析不是全面的。这里，需要更为关切的是城市公共领域中的问题。

那么，什么样的特点和性质使某种问题具备公共政策特征？总体而言，我们可以把那些影响广泛（包括对不直接相关的人有影响）的问题称之为公共问题，而把影响有限、涉及到一个或少数几个人的问题看作是个人问题。社会上存在着各种各样的公共问题，但是只有那些促使政府采取行动的问题才是政策问题。

例如，某一社会阶层的收入较低，但该阶层接受了这一状况，而且没有为改变低收入作出任何努力，也没有为他们的利益采取明确的行动，没有引起公共部门对该问题采取干预措施，因此，这里就不存在政策问题。也就是说，如果问题没有得到表达，就不能成为政策问题。

假定某个人对现行的住房分配情况不满，从自己的利益出发，他可能会寻求有利的方法，来使自己的住房条件得以改善。虽然这个人的确面临着一个问题，但这只是一个个人问题。但是，如果现行的住房制度引起了社会中大部分人的不满，并的确对社会的稳定运行造成影响，导致政府采取措施来修正政府制度，那么，这就成为一种政策问题。

(2) 规划既可以指公共领域中的，也可以指私人领域中的针对未来行为的一种打算。而城市公共政策，意指该行为需要动用公共资金和其他公共干预措施，通过动用政府的权威来对公共领域中的私人行为采取某种控制或行动。这样，城市公共政策与私人领域（例如某房地产开发商，或政府项目开发实体）内部的规划设计行为有着显著的区别。

(3) 从某种意义上，公共政策涵盖面比规划要广。规划从字面上的含义只是代表了政府行为所讨论的一个方面。“规划”（也就是一个计划）通常是指刻意地去实行某些任务，并且为实现这些任务把各种行动纳入到某些有条理的顺序中。而公共政策所包含的范围往往比这种计划模式的范围要大。如果类比于经济政策，城市公共政策的取向包括计划性的和市场性的两方面。如果只强调公共政策的计划性方面，则有失偏颇。

(4) 另外，在一般的使用中，这两种概念所对应的行为有所区别。规划在一般的含义中指比较具体的操作，更加技术性一些，它可以是独立于政府的范畴之外的技术领域，人们常常把城市形象设计的事务也归于规划的范畴。而政策则更加抽象一些，意味更广，它不仅仅是技术上的问题，而且包括价值取向、社会目标等许多难以清楚描述的内容。许多现代城市规划理论往往把注意力集中在具体的方法手段上，但事实上，一些抽象的、宏观的公共政策比那些具体的实施解决方案，对城市发展所造成的影响更大。

1.3.4　政府视角中的研究方法

与宏观的城市公共政策有关的理论，比那些为了特殊使用的理论更加抽象和一般，它们比那些适用于某个城市、某个政府组织、某种特殊行为，在不同国家和文化、不同经济发展阶段和不同的现实情况中的、更加详细的城市规划理论更加基本。这是一个总体、宏观系统理论的领域。与许多具体领域的研究方式不同，它所注重的不是研究的精确性，而在于研究的逻辑性。它需要在基础理论建设中融入更多的社会科学的内容，才能有效地进行。

实际上，许多领域的研究在其基础部分都存在很大的一致性，如城市用地规划、国家经济规划、商务规划以及其他计划，它们在本质上和地理范围上并无太大区别，它们都是一种确立目标及实现手段的过程。在一些涉及政治经济的思想要素方面也是相同的，如集中与分散、民主与专制、计划与市场……

从 1940 年代起，许多科学家、哲学家们实际上就一致认为科学的目标不是预测，而在于解释①。在与许多现实问题有关的社会科学中，存在着两种研究方式，第一种称为理论科学，以反映对此进行研究的人把理论视作他们的主要对象；第二种称为政策科学，以反映对此进行研究的人把充满选择和决定的世界视为他们的主要对象。

---

① Bruce Caldwell. Beyond Positivism. London: George Allen & Unwin

虽然很多非常有影响力的社会科学家两者兼而有之，但是两者的区别表现为在学科内的总体分工：一个基本上侧重于改进学科的理论基础，另一个基本上侧重于将普遍知识应用于重要的社会问题上。

因此，科学理论的研究，是介于真实世界和普遍理论知识之间的，它可能侧重于某一领域中的一个研究方向，其实质是寻求传统观念的先决条件和结论，与它们刻画现实世界的能力之间的更为接近的对应。一些科学理论研究注重改进或增加理论，而另一些则侧重于真实世界和思维抽象化世界之间相互对应的问题，这种类型研究的重点在于个人的客观性和可重复性，认识、诠释世界的方法可以使独立的研究者能够互相重复对应的工作，理论的发展是为了使它与现实更加保持一致。这样，理论研究者的立场应当是越中立越好，这样才能使科学的发展确实地反映现实，科学的最终理性只有在与客观现实保持一致的程度中才能体现出来。

所以，理论科学与政策科学两种研究方式的态度是不同的，理论科学是去发现采取哪些理论，来更准确地塑造人类的相互作用，在此意义上，科学家的客观性是指研究者就理论和现实相一致的问题获得相似的结论；而政策科学是去发现个人和集体的要求，以使他们能更好地实现他们的目标。

在这里，必须辨明的是理论科学和政策科学的方法论含义是十分不同的，理论科学家所依托的研究纲领和科学哲学是最大限度地达到以下可能性，即最终产物（理论）可能是对现实生活所发生的事情进行最好的抽象化表达。而政策科学家的研究纲领和科学哲学的目标在于，使由实践产生的政策建议，与受政策影响的个人所想达到的目的完全对应。

在以往的城市规划传统中，人们常常奉行的基本观念一般是理论科学的研究方式，城市规划理论研究目标是资源的最优配置和社会的最优安排，并以此来要求实践中的客观对象，规划的实践也基本上以此为出发点。

虽然这种观念严格恪守科学研究的基本方法，但在许多实践中，这种观念所导致的行为假设了决策者可以无条件地规范人们的价值观念，它在本质上决定人们什么应该做，什么不该去做，而不考虑政策与受政策影响的人的愿望是否相一致。

从政府的角度来看待城市规划行为，就意味着所奉行的研究态度是政策科学的方式，政策科学的客观性是指研究者与大众希望达到的目标取得相似的结论。这里所关心的是研究者、决策者与政策对象（公众），在政策目标、实施方式等方面意见的一致性，而并不是有关政策绝对的正确性（即政策与物质环境特征的一致性）。

命题、概念的客观性与社会实践的客观性，这两者之间是有差别的。如果经过检验证明，制定的目标与行为主体是相关的、对应的和明确的，那么在这种情况下，一个命题和概念可以被认为是客观的。如果研究者愿意让他的观点接受现有目标的连贯性、对应性和明确性的检验，并遵从于检验结果，那么他们的研究可以被认为是客观的。

布罗姆利认为，在许多社会科学研究的著作中，科学家的客观性和科学的客观性之间的重要区别在研究的思想中常常是被混淆了。“客观的不是科学，也不是结论，而是研究者。他应该处于纯粹理论研究与日常实践者所作的决断之间。”①

总而言之，从政府角度来看待城市规划行为，所采纳的政策研究的态度、所关注的问题是那些受政策具体影响的人所希望去做的事情，而不是去拥护被正统理论研究认为是正确的事情，政策所追求的最终目标，应该与那些参与、涉及到决策过程的人所认为的重要目标相接近。

1.3.5 政策形式的研究框架

政府角度的研究重点在于政策的思想基础上，同时也涉及到政策的环境、起因、过程及其效果的研究，并对政策制定过程作出探索，这是因为基础思想不仅决定政策本身，也决定了其过程。

因此，从政府视角来看待城市规划，目的就是分析和总结在现代城市规划中表现出来的基础思想，论述它们各自发展所依托的环境，以及它们之间所存在的关系。现代城市公共政策体系是在一定的社会

---

① 丹尼尔·W·布罗姆利. 陈郁，郭宇峰，汪春译. 经济利益与经济制度——公共政策的理论基础. 上海三联书店，上海人民出版社，1996. 279

历史背景下产生的；而各国政府所制定实施的城市政策又反过来对社会的物质、经济环境带来巨大的影响，并导致城市政策处于不断调整、修正之中。

虽然不同社会环境、历史条件下，不同领域之中的政策研究是不同的，政策制定与实施的过程也是各种各样的，但这并不表明，每一项政策研究都是独一无二的，从而无法形成关于政策研究的概念和思想，很难建立起一种关于政策研究的基础理论。如果通过对一些问题(如谁参与了政策的制定过程，通过何种方式，在何种问题上，在何种条件，并实现了何种效果）的概括总结，就可以建立起一些政策研究的基本框架。

J·E·安德森将这种框架简要地概括为：

①政策问题的形成：政策问题是什么？是什么使它成为公共问题？它是怎样被提到政府的议事日程上的？

②政策方案的制定：解决问题的可供选择的答案是怎样制定的？什么人参与政策方案的制定过程？

③政策方案的通过：政策方案是怎样被正式通过和颁布的？政策方案的通过需要满足什么样的条件？哪些人通过了政策？经过何种过程？被正式通过的政策的内容是什么？

④政策的实施：什么人与政策的实施有关？在实施过程时又都采取了哪些具体的行动措施？这些行动措施对政策的内容发生了什么样的影响？

⑤政策的评价：怎样去衡量政策的效果和影响？由什么人去评价政策？政策评价的结果是什么？有无改变或废止政策的要求？

在这一框架中，政策形成和实施是政治性的，它涉及到具有公共政策愿望的，自相矛盾的个人和集体之间的冲突和斗争。在研究中，不能单纯地为了保证研究的“纯洁性”，或者不喜欢、不情愿，而将社会政治因素排除于政策研究之外。

通过这一框架，有助于我们把握政策过程中相继出现的一些活动，并对于一些非常规的问题作出恰当的判断。在资料收集和分析方面，无论是定量的、法律的、规范的还是其他的，均可以有一定的模式来进行参照。另外，这一框架强调了政策过程动态和发展的方面，而不是静态的方面。它强调政治现象之间的关系，而非简单地列举各种要素和提出分类结构。这种有序的方法可以不受地区文化、社会、经济背景的限制，适用于各种类型的政策分析。

从政府的角度来看待城市规划行为，它就意味着有别于从工程技术的角度，需要我们尝试从新的一种框架体系来进行探究。

①首先注重现代城市规划的背景环境。在波及全世界的现代化进程中，社会结构发生了根本性的转变。这种结构性的转变意味着什么？它导致现代城市出现了哪些与传统社会不同的问题？这些问题如何引起一些思想家的思考以及广泛公共关注的，并成为正式的规划及政策所需要针对解决的问题？

②政府在制定城市规划与政策，解决城市问题时的一般思想态势是什么？它在不同的历史阶段、社会环境中是如何演变的？针对什么样的问题采取了一些什么样的措施？这些政策是如何制定的？并如何实施的？

③城市规划及政策一般实施的效果如何？它在现实中往往存在什么样的特征？规划政策及其效果之间的关系是怎样的？它如何影响到政府所进一步采取的措施？

④如何评价政策的现实作用及其效果？通过对社会基本组织理论的理解，如何看待现实世界中城市政策的作用及其效果？

所有这些问题都是与现代城市规划的思想基础有着密切的关系的。它影响到人们所看到的、所关心的城市问题，影响到采取的规划政策的类型，以及它的方式，并最终影响到它的最终结果。

2

政府视角中的现代城市规划

2.1 现代城市规划的起源

2.1.1 现代城市发展所带来的问题

现代城市规划的产生与发展，是城市在现代化过程中面临的多种社会问题所触发的。工业革命以来，自西方国家开始的世界性的现代化过程给城市发展带来了巨大的影响，由于新兴产业和新的经济增长点的出现与发展，许多新兴工业城市从无到有、从小到大发展起来。

如英国的罗奇戴尔（Rochdale），1801 年大约 1.5 万人，1851 年 4.4 万人，1901 年 8.3 万人；西哈特勒浦（West Hartlepool），1851 年为 4000 人，1901 年增加到 6.3 万人。而在美国，新兴城市人口的增长速度则更加剧烈，自 1801 年至 1901 年期间，纽约人口由 3300 人增加到 350 万，芝加哥由 300 人增加到 200 万；另一方面，很多较大和较老的现有城市中心也保持着惊人的增长率。伦敦 1801 年到 1851 年人口增长一倍，从大约 100 万增加到约 200 万，到 1881 年又增长 1 倍，达 400 万，1911 年达到 600 万。同时，曼彻斯特人口增加了 8 倍，巴黎由 50 万增长到 300 万。①

19 世纪在英国，外来人口不断涌入蓬勃发展的工业城市和港口城市，他们绝大多数来自农村，属于当时农村人口中较贫困的劳动力。在“圈地运动”后，农民在农村的就业状况逐渐艰难起来，爱尔兰农民在 1845 ~ 1846 年土豆歉收后大量流入利物浦、曼彻斯特和格拉斯哥。他们缺少或者根本没有与新型工业所相应的专业知识，也没有城市生活所必要的社会和技术知识。虽然当时城市工业并不需要劳动者具备太多的专业技能，所提供的就业机会也是充裕的，但是城市的社会设施在满足他们的住所、基本的公共服务设施等方面是非常低劣的。

在城市有限的范围内，由于人口密度日益提高，其后果是可想而知的：有限的供水逐渐被污染，污水处理远远不敷需要，各种各样的

---

① 肯尼思·弗兰姆普敦. 现代建筑——一部批判的历史. 原山等译. 中国建筑工业出版社，1988. 13

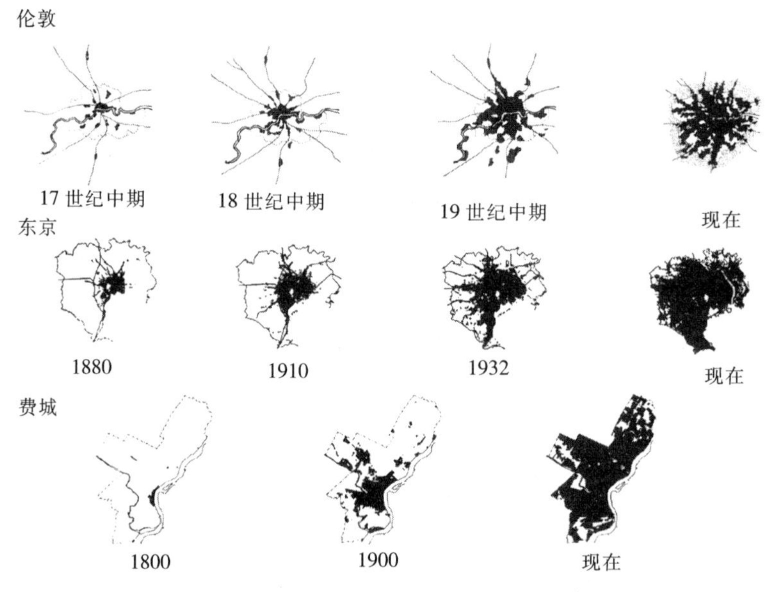

图 2－1　近现代城市扩张

污秽环境都伴随着人口密集而来，供水严重不足，卫生状况很差，拥挤状况越来越严重，医疗设施和公共卫生成为一大问题。这些城市只有很少或者基本没有最根本的供水、垃圾及污水处理等设施，以及处置大规模传染病的能力等。另外，很多城镇是从农村飞跃发展起来的，因而实际上更加不能满足这些方面的要求。①

图 2－2　伦敦某街街景，古斯塔夫·杜瑞，1875

20世纪初，城市人口的激增和城市规模的急速膨胀，打破了原有城市环境的平衡状态。许多居住街坊沦为贫民窟，大量廉价、新建的居住区拥挤不堪，交通不畅，缺乏空地，通风

① P·霍尔．邹德慈，金经元译．城市和区域规划．中国建筑工业出版社，1985．18

采光不足，卫生条件很差。不断恶化的居住环境接着导致了各种流行疾病的爆发，城市发展成为城市环境问题的触发因素。

2.1.2 现代城市干预思想的起源

早在19世纪中期，许多卓有远见的思想家们就开始对蒸蒸日上的工业社会进行反思，一些社会开明人士抨击工业化魔鬼（Industry Devil）所带来的诸多社会阴暗面。恩格斯对英国工人阶级的描述，尖锐地揭示了资本主义给社会发展所带来的种种弊端。①

在自由市场的社会体制下，城市发展缺乏计划，经济竞争成为自然法则，自私自利成为人的本性，行为的合理性由商业利润来衡量，道德价值观、职业责任感遭到经济价值观的歪曲。拥挤的工业化城市已经体现出现代社会中的种种弊端，这些弊端逐渐超出了人们所能容忍的限度，它的自私、贪婪的本性逐渐超越了它对社会所做出的贡献，导致这些城市对于社会发展已经不再具有促进作用。

因此，工业社会的发展不仅带来了社会繁荣，也带来了许多现实中的社会不良后果。同时，工业社会所带来的贫富差异和社会差异更加激化人们对工业社会的反抗情绪。

18世纪工业革命开始初期，在社会革命浪潮的触动之下，社会曾被预期为会朝向一种强调人类尊严、法制化、理性化和自由化的发展方向迈进。这些新的价值观将取代封建社会的贵族刻板、宗教程式、独裁专制等一些中世纪社会的特征。

然而，随着现代工业化的深入进行，原先的理想只有一部分得以实现，社会现实并不如同人们的期望，前途也并不是光明的。与日新月异、突飞猛进的科学、技术发展趋势相比，社会的变革与发展显然是落伍了，某些方面甚至产生了严重的倒退。

到了19世纪中期，许多思想家被残酷的现实所震惊，他们看到的是工业化所带来的社会恶梦，而不是所预言的美景。曼德维尔（Mandevill）认为社会整体虽然从不干预经济行为中受益，但一些个人

① 恩格斯．英国工人阶级状况．马克思、恩格斯选集．人民出版社，1972

却遭到损害。[①]工业化的理想与现实之间的鸿沟已经超出了人们的想像。

在令人失望的社会现实面前，许多思想激进的社会改良家们认为，人类并不是悲惨地面对社会和自然力量。社会领域如同科学领域一样，人们必须放弃旧有的方法来发展新方法以适应新的需求。如果17、18世纪人类增强了控制自然的能力，那么19世纪的任务就是运用人类的智慧和能力来控制社会。

"在拥挤的工业城市中，居住着我们文明中的魔鬼们，这些魔鬼得以壮大是因为自私和贪婪已经远远超出了它们对社会的贡献。如果社会需要一个更加发达的工业社会，它们现在必须一个一个地被清理掉。在社会领域应当如同科学领域一样，人们必须放弃过时的方法，而创造出新的方法。人们在社会和自然的力量面前并不是软弱无力的。"[②]

许多城市思想家们认为，人类可以运用理智来进行城市规划，创造出更好、更和谐、更人性化的环境，而经济和科技的发展会用来帮助人们建设更好的城市。

需要强调的是，这种社会改造所针对的并非是工业化本身，而是工业化带来的后果，它反对的是工业化所形成的社会系统，而不是机器本身[③]。工业技术对人类进步所起的作用在这些思想中或多或少得到了认可，出现问题、需要改变的是促使人类从属于机器，并受利益驱动的社会系统。解决问题的方案不是去砸碎机器，而是控制由机器所带来的社会和环境的后果。这些思想态度在随后的发展中，逐渐成为政府对城市发展进行公共干预的立足点。

2.1.3 思想层面中的酝酿

支撑着现代城市规划起源的思想基础，早期的焦点在于针对工业社

---

① Leonard Reissman. The Visionary: Planner for Urban Utopia. Melville C. Branch, Urban Planning Theory. Dowden Hutchingon & Ross. Inc. 1975. 27

② Ebebezer Howard. Garden Cities of Tomorrow. 转引自 Melville C. Branch. Urban Planning Theory. Dowden Hutchingon & Ross, Inc. 1975. 28

③ Melville C. Branch. Urban Planning Theory. Dowden Hutchingon & Ross, Inc. 1975. 27

会的态度。当时的思想家们对工业化和现代化普遍存在着一种敌视的态度，大多数思想家所谴责的是流行于工业文明中的基本社会价值观。

从现实的角度来看，大多数思想家对于工业社会问题的认识是一致的，但是对于这些问题原因的阐述以及如何解决问题的思想基础、态度及方法则是不同的。

简而言之，对于工业化的态度表现为三种思想情感，这是根据对工业化的价值判断和认为所要采取的措施而区分的：

（1）反对：工业化并没有给社会带来实质性的福利。机器、工厂、现代城市不是人类的福音，对于社会没有任何好处。而这种对工业化的反对，对中世纪的舒适安全的向往，形成了一种复兴乡村乌托邦的倾向。这种哲学以这种或那种形式，持续到现在，主张用小型社区来对大城市进行取代。

（2）改良：工业化给人类在一定程度上带来了社会进步，节约了人力劳动，而且使人们从单调工作中解脱出来，为生活带来了更多的舒适。这种派别主张通过对工业化进行控制，使所有生活在新环境中的人获得工业革命所带来的利益，人类可以再一次进化。这种观点在城市中的运用，直接体现为“田园城市”的思想基础。

（3）革新：革新派将工业化看作是历史的必然阶段，历史不会回复到以前的某个阶段，而且也不会停止向前发展。拉思·格拉斯（Ruth Glass）认为：“回到小型自给自足的城市单元是一种悲惨的希望，目前的趋势是劳动和利益的不断分工……这个趋势可以控制但不可以取消。”[①]社会历史不可能按原样保持下来，也不可能重新

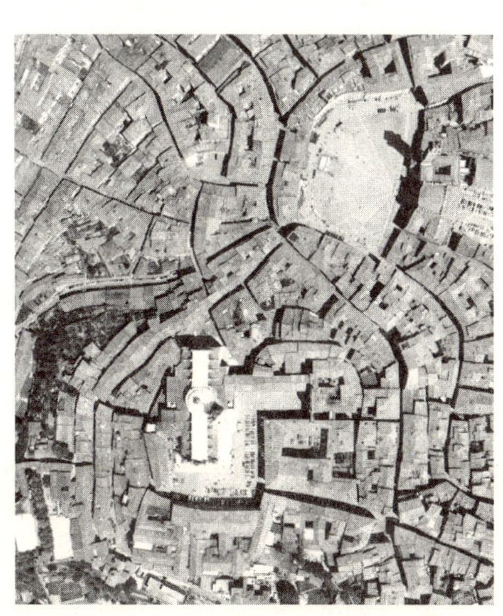

图 2-3　意大利锡耶纳

① 转引自 Melville C. Branch. Urban Planning Theory. Dowden Hutchingon & Ross, Inc. 1975. 34

塑造，工业化时代的人类社会需要进行一次彻底的重建，这样，所有现有的机构、价值和社会机制将会被新的社会秩序所替代，从而稳步进入工业化社会所预言的未来理想状态。

面对现实的思想家们一般可以表现出这三种关于工业化的态度，持反对态度的，如卡米拉·西特（Camillo Site），倡导城市应当回复到中世纪城市的美学传统与时空状态中；赖特（F.L.Wright）等一些思想家则认识到城市形态问题必须涉及经济机制、政治管理和社会哲学，在认真地分析了现代社会的具体特征之后，回归到一种农业文明的愿望一次又一次地重现出来。改良派的代表霍华德提出了较为详细的空间乌托邦设想，力图使城市回复到田园风光式的环境之中；其他一些思想家，如戛涅、柯布西耶等等，则立足于工业社会的现实，立足于机器美学，对未来社会不断地作出畅想。

自启蒙运动以后，对于城市的看法就似乎已经分裂为两派：“一派是先锋派的乌托邦主义，形成于19世纪初期，见之于勒杜的重农主义的理想城市；另一派是反古典、反理性、反实用的基督教改革派。从此以后，资产阶级的文化，在企图超脱劳动分工、工业生产以及城市化等严峻事实的努力中，就摇摆于两个极端之间，即一方面是全然处于计划控制之下的工业化乌托邦，另一方面则全然否定机器生产的历史现实。”①

在这里，我们所关注的不仅仅是态度上的差异，更重要的是这些思想家关于解决现实问题的思想基础，以及由此思想基础而引发的现实行为。因为即使同一个思想家，他所包含的思想情感也是错综复杂的。

2.1.4 针对社会问题的诊断

为了解决现代城市中所存在的各种弊端，实现一种社会变革，首先应当做的是辨别出现实问题的症状，指出其根本原因，然后提出解决方法。

在早期的发展过程中，现代城市往往表现出一种病态的环境，缺

① 肯尼思·弗兰姆普顿．现代建筑——一部批判的历史．原山等译．中国建筑工业出版社，1988．10

乏有目的的整体规划。自私自利的人们仅仅满足于经济需求，而不考虑长远的道德标准和社会要求，使许多城市沦落成为一个充满了拥挤、贫民窟、罪恶的世界。

然而，对于一些有远见的先驱思想家来说，拥挤、荒芜以及低质量等现象只是社会问题的一种症状。针对具体问题的解决方法，例如拓宽道路、区划、局部城市更新、调整某些政府组织，并不能解决社会的根本问题。他们强调社会的现实问题，但更关心长远的社会目标和社会需要，他们希望通过一种社会理想和美学哲学来解决问题。

一些深思熟虑的思想家们对社会问题的根源作出本质性的探究，并提出了种种的设想，他们的许多设想是建立在现实的城市特征上的。对于城市环境恶化的原因，他们的解释一般是：城市被允许无计划地发展，不遵从人类的价值标准；经济竞争成为一种自然法则，经济价值扭曲了传统的道德价值观和市民责任感。

因此，现代城市不能以这些社会现实为基础而继续发展下去。作为理论上的前提，许多先驱思想家们隐含地假设了人是理性的，他们会进行规划并创造更好、更和谐、更宜人的环境，经济力量和科学知识可以用来帮助人们建设更好的城市。

霍华德在其理论中，不仅反对城市拥挤的现象，而且反对导致工业城市产生的价值观。“这些拥挤的城市正在发挥它们的作用，它们最适宜于以自私、贪婪为基础的社会的建造。它们本质上不能使社会适宜于我们所认为的那样。如今的大型城市不能表达出来自于天文学地心说中所体现的那种绝对精神，每个时代的人们都应按照自己的需要来建造，而且也不必要让人们生活在老的地区，只是由于他们的祖先在那里。他们也不必遵循老的信条，一个更广阔的信条和不断扩大的知识正在增长。目前面临的一个简单的问题就是：相比起老城市区来适应我们的新生活。在目前的处女地上，是否可以通过一个大胆的规划，来获取一个更好的结果。这样这个问题只有一个答案。当这个问题得到理解后，社会变革就开始了。”

霍华德认为人类无法回避的一个事实就是，人口不断涌入城市地区，而乡村则变得更加衰退。他认为，在认识到问题本质的前提下，可以通过田园城市的建设，使社会发展实现一种平衡。

图 2-4　莱切沃斯田园城市广告

霍华德提出了田园城市的设想，并谨慎地分析了经济投入，强调了田园城市的可行性，接受了许多现实中的价值观念，指明过分拥挤的环境的恶劣之处，提倡田园城市的美好前景。

F·L·赖特也对现代城市问题的原因作出了详细的解释，他认为，现代城市问题的根源首先是地租，地租导致“城市的过度发展，导致贫穷和不幸福。”土地价格是人造怪物，是它造成了城市的高密度，使人们远离了原始状态的人。

其次,是金钱，“一个用来出卖的商品，只是为了商品本身而制造的，——人们只知道不断地制造商品，而不顾整体的效果……现代城市则是包容它的一种容器。”因此，赖特继承了普鲁东与杰弗逊的思想，希望回到土地，并成为平实的劳动者。

第三，是利润驱使。“自从不知廉耻的而又卑劣的个人主义取得胜利后，人们天真而又热忱地工作所得来的机器利润几乎全部落入了一些卑劣的工业领主的口袋之中。实际上他们只应该获得这些利润中的一小部分。”这就是说，大部分人的生活实际上都捐献、牺牲给了这个新的公共机构，而这个新机构在赖特的眼里被视为一种“机器”。

第四，是政府和官僚。为了在水深火热的下层阶级中维持和平并表示公平，政府建立起来了复杂的用来制造金钱和非金钱的机构。这样政府也变成了一个怪物，产生了庞大的白领队伍。

赖特极力主张城市的分散化，并认为这是民主社会的本质，它将给人类带来新的自由。赖特认为城市已经使人类的价值观颠倒过来，并形成错误的民主观、错误的个人主义以及错误的资本主义，而人类则不断为这种错误所控制。

图 2-5　广亩城平面，F·L·赖特

“当人类使用现代机制来促进社会进步时，这实际上是反人类的。尽管这个系统由它自己建立起来，但这种人口与资本的集聚不再是明智的和人道的。很早以前，这种人为的集聚化（我们称之为大城市）已经成为我们所不能进行控制的向心力，并由于其他一些因素而愈演愈烈。”①

对于赖特来说，现代城市是无可救药的，而且无需去救。一个新

① 转引自 Melville C.Branch. Urban Planning Theory. Dowden Hutchingon & Ross, Inc. 1975. 34

的环境必须设计并建造出来，它必须是从现代的技术中发展而来的。赖特所宣称的未来城市是无所不在的，“这将是一种与古代城市或任何现代城市差异如此之大的城市，以致我们可能根本不会认识到它作为城市而已来临”。他认为：“美国不需要有人帮助建造广亩城市，它将自己建造自己，并且完全是随意的。”一方面，赖特认为人们应当自觉地建立一种本质上是反城市的、分散占地的新体系；另一方面，他又认为不必如此，因为一切将会自发实现。

赖特展望了汽车、收音机、电视机等新技术给人类生活带来的影响，赖特认为将会改变西方文明整个基础的新力量是：①电气化，通讯距离之消灭以及人类生活的恒久照明；②机械驱动，由于飞机和汽车的发明使人际交流无限扩大；③有机建筑，尽管它总是无法进行精确的定义，然而对赖特来说，它的最终意义似乎在于：按照钢筋混凝土结构的应用所揭示的自然潜在原理，经济地建造形式和空间。

另一方面，赖特把汽车、无线电、电话、电报，以及最重要的标准化机器车间生产，视为形成广亩城市的必要因素[①]。他制定了一个

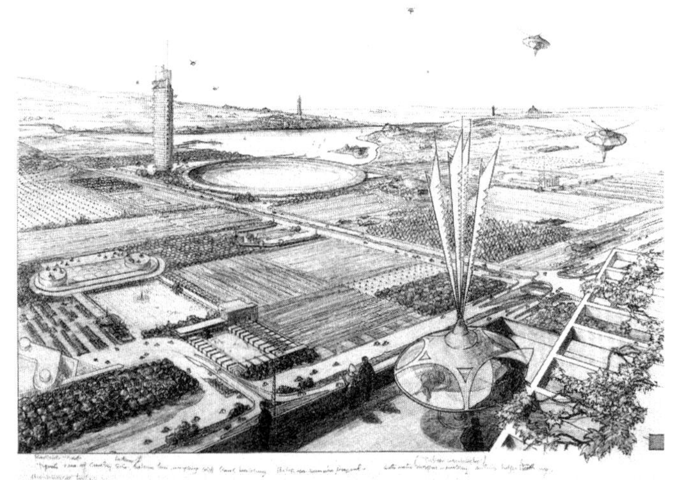

图 2－6　广亩城，F·L·赖特

① 肯尼思·弗兰普顿．现代建筑——一部批判的历史．原山等译．中国建筑工业出版社，1988．230

详细的规划，这个规划就是广亩城，通过“有机建筑”（Organic Architecture）和“民主建筑学”（Architecture of Democracy）来实现。

芒福德则在城市规划思想加入了社会现实性。他更加清醒地认识到经济力量和社会理想在形成现代城市中的作用。他对于“城市新秩序”（New Urban Order）的分析是社会学的，并对那些恪守自己的观念，而对于所进行设计的现实世界理解甚少的社会规划师和建筑规划师进行了批判。

芒福德注重描述社会整体性的变革，并辨别了许多使现代城市发生变革的因素：（1）许多新材料和新技术在现代建筑中的运用，使城市建设拥有更好的工程学基础；（2）现代医学和卫生学的发展不仅使人类战胜疾病，而且可以防止疾病，新的城市将为人类提供一个改善了的生活环境，从以往的教训中可以看出，健康是一种集体行为，但没有引起公共关注，尤其水和垃圾处理并没有被看作是一项政府工作，人们从城市疏散到乡村实际上是对卫生环境的一种追求；（3）随着社会越来越广泛的民主化、公平化，年轻时代的到来，使年青人在社会中所起的作用增大，人类寿命延长；（4）人们的思想观念发生深刻变化，更新能力更强，而且更愿意面向未来。

芒福德认为，在促进城市发展的因素中，社会因素是主要的。一个城市的物质构成、它的工业和它的市场、它的通讯以及交通线路，必须适应于它的社会需要。芒福德认为，自从19世纪以来，社会的文明正在逐渐发生着变化，集体主义意识逐渐增强，政府住房不断增多，消费者与生产者之间联系的拓宽，贫民窟的清除，以及为工人建造更好形式的社区——所有这些都是新思想和新技术的表现。

2.2 设计传统中的现代城市规划

2.2.1 空想型的设计思考

20世纪初期，在许多先驱思想家们掀起的反抗“工业化魔鬼”的运动中，无论针对工业化社会的态度如何，先驱思想家们的理论往往都是关于未来社会的一种理想设计。无论他们可能怀着不同的思想情感，以及不同的分析问题的角度，不可否认的是，他们开创的事业是一项伟大的社会运动。他们相信他们的理论根据是正确的，前景是光明的。他们期望通过道德和知识来改造工业化社会，使城市居民变为富足的、中产阶级的、安定的、社区性的、花园城市的居民，

早期的城市规划理想体现于城市规划中，就成为一种或详或略的蓝图，用来把现实世界改造成他们所认为的、必须体现出来的形式和品质。在许多早期的规划理论中，他们试图说明这些目标应当如何来实现。这些蓝图不仅包括了建筑、住房以及总体形象的设计，而且还规定了应当包括哪些城市社会设施，以及从中体现出来的城市新精神。这些蓝图不仅是街道规划、建筑立面或区划条例细节的表现，而且是城市革命的宣言。在这里，现代建筑思潮则起到了一个先锋的作用。

“现代建筑当然可以无可非议地被解释为一个福音，通俗地讲，一个好消息，这就是它的影响。……于是就有了现代建筑早期英雄式的、崇高的色彩。它的目标从来都不是为私人的和公共的资产阶级趣味提供一个很好装饰过的居所。相反，它的理想曾经被想像得更加重要，是去展示一种清教徒式贫穷的美德，一种类似于弗朗西斯肯式的最小生存。……20 世纪建筑师的那种简朴就很好地解释了他是希望去建立并庆贺一个开明、公平的社会。现代建筑的一个定义可能是因为它是一种关于建筑的态度：在现实中已显露出未来所展示的更美好的秩序。”①

F·L·赖特认为：“在这方面，我看到建筑师成为美国文化的拯救者。拯救者现在已经成为所有文明的异端。”② 柯布西耶认为：“有一天，当目前如此病态的现代社会已经清楚认识到，只有建筑学和城市规划可以为它的病症开出准确的药方的时候，也就是伟大的机器开始启动的时候。”③尽管这些话在今天看来十分激进，但是他们说出了建筑师思想状态中的一些东西，并表达了一种救世主的热忱，一种急切去结束旧世界，开创新纪元的心情。

---

① Colin Rowe & Fred Koetter. Collage City. The MIT Press, 1978. 4

② 转引自 Colin Rowe & Fred Koetter. Collage City. The MIT Press, 1978. 3

③ 同②

2.2.2　设计角度的解答

由于现代城市规划运动在早期是由城市物质空间环境的问题所引起的，因此，城市规划最为关心的是物质空间环境的改善。

众所周知，现代城市规划的早期传统来自于建筑学的发展，因而最初的城市规划思想仍然脱离不开建筑学的思维方法，由此而来的一种思路就是设计的模式。由于许多城市问题以物质空间的方式来解决，因此规划的核心是空间要素，最终只能以空间的形象来表述，它在某种程度上必须是一个比较准确、模式化的“设计方案”。

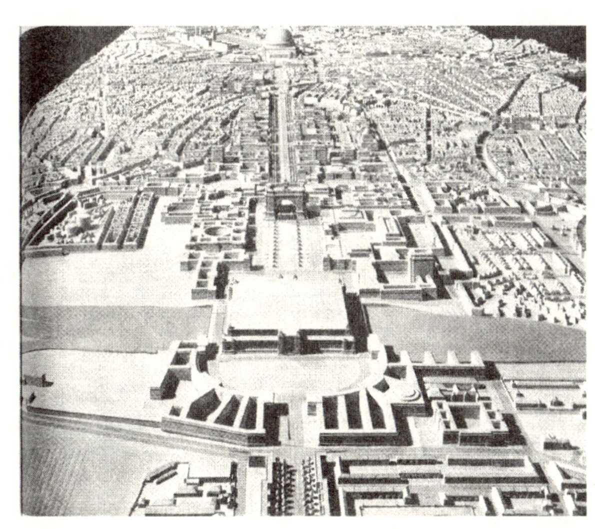

图2－7　斯皮尔，柏林规划

在实践中，城市和区域规划进程往往先从一般的带有图解性的地图开始，然后以具体的、表述形象的地图或蓝图结束。在通过针对视觉感受以及城市居民对于他们周围环境的反应的调查的基础上，形成了城市设计的理论，在通过强调城市形态中的物质特征的前提下，提供了空间识别、美学愉快，以及其他微妙的视觉满足。“按本质来设计”成为城市规划的基本要求。

历史上，许多城市规划实质上是一种理想模型的设计，这种设计大多数是由现实问题而引发的。由于早期现代城市的许多具体问题体现于物质空间环境上（诸如城市拥挤、环境不洁、设施不足等等），因此，城市问题的解决主要以物质空间的方式来解决。通过城市建筑环境的改造和再生来实现社会的进化。

物质空间的城市规划在实践中以建筑师、工程师占主导地位，并延续了许多历史上形成的众多空间设计理论，从柏拉图、亚里士多德和维特鲁威的乌托邦概念，到赖特广亩城和用流行风向减少工业烟雾对城市形态的设想。勒诺特尔（Le Noter）的凡尔赛宫花园设计、鹅掌状放射的景观理论，被奥斯曼（Baron Von Haussman）运用于巴黎，后来被朗方（L' Enfant）运用于华盛顿。

然而，更多具有思想性的建筑师或规划师们所考虑的问题比物质空间形态更加深远，他们所关心的是通过物质环境的改造来形成一种社会变革。英国工艺美术运动的领导人拉斯金（John Ruskin）曾这样畅想：“通过针对我们所拥有的住房采取清洁和整治行动，然后与它们周围的河流、城墙相协调地建造更多坚固、美丽和小规模的组团，这样就不会再有破败和腐朽的郊区了。内部是清洁、繁忙的街道，外围是开敞的乡村，一条由美丽花园和果园组成的城墙，这样在城市的任何一个角落都有新鲜空气，走出不远就可以望见很远的地平线。这就是最终的图景。”①

图 2－8 阳光港城，巴斯大街别墅，威廉·欧文

① John Ruskin. Seasame and Lilies. 转引自 Melville C. Branch. Urban Planning Theory. Dowden. Hutchingson & Ross Inc. P39

面对紧迫的社会现实问题，许多思想家所带有的是一种社会责任感，勒·柯布西耶激昂地认为：“要么进行建筑，要么进行革命……革命是可以避免的。”[①]

许多早期思想家的探索只是出于个人兴趣或专业目的，并没有形成实际的公共政策或政府行为。他们的著述和设计在专业内部得到了积极的共鸣，但是并没有形成广泛的社会反响，当时许多务实主义者们都把他们的多数论断视为空想，但他们的思想对现代城市规划后来的形成与发展产生了重大的影响，它们是其思想基础的重要构成部分。然而，由于针对现代城市发展的情感不同，在城市设计思想中也分为保守型的和激进型的。

2.2.3 保守型与激进型的设计思想

（1）保守型思想

在早期保守型的思想家中，占有重要地位并对城市规划发展最有现实意义影响的，应当首推霍华德，他的著作《明日的田园城市》是城市规划历史上最重要的著作之一。田园城市对现代城市规划运动产生的影响持续至今。

霍华德敏锐地观察到，20 世纪初，一些先驱工业家已经开始在英国农村建设大工厂，并结合建设新的社区，形成一些新的小城镇[②]。这些城镇是有计划地把人口与工业从拥挤的 19 世纪城市中迁移出去的运动中的产物。

在这些自发形成的现象中，包含着霍华德所宣传的那种思想的萌芽：所有这些城市的工业都是从城市，或者至少从城市的中心部分疏散出去的，并依此建设新城，从而把工作与生活组织在一个卫生的环境里。

霍华德从这一现象中，针对当时的社会问题，提出了他著名的社会实践理论。

霍华德首先分析了城市与乡村的各自特征，提出了田园城市的论

① 勒·柯布西耶，吴景详译．走向新建筑．中国建筑工业出版社，1981．234

② 这在很大程度上是受经济利益驱使的，因为在农村的土地上建设工厂，投资比较经济；结果迫使工人也必须住在城外，而工业家们又从工人的房租上把投资收回来

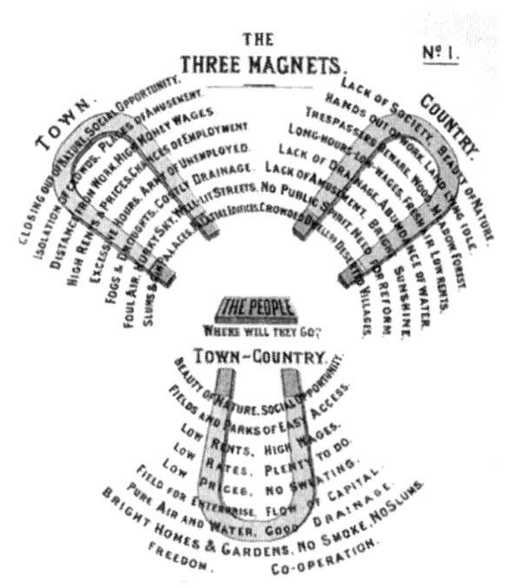

图 2-9 霍华德，城市与乡村图示比较

证，即著名的关于城市、乡村、城市—乡村这三种磁力的图解。他认为，现在的城市和农村都具有相互交织着的有利条件和不利条件，城市的有利条件在于有获得就业岗位和享用各种市政服务设施的机会；不利条件可以归结为自然环境的恶化。而农村则有良好的自然环境，但缺乏足够的和适当的工作机会。

通过这种分析，霍华德提出了一种新型的居民点——“城市—农村”或田园城市，它既体现了城市的有利条件在于生活便利，又体现了农村的有利条件在于自然环境，并同时避免了两者的不利因素。他认为，可以通过有计划地分散工人和他们的就业岗位来达到这个目的，从而把城市聚集的优势体现到新居民点上。

在霍华德关于田园城市的一般性模型中，他把城市划分成 5000 居民左右的社区。每个社区包括商店、学校和其他的服务设施。

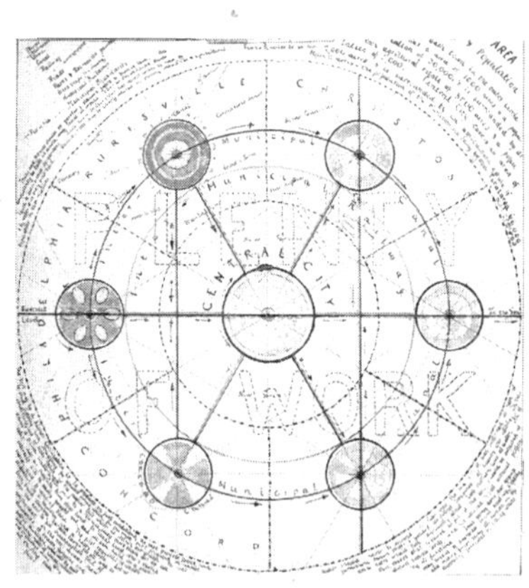

图 2-10 田园城市模式

这种思想实质上形成了一种稳定的、有边界的社区环境[①]，同时解决人们的工作、生活、交通等问题，避免现代生活所带来的环境破坏。人们不用出行很远就可以方便地获得日常的生活服务，而这种服务则由一个小型的、很方便的市区中心来提供，该中心离每个家庭的路途都在步行距离之内。根据居住密度以及合适的步行距离，以几千人作为每个邻里单位居民数量的限度。由于

① 芝加哥学派将人类的生活环境定义为社区，社区是指一个人类群体多少固定在一个地点，而这个群体又形成一种共生关系。而所谓的共生关系，是指群体关系中个体相互独立又相互依存的关系，任何个体都不可能脱离其他个体而存在

房屋和道路都围绕于服务中心，而且与外界有着明显的分界线，因此使住在邻里单位中的居民在心理上对此产生一种明确的社区概念。

在美国1920年代编制纽约地区规划的时候，规划的参与者之一，佩里（Clarence Perrey）同样也从社会组织方式的角度发展了邻里单位的思想，它不仅是一种实用意义上的设计概念，而且也是一项社会工程。由于绝大多数居民的基本空间归属观念是与一块非常小的地域相联系的，邻里单元将帮助居民对所在的社区和地方产生一种归属观念。就物质环境规划来说，佩里使邻里单位的概念得到确立并完善。

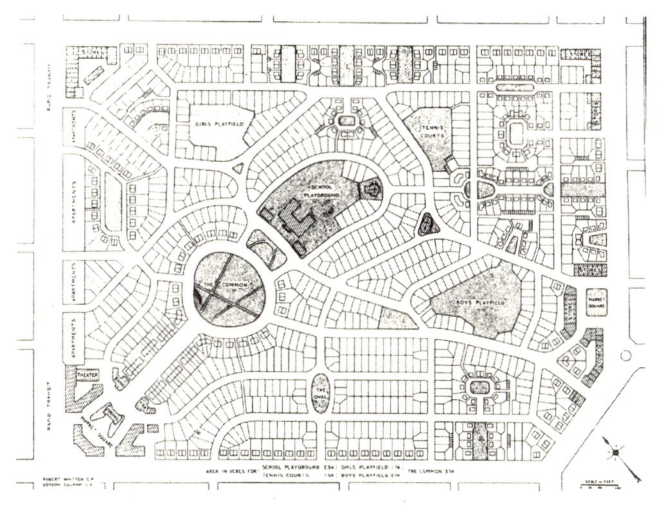

图2-11 1920年代邻里单元标准模式

邻里单元的四界为主要干道，为了使儿童上学不用穿越干道。①他建议一个邻里应该按一个小学所服务的面积来组成，从任何地方的距离超过0.5到0.75英里（约0.8~1.2km），包括大约1000户家庭，如果按当时平均的家庭人口规模计算，相当5000居民左右。佩里所发展的邻里单位的基本思想在世界许多居住区的规划中得以体现，他的影响到处都能见到。但是，从1960年代初开始。它受到日益增多

① P·霍尔．邹德慈，金经元译．城市和区域规划．中国建筑工业出版社，1985．53

的批判。[①]

赖特有关城市规划的思想则与城市化的潮流存在着根本分歧，尤其是与另一位具有重要规划思想的现代建筑大师勒·柯布西耶完全对立。

赖特把他的思想建立在一种静态的社会观念下：即希望保持1890年代左右，在美国的那种拥有自己宅地的、移民的、独立的农村生活。同时，赖特也接受了新技术带来的变化：即北美的农户们开始广泛使用汽车，并且由于大量使用汽车，使城市有可能向广阔的农村地带扩展。

赖特认为，随着汽车和廉价的电力遍布各处，这种把一切活动集中于城市的需要已经终结，人类的居住以及就业模式将走向分散。他建议通过规划，建设广亩城，促进一种完全分散、低密度的城市发展形式。在这里，每户周围有一英亩土地，足够用来生产粮食；居住区之间以快速公路相连，在任何方向都能提供便捷的汽车交通。公共设施沿着公路布置；加油站将很自然地分布在为整个地区服务的商业中心之内。[②]

在某种意义上，广亩城是一个更加详细的花园城市。赖特不仅设计了规划平面，确定了住房、公共建筑、农场和汽车场地的布局，他还详细地规定了在该城中不被允许的行为。赖特以一种综合性的方式来进行物质空间和社会秩序的规划。在广亩城中只包含小型工厂，因为赖特认为新技术的发展将使大型工厂变得过时而被淘汰[③]。

（2）激进型思想

与保守型的思想不同，激进的思想家们强调未来指向的现代城市的发展，以积极的姿态来适应工业化社会的变革。在激进的思想家

---

① 克里斯托夫·亚历山大1963年在论文“城市不是一棵树”中，提出从社会角度来看，邻里单位整个思想是谬误的：因为不同的居民对于地方性服务设施有着不同的需求。他认为，城市在自然发展的过程中往往显示出一种复杂的居住结构形式，带有交错布置的商店和学校，规划应该把这种多样性和自由的选择作为目标。Clarence A.Perry. The Neighborhood Unit Formula. Melville C.Branch. Urban Planning Theory. Dowden Hutchingon & Ross, Inc. 1975. 47

② P·霍尔. 邹德慈，金经元译. 城市和区域规划. 中国建筑工业出版社，1985. 65

③ 虽然二次世界大战后，美国大量出现市郊商业中心，居民点分布也更加分散，但这种模式并不是在赖特所期望的那种社会基础上发展起来的

中，西班牙工程师马塔于1882年提出了一种大型城市的设想，就是使现代城市沿着一条高速度、高运量的主线向前发展。他的观点是，在新的集约运输形式影响下，城市发展将成为带形的。他建议带形城市将横跨欧洲，从西班牙的加的斯（Cadiz）延伸到俄国的彼得堡，总长度1800英里（约2880km）。虽然他成功地在马德里郊外建造了几公里这样的城市，但很快就被城市混乱的发展所吞没。

在20世纪初，随着电车及地方铁路的出现，新技术不断产生，人们的生活发生了深刻的变化，戛涅的《工业城市》则体现了这种技术背景。戛涅在河岸的斜坡上设计了一座35000人口的工业城市，它不仅是一个与环境密切相关的中等规模的地区中心，而且还是一种城市组织方式，并对1933年CIMA《雅典宪章》所提出的功能分区原则产生重要影响。

工业城市是一座社会主义城市，不设围墙，没有私人地产，没有教堂或兵营，没有警察署或法院。这座城市所有的非建筑用地均为公共园地。在建筑区里，戛涅组织确立了一种多样化而又全面化的住宅类型体系，符合严格的采光、通风及绿化标准。这些规范及它们所生成的组合模式，受到一个宽度不等的、植树成行的街道体系的修正。

从本质上看，工业城市与霍华德的花园城市模型是严重对立的，因为戛涅的城市具有内在的扩张能力，并且以重工业为基础，赋予了某种程度的自治性；而霍华德的理想城市则规模有限，经济上是依附性的，以轻工业和小型农业为基础。戛涅的工业城对前苏联建国头10年中形成的规划模式起过影响；而霍华德的方案则导致二战后英国的“花园城市”社区的改良主义规划。

勒·柯布西耶则是一位更加强调城市化的城市思想家，他认为可以通过提高密度来解决城市拥挤的弊端，也就是说，通过提高城市某些地区的密度，从而降低另一些地区的密度。他认为采取大量高层建筑的形式能够取得很高的密度，同时在这些高层建筑周围又将会腾出很高比例的空地。这样，勒·柯布西耶建议利用高层建筑容纳高密度的人口，同时又可以获得高达95%的城市空地。勒·柯布西耶在两部重要著作：《明日的城市》（The City of Tomorrow，1922）和《阳光城》（The Radiant City，1933）中，认为传统的城市由于规模的增长和市中

图 2－12 纽约世界博览会，未来世界，1939 年

心拥挤程度的加剧，已经出现功能性的衰退。随着城市日益显著的人口聚集现象，城市最中心部分的商业地区的交通负担越来越大，而这些地区对于城市各种功能又是最为重要的。

在城市内部的密度分布方面，勒·柯布西耶建议采用平均密度来减少城市中心人口密度和就业密度，减少中心商业区的压力。同时勒·柯布西耶设想在城市布局中容纳一个新型的、高效率的城市交通系统，这种系统由铁路和高架道路结合起来，布置在地面以上，以此来提高交通效率。

勒·柯布西耶的规划设想是反历史的，他在巴黎市中心所进行的规划中，采取了全部拆除而代之以新形式的方法。这种做法在二次世界大战后所规划的城市中，产生了不可估量的影响。在 20 世纪 50 和 60 年代，许多西方城市面貌迅速变化，大量的贫民区清除和城市更新运动，很快形成了许多前所未有的摩天大楼群体。

2.2.4 设计传统在社会现实中的发展

显而易见，空想型的城市设计传统由于其思考范畴基本上局限于思想家本人及其狭小的专业圈子内部，极少与实际的政府行为联系到一起，也不能在社会中赢得广泛的反响，形成规模化的社会运动，因此在实践中是极其有限的。尽管城市设计的传统对于现代城市规划的发展产生过众多的积极影响，但几乎所有空想型的设计方案都停留在图纸的状态。

如果以现代城市规划史中最具影响力的霍华德与田园城市的发展历程为案例，则可以更加清楚地看到，理想化的设计构想，进入到现实的社会经济环境之中，所表现出来的一种曲折而复杂的发展历程，它的实践操作往往与最初的设想有着很大的差异。

(1) 田园城市的经历

在现代规划史中，霍华德是一位比较注重实际的思想家。他的论述充满了关于如何建设新型田园城市的细节，尤其在资金方面。

当霍华德提出田园城市的设想时，他最初充分认识到的是现实中可能存在的障碍，也就是人的本性：人在本质上是自私的，而不是利他的。霍华德对此有充分的准备，认为这不会给田园城市带来问题。

霍华德经过论证，认为田园城市在经济上是可行的，在社会上是存在需求的。他强调指出，如果能够在农村得到便宜的土地，然后通过以后的土地增值，使新城公司能够按期偿还贷款，并且能把利润再投资于进一步的改善，吸引私人投资参与进来，那么田园城市就不难实现。如果田园城市不能得以实现，这对于全体人类来说将是一个灾难，城市将无计划地继续蔓延扩张，使城市居民都成为城市发展的牺牲品。如果田园城市得以建设起来，它的可行性得到证明，那么它就会为其他类似的建设提供范例，这样就给整个世界的城市带来新的纪元。人类不再会成为他们的工业文明的牺牲品，而成为它的主人。

霍华德设计的田园城市的目的在于：使工业人口获得具有较高购买能力的工资，维护良好健康的环境，保证正常就业。对于企业主、社会合作机构、建筑师、工程师、建造商、机械师、以及所有涉及到的各行各业的人来说，它试图为他们的资本和禀赋提供一种机会，为他们提供新的、更好的就业的方法。

对于郊区的农民来说，田园城市则为他们的产品提供了一个更加邻近的市场。而城市中的居民则为农村提供了广阔的市场，同时也免除了交通成本。简而言之，田园城市的目标是提高各个阶层人们的健康、生活水平，通过这种手段来实现健康、自然的，在经济上融合在一起的城市—乡村生活。

田园城市的设想，在城市与乡村之间建立了一种有机联系，避免了城乡之间的严重对立、各自为政、自我封闭的关系。对个人积极性的激励和调整广泛的社会资源，形成了最广泛的合作，促进了社会的繁荣。而公共部门则可以从繁荣中获得更多的收益，用来对田园城市进行永久性的维修和改善，从而形成一种良性循环。

霍华德的设想即使在今天看来，都具有很大的现实意义。

(2) 现实中的挫折

但是如同其他一些城市构想，田园城市同样也尝到了现实的苦果。在霍华德的有生之年，莱奇沃斯（Letchworth）和沃林（Welwyn）两个田园城市，就已开始建造。在霍华德的《明日的田园城市》一书出版5年后，就成立了一个负责建造田园城市的公司，开始建造第一个田园城市——莱奇沃斯。但是，用来启动莱奇沃斯项目的资金却是十分匮乏的。在总数需要的300000英镑中，只征集到100000英镑，另外4000英镑则是依靠抵押贷款而来。沉重的借贷利息使得这项事业一开始就背上了沉重的负担，资金在随后的发展中始终都是一个严峻的问题。

另外，莱奇沃斯的区位选择也是很糟糕的，这导致公众对该项目的热情很快消退，直到该项目在启动的43年以后，所有的借贷才得到偿还。但是即使遇上这么多的困难，莱奇沃斯还是得以建造并保存下来。

田园城市规划失败的表面原因看上去在于财政困难，但是更重要的是，它的失败可以追踪到在它思想深处的社会因素。

在田园城市中，霍华德提出了一种政府所有和控制的理想，这与当时社会中所普遍信奉的维多利亚时代的不干预哲学信仰，其影响力是不言自喻的。而霍华德则针对它发动了一场意义深远的革命，其革命性不同于社会主义或共产主义的方式。霍华德的意图并不是发动一场真正的社会革命，而是一种社会改良方案，其目的是为了避免一场社会革命。他认为，任何城市规划或城市变革都应当与现实中的城市机制作斗争，因为这种机制产生了他所谴责的工业化魔鬼。

1920年，在霍华德认识到莱奇沃斯在现实中的失败后，他在伦敦北部20英里（约32km）开始了另一个花园城市的计划——沃林田园城市。资金又一次成为主要问题，而且由于遇上了1920年代末全球性的经济萧条，使情况变得更加复杂。如同在莱奇沃斯所遇到的情况一样，投资者担心他们的资金能否收回，而规划师则担心他们的设想能否实现，另外在投资者、操作者与理想家之间也经常存在的严重分歧。

(3) 问题的根源

除了资金和缺乏社会认同的困难外，田园城市还遇到许多隐含的，但很严重的障碍。这种障碍常常反衬了规划师对社会因素的一种天真的态度，也就是认为社会发展会服从于他们的良好愿望：

①霍华德意图建立一个政治上独立的城市。这就使得田园城市遇上了很多有关税收和评判的问题，进一步激化了城市之间存在的复杂管理关系的矛盾。由于强调了田园城市的独立性，霍华德忽视了在一个工业化社会中，由于社会分工的因素而在城市之间存在的相互依赖关系。

②人口并没有按照霍华德预期的方向进行流动。与霍华德针对伦敦所预言的“人们不断流向大城市”的情况相反，在20世纪20～30年代，大量富裕的家庭以及一些工人阶级反而开始从大城市流向城市的外围地区。城市拥挤不再成为城市的主要问题，而都市圈的拥挤却使问题变得更加复杂。

③由于汽车和公共交通的发展，霍华德时代人们的出行方式得到了极大的改变。而霍华德却设想在田园城市中可以步行去工作，以此作为接近自然的一种方式。然而汽车时代的到来，改变了市民的思维观念，他们不再成为单纯步行者，因此城市交通也就成为城市的主要问题。田园城市在实践中的效果是缓解了这个问题，还是加剧了这个问题还很难判断。

④霍华德较少考虑公众的动机。虽然他的愿望是良好的，但是缺乏足够的手段来诱导人们迁往田园城市。他的有关人类本性和人类动机的设想是原始的、天真的，这是一种空想症（disease of visionaries）的理想。[①] 生活在现代社会中的人们是否真正如同霍华德一样向往接近自然？他们是否想用都市氛围来交换绿茵芳草？很显然各种人的想法是不一样的。而空想型规划师常常忽视人们之间存在的不同点。他们假设了人类的相似性，假设了他们是可塑造的、可改变的，来适应于某个设计。

2.3 政府视角中的现代城市规划

2.3.1 政治社会环境中现代城市规划的发展

如果从宏观的社会经济背景来看，现代城市规划是以18世纪工

---

① Leonard Reissman. The New VIsionary: Planner for Urban Utopia. Melville C. Branch. Urban Planning Theory. Dowden Hutchingon & Ross, Inc. 1975. 30

业革命的爆发为起因，在 20 世纪初形成并逐步得到完善的。其主要目的就是对城市环境进行必要的公共干预和管理，使城市得以健康、持续地发展。

18 世纪中叶以后，工业革命带来的城市化运动打破了城乡之间的平衡状态，大量农村人口涌入城市，导致许多城市在规模和结构上都发生了巨大的变化。资本主义经济的发展，现代化交通的出现，以及社会平等观念的加强，使得任何一种出于个人目的、局限于某一方面的城市规划行为都无力掌握并控制城市的发展。

因此，现代城市规划就以综合性、预见性、连续性和科学性为理想特征，作为一种人们理想中的、带有目的性的，对城市中各种活动进行公共干预、管理的行为而产生。

与传统城市规划不同，现代城市规划的特征是：①现代城市规划是以政府对于自由市场进行的干预为特征的，政府在城市的规划管理中具有重要的权威性；②城市规划不再是王权、贵族的工具，而是面向普通大众的。

在美国，1909 年第一届美国城市规划会议呼吁关心城市人口拥挤问题，现代城市规划的核心议题开始深切关心城市中普通公众的生活状态。[①] 大量移民的到来，城市贫民窟的不断涌现，引发了一场消除贫穷和提高社会服务的社会运动。一种危机感和人类使命感促进着早期的现代城市规划、住房、社会福利、公共健康以及其他相关专业的开始发展。

相比起现代城市来说，传统城市则相对简单得多。虽然某些古代城市也达到了相当的规模，如古罗马在公元 3 世纪人口约 80～150 万，伊丽莎白时代的伦敦城的人口达 22.5 万，并且一些相应的城市管理也已经建立起来，人们为了获得较好的城市秩序而制定了一些规章，如罗马晚上禁止马车通行，开创了对付城市噪声污染的先例；伦敦 14 世纪对由于燃烧泥煤而造成空气污染的人处以绞刑。[②] 但是现代城市的问题以及所采取规划措施的复杂性是传统城市不能比拟的。现代城

---

① Melvin Webber. Comprehensive Planning and Social Responsibility: Toward an AIP Consensus on the Profession's Role and Purposes. A.Faludi. A Reader in Planning Theory. Pergamon Press, 1973. 95

② P·霍尔. 邹德慈、金经元译. 城市和区域规划. 中国建筑工业出版社, 1985. 15

市的经济和社会组织方面的问题是社会结构性的变化所造成的。

图 2－13 俄罗斯圣彼得堡

在产业革命以前，城市规划所代表的是至高无上的王权和教皇权力，在欧洲大陆则是与武断专制的权力联系在一起的巴洛克时代。16～17世纪初，出现了像罗马改建那样以建筑为主的大型城市设计的杰作，以及巴黎的杜勒里花园和爱丽舍宫这样伟大的构图设计，凡尔赛宫及其周边地区的经过规划的城市，以及德国卡尔斯鲁厄这样经过完整设计的城市。① 许多现代城市规划中的概念产生于此，如放射同心圆结构、街道的纪念性、美学的构成，街道的轴线构成……

然而自英国克伦威尔时代以后，这种极端的君主专制制度在城市规划领域中逐渐消失。虽然城市规划行为已经存在了数千年，但是它与现代的城市规划相比，是一项非常简单的事情：由于社区非常的小，它们的成分中并不包含许多令现代城市万分复杂的技术发展，经济、产业非常简单，通常是由国家的独裁政府决定了规划的实践和形式。

在这种情况下，城市的物质形式是重点考虑的。在传统规划中，城市的物质环境、区位、大小、内部安排是最重要的。直到长距离火炮的发展和工业革命的推广，城市的概念才不再限定于形成城市的空间形式。城市不再是一种围合空间，它逐渐散落开来。

到了 18、19 世纪，更多的现代城市规划设计理论开始出现了，它们有时是实践性的，有时是乌托邦的；有时完全依赖于数学计算，

① 在这里，贵族和商人阶级支配着城市的发展，并决定着它们的形式。

强调几何理想，有时抛弃对于机械工程的模仿，强调回到自然。

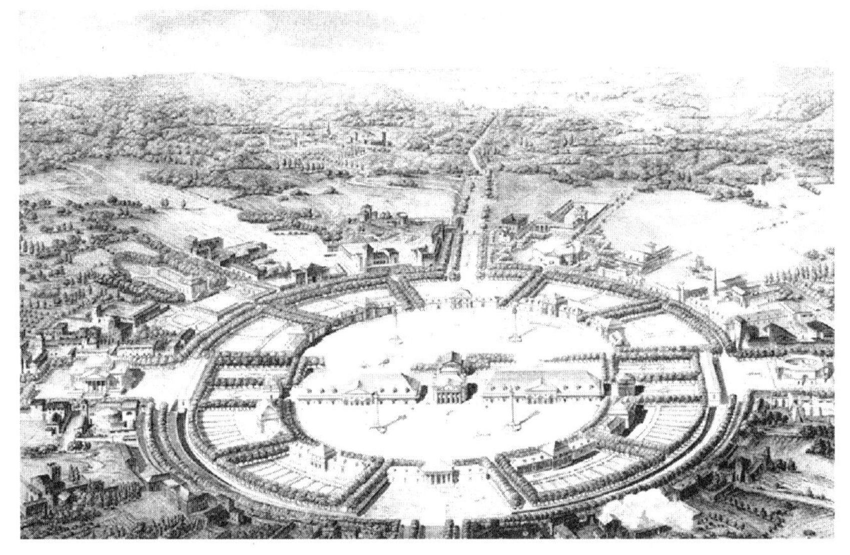

图 2－14　克劳德·尼古拉斯·勒杜，舍伍盐沼

随着现代民主观念的扩展，大多数理想都力图实现一个目标：将城市设计成为可供所有人居住的地方，尤其是强调普通阶层的需要。约翰·伍德（John Wood）通过图解，编制了一本关于在健康的农村开敞地区建造工人住房的著作，而法国建筑师勒杜（Claude Nicolas Ledoux）提出在设计过程中加入深化分析和理性化，他开创了城市设计的新时代，给予了工人阶级与城市统治阶级同样多的注意。但是，早期的一些城市规划设想很快就被资本主义社会的无序发展淹没掉了。

在 20 世纪 30 年代的萧条时期，长期受到资本主义自由经济思想影响的人们逐步改变了对于政府干预的态度。由于资本主义社会的种种弊端，人们呼吁提高政府效率，尤其是通过政府行为，刺激公共消费来避免战后萧条。规划被人们看作是“积极的”、“正面的”公共措施，在广泛的基础上推行公共目标。

二战后，现代城市规划逐步走向黄金时期，城市规划专业呈现出一种崭新的状态，前所未有地受到政府和市民们的信赖，城市规划深刻地影响着人民生活福利。

现代城市规划思想已经深入到政府和大众的观念之中，它的重要性受到广泛关注。现代城市规划所涉及的范畴也远远超出了以往的概念，它不仅涉及物质目标，而且也注重物质环境与人之间的关系。它将社会看作一个整体，设定社会的发展目标，并努力寻求最佳途径来实现它们。

作为一种专业，现代城市规划在各个方面都得到了长足的进展：一方面，它在作为一种理想的城市规划和作为一种行动的城市规划之间建立了一种动态关系；另一方面，在实践中，城市公共部门涉及更加广泛的问题，考虑更广泛的需要，并采取积极措施来改善城市环境。

2.3.2 融合社会经济发展的城市规划

传统的城市规划往往体现的是统治阶层个人主观的意见，而来自政府对于城市的日常管理又明显缺乏系统性和全面性，因此在面对现代城市爆发性的扩张过程中，无力应对城市中所发生的各种复杂因素，也使得任何来自于设计传统的城市规划都无法从根本上处理令人头痛的社会现实问题。

（1）超越城市范围

从1900年到1940年，一些有远见的思想家们认识到，有效的城市规划必须从大于城市的地区范围着手——从城市及其周围农村腹地的范围着手，甚至从若干城市构成的城镇集聚区及其相互重叠的腹地来着手。

图2-15　帕特里克·格迪斯

这些思想家认识到，城市规划必须与它周围范围较大的次区域（Sub-regional）规划和范围更大的区域规划相配合，统一考虑，才能真正有效。许多根本性的城市规划问题，例如：城市居民过多、就业安排困难、交通不便和缺乏游憩空间，甚至决定哪些城市该发展，发展到多大规模，哪些城镇应该控制（如历史性城市），不再可能在城市本身的行政边界范围内解决，所以就应当在区域范围的高度上进行规划，来合理有效地解决这些问题。

苏格兰生物学家格迪斯（Patric Geddes）无疑最早认识到区域规划的必要性。他于 1915 年就开始关注于研究人与环境的关系，并致力于研究决定现代城市成长和变化的动力。

格迪斯对于现代城市规划的贡献在于牢固地把城市规划建立在研究客观现实的基础之上。他周密地分析了地域环境的发展潜力及其极限对于居住布局形式与地方经济体系所产生的影响，这促使他突破了传统城市规划的常规范围，强调把城市周边的整个自然地区也纳入到规划的基本框架之中。

格迪斯认为城市向城郊自然疏散的过程促使城市在更大范围内进行扩展。19 世纪早期煤矿的开发，铁路、道路、运河的修建，对于一些地区产生极大的作用；工业集聚和经济规模的扩大造成一些地区的城市集中发展，如英国的西米德兰、中苏格兰和德国的鲁尔矿区。格迪斯看到，在这些地区，城郊的发展造成了一种趋势，使城镇结合成为巨大的城镇集聚区。格迪斯认为，在经济和社会压力的不断作用下，城市规划应当把城市和乡村的规划都纳入进来，包括城镇群及其对周边地区的影响范围。①

图 2－16　煤矿之城

除了格迪斯外，其他一些思想家也认识到区域概念的重要性。在城乡关系的问题上，霍华德也获得了相同的看法，他的田园城市本身即体现出一种区域性的思想；而阿伯克龙比对现代城市规划理论与实践的贡献在于，他认为应当在一个更加广阔的范围来进行大城市的规划，把包括城市和它周围的整个地区纳入到同一个规划之中；欧文则运用了霍华德的思想，计划从伦敦大规模地分散一些就业岗位到附近

① P·霍尔．邹德慈，金经元译．城市和区域规划．中国建筑工业出版社，1985．63

周围的卫星城镇地区。

(2) 现实的情况要求

从另一个角度来讲，区域概念也是20世纪30年代的席卷西方世界各国经济大衰退的产物。由区域观念而来的区域规划尤其是指开发某些区域的经济规划。这些区域由于种种原因，受到严重的经济问题的困扰，从而造成区域性的衰退，导致与全国其他部分相比，失业率高而收入低。①

虽然格迪斯在1915年的著作中，已经开始认识到区域规划的重要性。但是，直到1929至1931年的经济大衰退以后，人们才完全意识到国家、区域规划的重要性。

就英国来说，英格兰北部地区在二次世界大战之间就已经存在严重的经济问题。煤矿、造船和重型机械制造等原有基础工业，由于产业变迁已经严重衰退，在20世纪30年代引起严重失业和低收入问题。

在第一次世界大战以前，英国在全球范围内是一个发达的工业巨人。但是自19世纪以来，英国受劳动分工原则和自由经济思想的影响，认为每个国家应该从事能给该国带来相对最大利益的商品生产和服务，因此，英国政府强调专业化，沉醉于自由贸易的原则，把重点放在几项大宗出口工业上。另一方面，英国不顾来自北美、阿根廷、澳大利亚、新西兰等前殖民地的竞争，放任它的农业极度衰退。

从19世纪中叶起，到第一次世界大战爆发时，工业的集聚导致乡村的人口不断减少，1901年时，英国已经充分城市化，80%的人口居住在城镇，并且人口日益集中在少数主要工业地区，许多城镇已经演变成为城镇集聚区。② 但是，普通工人的就业门路却很狭窄。根据1921年的人口调查，英国总就业人口的半数以上从事采矿业和制造业，它们是英国19世纪工业发达的基础。

自1851年以来，这些产业就在国民经济中占有重要地位，但是，这些支柱产业都束缚在煤矿地区。19世纪，英国的制造工业就开始迅

---

① 1934年英国总失业率是16.8%，北方一些城市达到53.5%，而伦敦只有9.6%。这导致了大规模的移民——1931~1939年，有16万人离开南威尔士，13万人离开东北英格兰，这些地区的失业率在第二次世界大战爆发前高得惊人。

② P·霍尔. 邹德慈、金经元译. 城市和区域规划. 中国建筑工业出版社，1985. 81

速地集中到北部煤田地区，这是由于英国工业化较早，当时煤炭价格昂贵，而且很难运到远离煤矿的地方所致。因此每一个主要经济地区的经济发展趋势就是向某种相关行业的专业化方向发展，每个城市即意味着一种特殊的产业。

然而，这类基础工业非常容易受到全球经济变化的影响。自 1870 年以来，先进国家工业人口的增长率逐步降低，对工业产品和原料需要的增长也日趋减缓，致使原料生产国遭受经济危机的严重影响。

另外，一系列技术上的革新也导致英国某些产业发生变化，例如采用石油代替煤炭作为燃料；降低炼铁的煤耗；人造纤维制品开始代替棉、毛织品。另外，其他国家也开始步英国的后尘，完成了工业化的阶段。在 20 世纪 20 年代和 30 年代，日本和印度次大陆都扩大了它们的棉纺工业，加强了竞争力，从而导致英国传统工业地区更加严重衰退。

新型工业的布局也与传统工业有着很大的不同。这些新工业包括电机、汽车、飞机、精密机械、药品、加工食品、橡胶、水泥以及其他等等，它们在伦敦及其附近地区迅速发展。然而，新工业并没有向北延伸到传统工业日渐衰退的地区，这种情况造就了地区之间显著的差异，导致了大量的社会迁移，影响了长期形成的社会结构及人民生活的相对稳定性。

(3) 三个政府调查报告

针对地区性衰退问题和地区发展不平衡，英国政府的最初设想是给予这些存在严重问题的特殊地区直接提供政府援助。1936 年，英格兰特别地区专员斯图尔特爵士（Sir Malcolm Stewart）给议会的报告中提出了一个根本性的建议。他认为，伦敦工业的增长主要不是由于客观的经济因素，而是由于可以由政府的行动来改变的主观原因。他认为政府不仅要帮助衰退地区，从正面引导工厂迁往那里，而且要限制在伦敦建厂。①

这种看法在社会上引起了广泛的兴趣和反响，并促使政府采取行动。1941 ~ 1947 年间，在政府的组织下，集中地出现了一批委员会的

① P·霍尔．邹德慈、金经元译．城市和区域规划．中国建筑工业出版社，1985．85

工作成果和报告文件。这些官方报告，针对城市发展的各个专门方向向政府提出建议，构成了战后英国城市和区域规划体系的基础。从此，现代城市规划越来越趋向于一种政策行为，与传统规划中的“设计方案”明显有别。

巴罗报告（Barlow Report）

巴罗委员会在英国城市和区域规划史上占有极其重要地位。该委员会的工作导致1945至1952年战后英国规划机构的建立，而巴罗委员会的成员阿伯克龙比则是战后英国规划体系的缔造者。

巴罗委员会在认识和处理问题上的贡献在于：它把国家、区域问题和大城镇集聚区的物质环境状况联系起来，并认为它们是同一个问题的两个方面。巴罗委员会首先调查工业和人口地理分布的原因以及未来各种影响因素可能的变化；其次，该报告认为把工业和人口集中在大的中心地区，将在社会经济和战略上造成缺陷。在这里，巴罗委员会已经把产业、人口在国家/区域范围分布的问题与区域内的人口迁移问题联系起来，从而也把社会经济发展问题与城市发展问题联系起来。

巴罗委员会的报告表明，在两次世界大战之间，英国工业和人口的增长都集中在英格兰南部和中部，尤其是在伦敦周围。当时全国只有伦敦及其附近地区以及英格兰中部的就业增长率超过了全国平均水平。①

巴罗报告分析了这种趋势的原因，它指出，这种工业增长的方式主要是由于“结构效应”的现象，即繁荣地区的增长几乎完全可以归因于它们较为有利的工业结构。只要这些地区的工业达到全国工业的平均增长率，就可以带动区域的增长。而衰退地区由于基础工业下降得太快，使整个区域继续衰退。为此，有必要做更大的努力来维持经济的稳定。

巴罗报告分析认为，19世纪的工业曾经从接近燃料和原料供应地转向接近通航水域，但是由于20世纪的工业对这些因素的依赖性越来越小，其吸引力正在减弱，工业将被引向它的主要市场。在进行工

① 工业和人口向该地区集中。（P·霍尔．邹德慈、金经元译．城市和区域规划．中国建筑工业出版社，1985．90）

业布局时，这就趋向于把工业分布在非常大的人口中心，在那里有多种多样的劳动技能和专业服务，而这些都是小工业城镇所缺乏的。

但是，如果这种分布方式继续持续下去，必将促使新工业逐步远离传统工业中心，使大量的人口和社会资本闲置在那里。

巴罗委员会接着系统性地考察并分析了公共卫生状况、住房情况、交通拥挤情况、通勤方式、土地和房产的价值。其结论认为：大城市的住房和公共卫生条件并非如同人们所想像的那样比小城市差，伦敦公共卫生的记录就比全国平均水平要好，公共卫生条件得到普遍性的改善。而卫生条件较差、住房拥挤的情况却出现在小城市。另外，巴罗报告还认为大城市的上班路程较长，交通拥挤现象更严重；房地产价格日趋上升，尤其是在大城市的中心附近；大城镇的内城地区也存在着严重的住房问题，包括无房问题。

巴罗委员会的报告对这些现象做出了详尽的调查，并要求政府采取专门的对策。巴罗委员会在提出措施建议时，产生了分歧。一部分人认为，应该只针对伦敦及其附近地区的新工业区进行限定，并成立一个委员会来强制执行；另一部分人则认为应当建立较普遍的控制体系，来控制全国的工业布局，并由一个为此而新设的政府部门来行使职权。

最终，1945 年在实施巴罗委员会的建议时，政府选择了后一种方案，并导致了 1947 年城乡规划体系的建立。

斯科特报告（Scott Report）

斯科特报告主要反映的是 1942 年英国农村地区土地利用的情况。该报告认为：良好的农业用地是无价之宝，它不同于其他生产要素，一旦丧失就难以恢复。因此，该报告认为应该建立一个包括城郊在内的规划体系，该体系应该把保护农业用地作为其首要职责。一等农业用地要毫无例外地禁止新的建设。斯科特报告建议开发者在提出开发建议时，都应说明建设方案为什么是符合公共利益。否则，就不应该改变现有的农业用地的用途。

该报告提出时，正值英国处于面临二战期间的海上封锁，食品非常短缺，使英国十分依赖本国食品，因而引起了政府和公众的广泛关注。公众迫切要求抑制城市的发展，鼓励城市进行高密度开发，以节约宝贵的农业用地。

尤斯瓦特报告（Uthwatt Report）

尤斯瓦特报告主要是关于城市土地开发中补偿金（Compensetion）和改善金（Betterment）的问题。该报告涉及城市开发中的一些问题，首先是补偿金问题：当一个公共部门必须征购土地用于建设时，应当给予土地原来的所有者多少补偿金？一般认为，公共部门应当按照市场现价进行支付，因为这样与市场中出售的土地相比，土地所有者既无损失也不得利，而且，公共部门应该仅限于征购那些他们原已按照市场价格支付的土地。

但是问题复杂性在于，当公共部门宣布建设项目时，土地所有者有可能抬高地价。例如，一旦政府宣布要建设一条城市干道，那么，干道两边的地价就会上涨。如果社会必须按照抬高后的价格进行支付，那是不公平的。

这同时也就引伸出另一个问题：改善金。改善金是指当由于社会公共部门的措施而使一些人得益时，社会应酌情向这些人抽取一笔特别税。

但是，要判断公共行为到底是使人得益还是受损是十分困难的。譬如，政府机构停止一项原来准备在风景地区上的开发项目计划，那么计划开发项目的土地所有者将会受损，因为他们原来由开发所带来的利益落空了。而附近的土地所有者则能直接受益，因为他们的土地的视线可以不致被遮挡，从而导致土地价格的提高。因此，社会应向第一种人支付补偿金，而向其他人索取改善金，以示公正。

尤斯瓦特委员会报告十分详细地讨论了这个问题的概念和技术。它认为：对于土地开发这种问题，社会应当采取一种简单而果断的办法，即对尚未开发的土地（也就是全国的农村土地）应该实行国有化，国家应该按照此前不久某一历史日期的价格为基础，向土地所有者支付补偿金以取得土地。但是，这些土地在城市建设以前，土地所有者仍可留在那里，因此，他所得到的补偿仅限于弥补他丧失土地开发权的损失。一旦国家需要把这块土地征用于建设，就要向他支付另一笔全部征用的附加补偿金，然后，才可以把土地出售或出租。

同时委员会也建议，对于现有建成区内的房地产再开发，应该由地方政府负责。政府按照此前不久某一日期的价格为基础，征购土地，进行改善。另外，所有的房地产所有者都应该支付一种定期的改善税。地方当局定期对纯地产进行估价，如果地产增值，则按增值的75%征收。

尤斯瓦特委员会所提出的解决方案的重点在于，在征用农村土地用于城市建设时，根本不应当通过土地市场，而应该国有化。这种办法虽然在技术上是值得称道的，但在政治上存在着缺陷。由于提倡土地国有化，该报告引起了巨大的争议和反对。这是因为对于土地公有化的宣传，是与英国传统的自由市场观念相违背的。

(4) 大伦敦规划

1944年，阿伯克龙比（Patrick Abercrombie）受英国政府的直接委托。组织制定了大伦敦规划。阿伯克龙比的伟大成就是把从霍华德、格迪斯到欧文的思想融合在一起，勾画出一幅以一个大城市（伦敦）为核心，向各方向延伸，并且包容一千万人口以上的广大地区的未来发展的蓝图。

这个规划所要实现的主要社会发展目标基本上是霍华德的，就是有计划地从一个过度拥挤的大城市疏散过剩人口，把他们重新安置到经过规划的新城区，而这些新城区自身拥有就业岗位和良好的居住环境。而规划方法基本上是格迪斯的：进行全面调查分析，研究城市地区的发展趋势，对问题进行系统性的分析，最后制定实施方案。

英国战时政府在1945年初公布了阿伯克龙比的1944年大伦敦的规划方案。阿伯克龙比大胆地接受和实行了巴罗委员会关于控制工业布局的建议，并根据当时的人口预测，以全国总人口增长不大为出发点，以在伦敦及其四周大约30英里（约48km）的广阔地区内人口可以维持稳定为前提。他制定了把大量人口从较拥挤的城市中心部分疏散到外围地区的方案。阿伯克龙比指出，如果在伦敦中心区改建贫民区和落后地段，使它具有足够标准的绿地，就需要有计划地安置60多万过剩人口，加上在伦敦外围的40万过剩人口，总共超过100万。

在1939年以前，解决城市人口拥挤的方法是，在伦敦中心区边缘建设外围居住区，但这样事实上助长了城市的蔓延。阿伯克龙比严格按照巴罗委员会建议，提出了一个大胆的设想：在伦敦四周设置一条绿环，其位置正好就在1939年战争爆发时的城镇集聚区的边缘，平均宽度为5英里（约8km），从而构成一个制止城市蔓延的有效屏障，同时也给伦敦居民提供了一个很好的休憩地带。

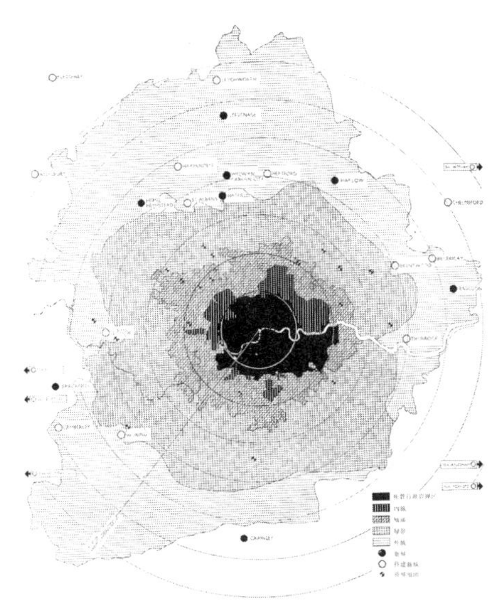

图2-17　大伦敦规划最终方案，1945

最重要的是，这种绿环从根本上改变了对于城市过剩人口的处理办法。如果过剩人口迁移到绿环边缘以外或者更远地区，这就完全超出了当时到伦敦的正常通勤距离，势必需要建设一些在居住和就业上自我平衡的、真正符合霍华德思想的新城镇，以接纳这过剩的一百万人口。

因此，阿伯克龙比编制了一个整体城市区域的规划方案，从而实现了霍华德在近半个世纪以前提出的设想。阿伯克龙比提出，把大约40万人口安置在8个完全新建的城镇中，每个新城的平均规模约5万人，建在离伦敦20至35英里（约32～56km）的地方；其余60万人应该迁往扩建的现有小村镇，大部分距离伦敦30至50英里（约48～80km）。

（5）新城运动

在区域思想的影响之下，英国所有的城镇地区在二战末期都作了类似的大范围区域规划。所有这些都是按照霍华德倡导的原则有计划地疏散城市。因此在战争结束后，新上台的工党政府支持有计划地向新城疏散的方案，并任命了一个委员会来建设新城。新城委员会成立之后，对新城的选址、设立、开发、组织和管理等各个环节都进行了研究，并提出了指导新城开发的主要原则：①新城应能实现自给自足。②新城应该能够就地平衡工作岗位和生活，保证新城居民能就地生活和就业。

图 2－18　新城中心设计

因此，新城在本质意义上是一种区域规划的问题，是国家政策的一种表现方式，而新城内部的安排才是传统的城市规划领域。

由于当时的地方政府机构并不适应于执行此项任务，每个新城都成立一个专门成立的开发公司来建设。新城公司向国会负责，由国库直接划拨资金。新城基本建成后，才把它交给地方城镇进行民主管理。

1946 年，迅速批准生效了《新城法》（New Town Act）。新城区位的选择由 1943 年建立的城乡规划部的大臣确定，并建立一个开发公司，负责新城的建设和管理。该法通过以后，英国政府于 1946 年 11 月 11 日确定建设第一个新城斯蒂文内奇（Stevenage）。随后在 1946～1950 年间，在英格兰、威尔士和苏格兰，确定了 14 个新城，其中 8 个在伦敦周围，以接纳伦敦的剩余人口。

1961～1971 年间英国建设的新城，一些是传统意义上的，如斯凯梅斯戴尔（Skelmersdale）和莱底奇（Redditch），其意图是用来接纳大城市的剩余人口。另外一些则是有计划地扩建现有的乡镇，新城是基于现有的老城镇基础上建设起来的，如利温斯顿（Livingston）和艾尔文（Irvine）。它们在战略上，是作为一种综合性规划中的经济增长点，兼有开发偏僻的农村地区，接纳剩余人口的双重职能。这类乡镇必须比新城距离城镇聚居区更远，具有一定规模的人口和产业，而且在扩建时，不宜采用新城的建设办法。

（6）社会工程

从宏观的城市规划传统发展的过程来看，早期的城市规划往往表现为一种“工程设计”方式，二战后逐渐演变成为一种“过程控制”的“社会经济”方式，也就是更加接近于一种公共政策的概念。然而，不论这种过程的演变是否确切，长期以来的以工程技术为主导的科学思维传统却一直延续下来。

现代城市规划从开始就表现为一项伟大的社会工程，它通过对社会环境进行全方位的改造来实现一定的社会发展目标。科学理性成为这种社会工程的思想基础，不论是早期的建筑学传统的设计，还是二战后的政策体系，所遵循的实质上是一种科学实验、工程技术的方式，规划自身内在的合理性是必需的。

衡量一个规划的正确与否、成功与否，是通过若干年后现实与理想的比较而得出的。W·G·勒泽勒（W.G.Roeseler）认为，作为一个成功的城市规划的衡量标准，应当是：“如果规划目标及其制定的项目实现了，这就是一个成功的规划。至少在实现特定目标的意义上是这样，按照公共和私人发展的性质，一个规划应当在 20 ~ 25 年周期内实施，在这个周期中，规划目标应当得以实现。”①

然而事实上，大多数城市规划所设想的社会工程在现实中都很难按照严格的“成功”或“失败”的标准来衡量。许多遵循科学传统的规划师常常认为他们的使命就是掌握一个彻底解决社会问题的方法，试验于现实世界，并进行大范围的推广。但是由于他们往往不能深入现实世界的本质，只是停留于自己的一厢情愿的思想之中，与现实相距太大，无法实质性地解决问题，因此，他们的作用是有限的。

在现代城市规划史中，许多乌托邦式的规划设想不能够在现实中

① W.G.Roeseler. Successful American Urban Planning. D.C.Heath and Company，1982. 3

得以建造，这是众所周知的。然而，即使一些具有强烈现实意义的规划工程、政策体系，在实施过程中，也很难完成预定的设想。

随着时代的进步和技术的发展，早期工业化所带来的许多社会问题已经成为历史。表面的问题，如住房紧张、环境恶劣等，似乎已经得到解决，社会的一些表面矛盾已经得到平息，城市规划专业已经形成，并成立了正式的城市规划机构。但是最本质的社会问题仍然存在，原有的问题不能得到根本性的解决，新的问题又不断涌现，社会并未达到一种理想中的状态，早期思想家们所分析的社会弊病仍然在产生影响。

2.3.3 政府角度规划行为存在的问题

莱奇沃斯和沃林田园城市在实践中的发展并没有按照预想的方式顺利进行，但也没有导致田园城市运动的终止。在第二次世界大战中，伦敦市政府就已经预见到战后对住房的大量需求，以及有必要将一些人口迁移出伦敦。多项城乡规划法得到批准，城乡规划部也随之成立起来。1946 年，《新城法》得到通过，“在西方近代史上，建造新城第一次成为国家政府长期所关注的焦点。”①

霍华德的理想从此变成了一项政府行为。斯蒂芬内奇（Stevenage）是在新城法下建造的第一个新城②。与莱切沃斯和沃林在建造过程中所遇到的困难相比，斯蒂芬内奇则在资金、组织方面要顺利得多，从而能够更加完善地体现出霍华德的理想。但是，斯蒂芬内奇在实践中同样也遇到了许多问题，它同样也反映了城市规划有限的社会理解能力。

参与斯蒂芬内奇建设的主要部门是斯蒂芬内奇城市委员会（Stevenage Urban Council）和城乡规划部（Ministry of Town and Country Planning）。虽然它们在项目开始时的合作讨论上还比较顺利，但是不

---

① Leonard Reissman. The New VIsionary: Planner for Urban Utopia. Melville C.Branch. Urban Planning Theory. Dowden Hutchingon & Ross, Inc. 1975. 30

② 斯蒂芬内奇处于伦敦的影响范围之内，是一个介于乡村和市镇的地方，它的建设不仅便利于白领职员和商人到伦敦上班，而且在地区传统的农业方面条件也很优越。斯蒂芬内奇计划容纳 3 万居民，10 年之后达到 6 万。

久，来自社会规划中的问题导致了合作的破裂。地方政府认为规划部一意孤行地推行它的方案，而不考虑地方的意见；而规划部显然想使该项目成为全国的典范，忽视了来自地方社区的公众反映。

随后这种矛盾越来越激化，地方居民成立了居民保护协会（Residents' Protection Association），来抗议规划部的“在获取房屋和土地过程中的专制，以及对于住房的专制控制。”① 当地居民甚至采用法律手段来反对城乡规划部的行为，尽管他们输掉了官司，但是迫使当时所有的开发行为停顿下来。在随后4年半中，只有28幢房屋建造起来，而此前已建造了300多幢。

图2-19 英国新城规划

哈罗德·奥兰德（Harold Orlans）认为这场冲突的一个重要原因就是斯蒂芬内奇当地居民的农村保护意识与城乡规划部的大众福利意向之间的分歧。斯蒂芬内奇的当地居民认为田园城市的开发意味着公共所有和公共控制的增强，他们原先的地区独立性将会丧失。1950年虽然经过法庭调解，双方关系有所缓和，但是居民保护协会坚持“保留干预新城过程的权利，并代表财产所有人和纳税人的意见。”②

斯蒂芬内奇新城项目的简短历史反映了在城市公共行为中的某些社会学特征，其主要问题是在于理论上的一些设想在具体化时，可能会遇到来自实践中的相反作用。这种阻力不仅来自于技术问题，还来自于政治问题。

如同当时许多其他城市规划一样，斯蒂芬内奇规划的一个明确目标

① Leonard Reissman. The New VIsionary: Planner for Urban Utopia. Melville C. Branch. Urban Planning Theory. Dowden Hutchingon & Ross, Inc. 1975. 30

② Leonard Reissman. The New VIsionary: Planner for Urban Utopia. Melville C. Branch. Urban Planning Theory. Dowden Hutchingon & Ross, Inc. 1975. 30

就是，创造一个平衡的社区。“我们力图恢复在英国传统村庄中存在的社会结构，使那些富裕的家庭与不富裕的家庭紧挨在一起，而且使人人都相互认识。”① 在规划中的经济基础构想看上去也是相当合理的，它试图通过在城镇中安置几所工厂或企业，来保持就业上的平衡和稳定。

然而这样希望达到平衡的愿望在实践中往往只是一种名义上的追求，也就是说“一个社区的全部及其所有居民将工作在一起，而毫无分离。”②

在规划师内部也存在着意见上的分歧，并不是所有的规划师都赞成社会平衡。斯蒂芬内奇的规划师常常为“创造一个同质的社区，还是一个混合的社区”发生争论。同质社区的理论认为一个混合在一起的社会阶层会造成社会不安定，而混合社区理论则认为混合的安排更容易促进社会的融合。

在实践中，很难辨别哪一个论点更加正确。人口分布以及用地布局的确定只根据极少的事实依据。事实上，这种选择很大程度上是基于规划师个人价值观，而不是来源于真实的大众需求。这就如同霍华德当年非常单纯的想法，希望将工人阶层从不健康的城市中迁移至田园城市中，“在那里，他们可以健康地陶醉于花园中。”③

许多规划师期望通过神秘主义的、建筑学的方式，将包含社会各阶层的城市转变成一个公平合理的社会。然而，这种社会理想工程往往比想像的更为复杂，有许多现实问题在实际操作中是无法回避的，例如，依据谁的价值观来进行规划？规划一旦实施，由谁来负责社会的控制？规划师如何使社会发展遵循正确的方向？

在斯蒂芬内奇新城的莱利绿带（Reilly Green）项目中，规划师的目的是通过一个公共地带，将许多小型的邻里单元组织建造在周围地区，这样就可以救治“孤独、青少年犯罪、父母粗鲁、不健康、低出生率、晚婚、歧视、财产自私等等”④之类的许多问题。虽然有一些审慎的规

① Leonard Reissman. The New VIsionary: Planner for Urban Utopia. Melville C. Branch. Urban Planning Theory. Dowden Hutchingon & Ross, Inc. 1975. 31

② 同上

③ Ebebezer Howard. Garden Cities of Tomorrow. Cambridge: MIT Press. 1965

④ 同①

划师认为实现如此广泛的社会目标是不现实的，但是大多数规划的本质都遵循着这种理想，通过建筑和空间的操作，来重构社会。

当时一位建筑师在向国家委员会提交的报告中认为："我们并不宣称按照良好的居民邻里方式来建造的住房和其他建筑会自动产生一个友爱的、邻里的气氛，但是我们认为这对于创造一个健康的社会生活是有益的。"①

这段话表明了建筑规划师中普遍存在的一个观点：建筑形式可以改变生活形式。许多规划师认为建筑变革对于社会变革是绝对必要的。斯蒂芬内奇的规划师的一个目标是通过邻里单元的设计来重建社会生活。他们的注意力更多地集中于"什么是邻里的最优规模？尽端路是否会给邻里交往带来便利？社区中心放置在什么地方可以最大地优化邻里之间的关系"。②然而他们对于建造一个邻里单元的目的，以及它是否有效却很少有争议。

邻里单元在规划师的思想中似乎已经是无可置疑的，它是规划师理想中的基本要素，邻里单元是用来实现所设想的社会变革的社会控制的基础。如奥兰斯（Orlans）所总结的新城规划师们的信条是："社会化（规划的邻里单元）和社区行为可以通过紧凑的物质环境和真正的社会变革来组织或产生，用来抵消工业化、职业专业化和阶层隔离、冲突所带来的问题。"③

2.3.4 英国战后城市政策中的问题

英国在二战期间及随后建立起来的城市规划体系，侧重于公共建设。该体系基本上是为了适应这样一种经济体制及思路而制定的，即城市的发展与重建工作大部分由政府部门负责进行。这种体系的主要作用，在于控制和协调社会、经济与物质建设发展的步调与方向。

然而，在随后的实践中可以看到，政府针对城市发展过程中存在

---

① Leonard Reissman. The New VIsionary: Planner for Urban Utopia. Melville C. Branch. Urban Planning Theory. Dowden Hutchingon & Ross, Inc. 1975. 31

② 同①

③ Leonard Reissman. The New VIsionary: Planner for Urban Utopia. Melville C. Branch. Urban Planning Theory. Dowden Hutchingon & Ross, Inc. 1975. 32

问题所采取的措施是有限的，这不仅体现于具体的项目上，而且也体现于政策上，其问题主要体现在“谁受益，谁受损”这样涉及社会公平的价值判断问题上。

尤斯瓦特报告中所涉及的补偿金和改善金问题，政府应当向丧失土地开发权的业主支付补偿金，该项建议体现于实际操作中，促使1947年《城乡规划法》提出这样一个规定，即对全国的开发权都要进行评估并汇成总额，在支付了一定的补偿金以后，土地所有者就交出开发权，国家则可以自由地行使这种权力。

如果土地开发权属于国家所有，土地业主丧失的开发权已经得到补偿，他们就不再有权享受因开发带来的土地增值的经济收益。如果土地在取得补偿以后，又获得地方规划政府批准他们的开发许可，那么由此产生的土地增值的收益应该归社会所有。

因此，1947年《城乡规划法》规定，凡获准进行开发的土地所有者应该向国家交付“开发费”（Development Charge）。这看上去似乎公平合理，但在现实中行不通。由于政府在1947年法律条文中放弃了尤斯瓦特提出的获取开发权所需土地的彻底解决办法，国家仍然需要私人土地市场来发挥作用。如果需要支付土地增值费，则会挫伤私人土地市场发挥作用。其结果，到1951年，如果买主想在市场上购买土地，必须支付两份开发费，一份给国家，另一份给卖主。

更严重的是，预计到1954年，国家将要向所有丧失开发权的土地所有者一次性支付3亿英镑的补偿金。因此，1953年新上台的保守党政府有意识地废除了开发费，并且规定，只有当土地所有者申请开发许可而未被批准时，国家才能支付补偿金。然而这又导致了另一个问题，能够取得开发许可的土地所有者，将为此而享有从土地买卖带来的全部利益，但是，倘若他们的土地被政府征用于公共项目，则只能获得土地原用途价值。因此，为了表示公正性，政府在1959年重新恢复了按市场价格作为政府征购土地。只有在新城这样的情况下，政府不应支付由于它自己的开发建设而引起的该有关地段地价的增值部分。①

---

① P·霍尔．邹德慈，金经元译．城市和区域规划．中国建筑工业出版社，1995．111

1967年《城乡规划法》部分地恢复了尤斯瓦特报告中的解决办法，建立一个土地委员会，打算在需要开发时才购买土地。但是，后来又放弃了该计划，而代之以土地银行，在必要时可以提供土地用于开发。此外，1967年法规定，在开发地点，每当土地易手，都应该征收一笔改善税，更重要的是，它不像尤斯瓦特报告建议的那样，不论土地所有者是否从增值上获益，都要一律收费，而是只有在通过出售或开发土地实现了增值时才征收。因此，它既使国库取得了一些改善金，又给土地所有者带来了激励，同时也减少了政府在征购土地时的负担。

但是，由于1967年《城乡规划法》和土地委员会的存在得不到肯定，结果引起地价上涨，卖主向土地委员会支付税金，然后，又部分地把这些税金转嫁在买主承担的价格上，导致1970年的政府彻底取消了这些规定。

二战后英国城市政策的另一个案例是1945年的《工业分布法》。根据巴罗委员会的报告，1945年制定的《工业分布法》可以使政府完全控制工业分布，而这种控制是全国性的。任何新建工厂或车间扩建，只要超过一定规模，就必须从商务部取得工业开发执照。商务部可以拒发执照而不付任何补偿金的责任。

1947年《城乡规划法》规定，工业发展的布局也必须取得商务部的执照，这就进一步加强了其权威性。该法对开发地区的新工业给予的积极鼓励，在开发地区建厂将得到政府的奖励，包括低租金的专建厂房和现成厂房，安装新设备的投资拨款及各种贷款。P·霍尔称之为大棒加胡萝卜的政策①。但它在本质上存有三方面严重的局限性：

（1）受控制的仅限于加工业，而办公事务所以及其他形式的第三产业（服务业或制造业）却没有限制。在该政策中，第三产业对城市发展所产生的影响被忽视了。

（2）该政策所采取的鼓励措施主要是提供基本设备，这就意味着大量使用机器，很少使用人力的资本密集型企业可以得到拨款，企业可以利用这种奖励去实现机械化并减少劳动力，但是这无助于减少地

① P·霍尔．邹德慈，金经元译．城市和区域规划．中国建筑工业出版社，1995．111

方的失业率。

(3) 该政策还存在其他很多漏洞，例如在伦敦或英格兰中部的那些未能取得工业发展执照的企业，可以将现有工厂逐年扩展不到10%，那么10年就可以扩展到100%，而且还可以进一步把仓库或办公用房迁移到独立的建筑中去，把面积让出来投入生产，这样，虽然整个政策的想法是要把就业岗位引导向开发区，但是收效甚微。[①]

2.4 理论研究中的矛盾性与复杂性

2.4.1 逻辑关系中存在的问题

在以设计为基础的城市规划中，许多规划师认为物质环境是影响社会行为的最重要的因素，并直接关系到人类生活的福利状况。城市规划专业一般也被限定在物质空间环境的领域之内。城市规划针对各种社会问题所开出的药方就是物质环境的改善。如果采用经过合理选址和良好设计的住房、休闲场所、社区服务设施，来取代拥挤的、破烂的、连片的贫民窟，那么犯罪、堕落、吸毒、酗酒、家庭破裂、精神失常都将会消失。

物质环境的理想不断激发起富有想像力的设计方案，邻里单元成为城市组织的一种基本要素，随后又发展成为一种比拟生物有机体的有机理论[②]，它假设了城市拥有如同生物一样的生长、发展和再发展的过程。其他一些的畅想则表现为带形城市、光辉城市，以及富勒、阿基格拉姆、朗·米龙等创造出的形象之中。

但是，随着针对规划过程的研究不断增多，人们发现物质环境与社会行为之间并不一定存在一种清晰可辨的逻辑关系。原来设想中简单的一对一的，因果关系明确的，把住房邻里与生活福利联系到一起的思想观念，逐渐被社会、心理、经济和政治系统中内在的、微妙的关系所替代。城市规划专业中简单的分类也逐渐趋向复杂化、综合化。规划环境和规划结果的不确定性成为人们所必须接受的事实。

---

① P·霍尔．邹德慈，金经元译．城市和区域规划．中国建筑工业出版社，1995．105

② 如萨里宁的有机城市

图 2－20 阿基格拉姆，彼得·库克，插入性城市设计

同时，许多社会学家也开始对城市规划的环境决定论提出质疑。从 20 世纪 60 年代开始，许多批判直指城市发展所带来的巨大变化。例如许多郊区独立住房被指责为“剥夺了一代儿童的童年乐趣，他们由精神脆弱、爱好咖啡的妈妈抚养，而被交通和事务所困扰的父亲则被排除在家庭之外。”①

在城市中心区，城市中心的改造被指责为对低收入居民生活环境的剥夺，旧城重建摧毁了他们的社会网络，新的高层建筑群则培养了新的、贫瘠的、无文化的一代。

越来越多的人们逐渐认识到物质环境决定论所依据的往往是一个狭隘的假设，将贫民窟与犯罪和堕落行为等同在一起。许多社会学理论认为，复杂的社会行为和动机并不能仅仅通过简单的物质要素来进行说明，陋屋简室不一定会孳生犯罪，高楼华厦也未必造就守法公民。早期的许多思想家往往以一种中产阶级的生活模式为标准，坚信任何人只要被放入美好的住房里，置于美好的环境中，就会产生中产阶级生活模式的社会产物，在今天看来，这是一个存在严重问题的假设。实际上，家庭、学校、社会契约，以及其他广泛的社会制度，共同规制着人类的行为。

因此，越来越多的社会理论认为改善物质环境与解决社会问题之间并不一定存在必然的内在联系。即使在物质环境得到大大改善的年代中，城市中的社会问题依然十分严重。

---

① Melvin Webber. Comprehensive Planning and Social Responsibility: Toward an AIP Consensus on the Profession's Role and Purposes. A. Faludi, A Reader in Planning Theory. Pergamon Press, 1973. 98

1965年，在英国利物浦，有1/3的居民住在被英国卫生部列为贫民区的地区，而在英国北部的一些较小城镇中，这个比例还要高。在这些贫民区中，孩子们没有专门的游戏场所，只能沦落在大街小巷之中。“我们的社会尽管消除了大量的贫民区，盖了很多新房，建立了许多新的学校和新的公园绿地，但至今仍然不能有效地消除一个世纪以前就已形成的这个疮疤。”①

在美国这样一个市场价格决定一切的商业社会里，规划人员所面临的社会问题则更加复杂，压力更大。美国城市中的城市更新往往使穷人陷入更加困难的处境。他们的居住地区在更新过程中，几乎全部推倒重来，他们被迫搬家，而原来的住房被拆掉，盖起了新的商务办公大楼。市中心漂亮的住房只有有钱人才能居住得起，而底层居民由于政府不管拆迁安置，只好另觅栖身之处。这些规划常常被称之为“黑人迁居”②。

在美国一些大城市的贫民区里，其糟糕情况达到了爆炸性的程度。在20世纪60年代，许多房地产主纷纷放弃他们出租的公寓大楼，不再负责进行维修，从而大大加剧了住房的紧张情况，这在纽约等城市迅速形成了危机。

图2-21　20世纪初美国纽约工人住房

1965年至1968年期间，房主们放弃了大约10万套公寓住房，发生这种情况的原因之一，是房产主能收到的房租太少，不足以支付昂贵的维修费用，所以干脆放弃，不再负责维修和保养。这就意味着这些房子里的设备老化得更快，结构也不安全，不能再适于居住，房客们不得不自动搬出，而迁

① W·鲍尔著．倪文彦译．城市的发展过程．中国建筑工业出版社，1984．5

② 同上，P39

入很多城市难民，最终导致整个社区的腐化。

在许多现代城市的物质环境改造过程中，许多预想针对解决的社会问题并没有因为物质环境的改善而得到解决，有的可能甚至相反，带来了其他意想不到的社会问题。因此，自1960年代以来，城市规划理论界对于单纯的物质环境提出越来越多的质疑，城市规划自此也逐渐朝向综合性的政策形式转变，力图从宏观角度来更完善地把握社会问题。

2.4.2 城市规划行为的复杂性

（1）物质空间因素的复杂性

现代城市规划体系的作用在于：解决空间上土地使用者之间的矛盾，提高空间环境质量。而空间规划的目标就是通过对物质空间环境进行改善、规范和管理，来提高人民的生活质量。

尽管空间形象或场所环境的质量是城市规划工作中的重点，任何城市规划无论在规模上和次序上，都脱离不开空间性因素的影响，因此城市规划工作涉及各种不同问题在空间方面的反映，以及各种政策在空间上的协调。例如，经济政策往往研究国家级的，有时甚至是国际性的、宏观的经济发展问题，它们需要考察各种行业在空间结构上的演变，以此来促进商品和劳务流通，促成各种生产要素的优化组合，使之转换为生产效率要素。而区域政策在考察同样的事务时，往往以它的特定空间影响为出发点，考虑这些现象的地理空间和距离等变量的影响。

图2－22 爆发的建筑，纽约，1917，乔治·奥克菲

因此，更加广泛、综合性的城市规划要求研究个人和社会的需要，研究社会人口的变化，就业岗位在空间中的流动，以及这种流动对生活方式

和住房形式的影响，对城市家庭结构变化的影响；研究由年龄、职业、教育程度等因素所决定的家庭结构、家庭收入，以及导致个人或家庭变迁的社会因素和心理因素。而这种变化又影响着城市中心附近的住房市场；研究就业流动需要研究低收入家庭在就业岗位迁往城郊后，交通费用对家庭经济的影响。

从这个角度来看，就不难发现物质空间规划在解决现实的社会经济问题中常常是缺乏效果的，在政治领域中常常显得软弱无力。

传统思维的惯性常常使得城市规划目标也是含混不清的，城市物质环境与城市总体经济发展、就业、空间环境保护的目标经常被假设是统一的，但在现实中却相互矛盾：空间规划与社会政策、经济政策相矛盾，政府的公共政策与空间无关。而且后工业时代的现代经济发展形势已经开始逐步脱离了空间因素的束缚，跨地区、跨国域的经济策略已经逐渐摆脱了空间因素的影响，使这些要素之间的关系更加离散。此外，还有一些最根本的价值判断问题是难以解决的，如生活质量应该以什么来衡量？针对城市空间环境应制定什么样的标准？

因此，在传统城市规划中，物质空间环境与社会经济要素之间的关系并不是简单的，而是复杂的，城市公共设施与土地使用的区位安排是以一种微妙的方式体现在城市生活质量上的。因此，对于物质空间要素的理解应当从更高、更广的层面上来进行。

城市是人类现代文明的中心，大量的物品、服务和思想在这里产生并传播，最紧密的人际关系在这里发生。由于减少了空间距离障碍，人们可以在这里接触到最丰富的人类文化。城市减少了从买方到卖方，雇佣方到受雇佣方，信息来源方与信息接受方，帮助方与受帮助方的距离。城市在现代社会中得到发展就是因为这种空间安排方式扩大了人与人之间交往的机会。

现代交通的发展、人均收入的提高以及其他一些因素，可以使许多家庭和企业在适宜的城市外围地区获得宽敞的空间。在迅速郊区化的时代，城市规划通过提高交通和通讯能力来解决城市新区与其他地区的联系。

同时，城市中心地区在现代社会中也一直起着极其重要的作用。一些商务和企业一直都依赖着城市中心商务区所带来的便利环境，社会则依赖于城市中心区来加强城市信息和服务的交流。由于这些经济和文化因素的影响，城市规划有必要保持并稳定现有的城市中心，使其保持生命力，成为社会的交流中心。

(2) 研究领域的扩展化

虽然人们常常认为经济行为和物质设施的分布是处于次要地位的，但是它的作用不可低估。尽管许多规划理论过高地估计了物质空间对社会行为的影响，然而毫无疑问，物质环境的某些方面可以给城市居民直接带来福利。

富有想像力的、仔细设计的建筑、街道和开敞空间是内在于一个美好社会中的，物质环境在城市系统中仍然是一个重点，美丽的城市仍然是现代社会所要实现的目标。舒适的、卫生的和宽敞的住房，其本身就是美好生活的一种象征，而城市规划所要努力实现的社会目标——“为每个家庭提供一个舒适的住房和舒适的生活环境”，仍然是城市规划所需要实现的崇高目标。

同样，政府建造的各种设施，如健康、教育、娱乐及其他服务设施，也体现着政府为市民提供服务的质量。空间规划师在实现社会目标中确实起到了重要的作用，而这种潜在作用只有当规划师正确地评

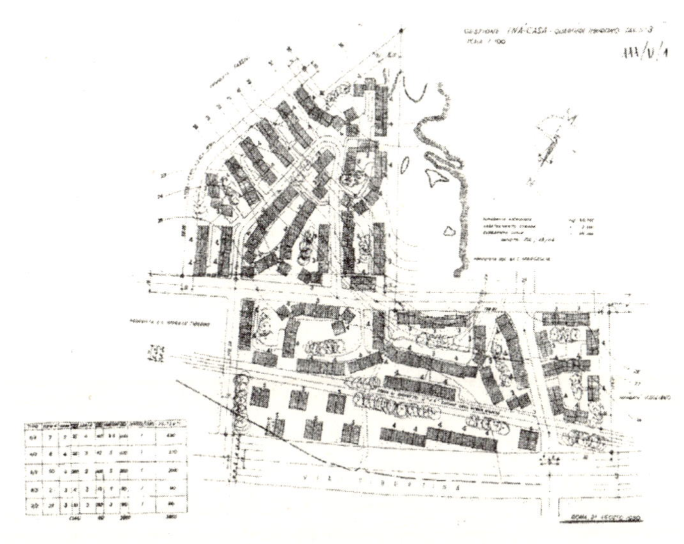

图 2-23 罗马蒂布提诺居住组团规划，1950~1955 年

价其他的服务设施和社会因素的作用后，才能发挥出来。

物质环境对社会的影响在规划界内部也存在很多争议，例如一些理论认为邻里单元从土地使用、交通、空间设计，以及一些社会理论方面都表达出了一种美好的设想：减少去往邻里中心步行范围内的机动交通，将会有利于步行者，并有利于居民之间的社会交往。邻里单元是理论上的基本建设单元。如果城市完全按照这些分离的物质单元进行构成，城市功能将会更好，生命力更强。

而另一些理论则认为邻里单元也造成了严重的社会隔离，加剧了穷人、老人以及其他少数民族的困境。邻里单元理论同时也与控制人口密度理论相矛盾，因为邻里单元导致人口密度的上升。同时，工业化时代的就业地点、商业、娱乐、社会基础、高等教育在城市中如此分散，邻里单元所起的作用实际上并不存在。

例如，改善土地使用安排、提高交通系统效率，这些措施虽然可以直接提高城市生活质量，但是这种提高并不是面向城市中所有人的。那些低收入、低层次的家庭所需要的廉价住房和交通设施，在城市规划中常常遭到忽视。

对于一些低收入的人们来说，由于城市的更新与扩张，缺乏为他们考虑的必要交通设施，通往就业机会的可达性则更小。另外加上缺乏熟练技术，给他们在就业方面增加了额外的困难，有的人实际上被剥夺了就业的机会。尤其是对于在郊区工厂和批发业工作的工人，由于购买不起郊区住房，再加上缺少远距离的交通工具，更加不容易获得这些工作。另一方面，在靠近他们廉价居住地附近的工作机会（市中心）又相当缺乏。这样，各种阶层的雇员和工作的居住与工作地点之间的关系，实际上仍然是城市规划难以解决的问题。

二战后，许多发达国家常常面临在某些衰退地区的持续性的失业问题，而先进的工业自动化又挤占了许多低技能、纯体力的工作。同时，战后出生的大量人口又不断地加入就业队伍中，导致许多城市贫民对生活状况的改善越来越感到失望。由于缺乏工作，导致经济收入不高，得不到良好的教育，个人素质低下，社会交往面狭窄，缺乏工作机会和社会技能，因此，更加不易就业，再加上其他一些缺陷，进一步导致恶性循环，从而使他们的居住环境不断地衰败下去。

因此，对社会低层次的人的帮助来自于各方面。W·鲍尔认为，没有比改善教育系统和强化区域作用更加有效的办法来改善他们的处境，也没有任何社会行为能够使他们自我维持和发展。[①]

以此看来，空间要素的改善只是用来解决城市社会问题的必要条件，但不是一个充分条件。社会成员状态和差异，导致人们在工作机会、教育机会，以及个人素质方面的差异，这是影响社会公平和经济增长更为严重的障碍，社会问题是一个更加广泛的问题。尤其是在现实操作过程中，这是一个超乎人们原先设想的复杂问题。而这些问题的解决，首先需要理解这些问题之间的逻辑关系，才能确立具体的行为目标和手段。

2.4.3　方法论上的贫困

（1）方法上的简单化

复杂的问题常常反衬出贫乏的方法。在大多数情况下，城市规划往往缺乏有效的手段来解决现实问题。这种现象在于许多问题的原因难以辨清，即使辨别出来，也很难形成有效的手段来解决。

图 2－24　纽约地铁开通

① W·鲍尔著．倪文彦译．城市的发展过程．中国建筑工业出版社，1984．155

在实践中，一些城市规划方法甚至走向极端，而不认真对待具体的情况。例如在城市土地分区方面，许多规划师追求纯粹的用地功能分区，而不考虑现实中不同土地使用之间的相互关系。有些科研性质的企业和一些小型无污染的服务性工业，以及许多办公事务所等，如果进行合理安排，完全可以与居住用地安排在一起，而不会产生矛盾。

在实践中，由于有些规划师对分区思想机械性的理解，结果产生出大规模的、纯粹的居住区，而工业区则集中到远离居住区的郊外，导致居住区里的人，尤其是已婚妇女，事实上被剥夺了就地工作的可能性；另一方面，这导致每天有大批人长距离乘车去上班，使城市交通问题更加严重。

用地规划常常成为一种技术性的教条，而没有认识其本质的作用，也不考虑到它的作用范围。它一方面以一种抽象数据化的方式来表达（例如容积率、密度），而另一方面则以过于含糊的方式来表达（如宜人性）。即使采用了严格的标准，规划的结果也并不一定能够真正解决问题。

例如在人口密度控制方面，如果某个人或某个单位希望将原来的两层楼翻盖成四层楼，那么在规范中将是不允许的，因为城市人口密度是通过建筑密度来进行控制的。但是如果原来 3 个人的居住面积住进了 6 个人，则不受规划条例的控制。但这同样会超过街道所允许的最高密度标准，而无需获得规划的批准。

在许多人口密度的案例中，大多数规划师并不认真考虑生活中的现实。因此，事实上的人口密度也并不一定能够按照所希望的方式来进行控制。而在规划中由于采用了许多不需要的、不相关的标准和控制，工作变得比实际需要更加复杂，导致规划师和被规划者之间存在着很多分歧。

市场的作用力加上在用地布局上的机械性，使很多城市的市中心区几乎全部成为商店和办公大楼，白天极其拥挤，下班后又空空荡荡。相应导致市中心白天的交通问题显得格外紧张，而在夜晚和周末假日，人车稀少，一片荒凉。严格的用地分区方法，本意是通过将互相干扰的居住和工业用地分开，创造良好的工作和生活环境，但却产生了意料之外的社会方面和物质环境方面的副作用。

“现代城市规划有一种明显的趋势，即寻找一种公式，然后不区别情况，普遍地去推广应用。这是一种很省力的简单化方法，它无视每一个具体问题的复杂性，也否认应用原理来解决某一特殊情况时有必要保持一定的灵活性。这种过分简单化的办法应用到社会结构方面，比应用到物质方面的更多。”①

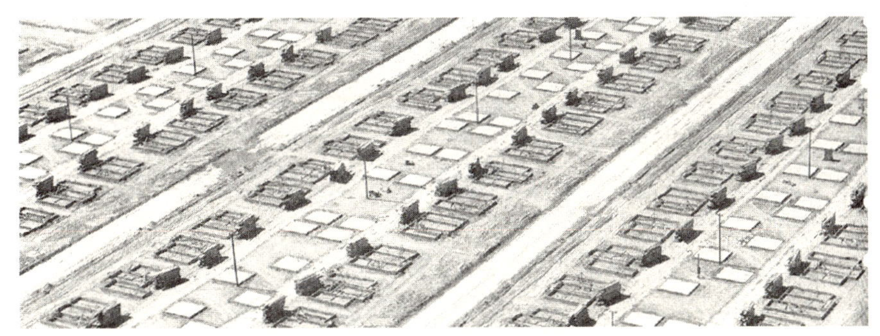

图 2-25 美国郊区住房蔓延

(2) 无法预料和控制的结果

简单地看待问题，常常会在实践中导致出乎预料的效果。例如美国的邻里单元的概念，在理论上是有说服力的：邻里单元环绕着一所小学和一所中学建设起来，每个邻里单元有它自己的商业设施。但是，许多实例表明，这种概念并不符合现代的实际社会生活的要求。随着私人小汽车的增加，人们出行距离更远，活动范围更大，导致上班、购物、访友等形式的变化，自由度大大增强，因而不愿意按照规划安排的、事先设想好的、限定于邻里单元内部的生活方式去生活。“在任何情况下，没有一个邻里单元，不论它规划得如何美好，能够适合现代生活日常生活中发生的许多各种各样复杂的情况。”②

在现实中，邻里单元的实施同样存在着很多的障碍。由于邻里单元的设计与建造需要采取公共行为来统一进行，在一种私有化的制度环境中，如果某个私有土地被政府或公共部门所征用，应当按照相应

① W·鲍尔著．倪文彦译．城市的发展过程．中国建筑工业出版社，1984．22

② 同①

的市场价格得到补偿。而在这种情况下，用来购买邻里单元中间的开敞空间的资金是相当匮乏的。

另一方面，城市的贫民区和衰退地区在改造之后，常常会变成一个单一阶层的社会。这种现象在现代社会中越来越普遍。在英国，许多开发部门几乎完全由当地房管部门负责，这些房管部门把住房困难户安排在改建后的新房里，而这些住户一般来说经济上都比较困难，因此，改造区的新房的居民几乎全部由低收入家庭所构成。

在美国的城市更新中也存在同样一种弊病。穷人被搬迁出贫民地区，而原地建起的新住宅房租很高，只能针对中等和中上等收入的家庭；因此，它也产生了单一阶级的社会，不过是另一种阶级。从这一点上来说，情况并不比改造以前好多少。

1967 年 11 月《建筑评论》（Architectural Review）的一篇文章尖锐地指出："通过清除整个地区，社会生活的有机组织被愚蠢地毁坏，随之而来的是一种枯燥无味的、被隔离的生活方式。对于这种生活方式，人们也许要花几个世代才能适应。在城里和城镇边缘，一直在建造新的穷人聚居区，那里交通不便，只有步行小道，人们受交通限制，只好被禁锢在那里的小天地里，这只能与当地人联系，也仅靠这小道，来满足人们喜好群居交往的习性（这是城镇的主要功能）。许多纪念性建筑物和典型的建筑物建起来了，但这些正像供观赏的那些建筑物，与人们的需要毫无关系。"

这种做法导致了在许多城市存在明显的"工人阶级"、"中产阶级"、"上层阶级"的地区分区。在改造之前，许多城镇的中心地带是由搬运夫、服务员、制图员和新闻记者、专业人员、商人，住在同一栋房子和住在同一街区里，彼此不分界限。但是在城市改建后，这种不同阶级和不同职业的人相容共处的情况就逐渐消失了。这种现象并不是有意识形成的，而是带有良好愿望的住房政策的副产品。

社会科学家莫里斯·布罗迪（Maurice Broady）曾说："建筑师、规划师常常认为物质环境设计将会自动地达到理想的社会目标。这样想的结果常常使他们采取一套设想，这些设想可以称之为'建筑决定论'，就是说，建筑上的设计可以对人们的行动有直接和决定性的意义，并能在很大程度上消除或改变那些能影响环境的社会因素，制定完全的‘总体环境’理论时，必须把建筑设计结合进去，社会组织与物质设计必须看作是总体环境的两个相辅相成的方面”。①

有些规划设计的自以为非常理想的环境，但后来由于人们的活动与习惯使这些环境产生了以前所没有预料到的变化。C·詹克斯在其《后现代建筑语言》中的一段著名的论述中讲道：

“现代建筑，1972 年 7 月 15 日下午 3 点 32 分于密苏里州圣·路易斯城死去。当时，名声很糟的帕鲁伊特·伊戈居住区，或者说它的若干座板式建筑物由黄色炸药给予了慈悲的临终一击……”②

帕鲁伊特·伊戈是按现代建筑国际协会（CIAM）最先进的理想建成的。1951 年该设计获得了美国建筑师协会（AIA）的奖励。它有雅致的 14 层板式建筑群，合乎理性的“空中街道”，（这可以免受汽车之害，但结果却是很不安全的罪案发生地）；“阳光、空间和绿化”，勒·柯布西耶称之为“都市生活方式的三项基本享受”，（取代了它所摒弃的普通街道，花园和半私有空间）。“帕鲁伊特·伊戈确有传统方式中一切合理的物质条件。再说，它的纯粹主义风格，清新的有益健康的医院式隐喻，仿佛亦能在它的居民中灌输相应的美德。”③

图 2－26　普鲁伊特·伊戈住宅及其炸毁情景

① W·鲍尔．倪文彦译．城市的发展过程．中国建筑工业出版社．109

② Charles Jencks．The language of Post-Modern Architecture．李大夏摘译．中国建筑工业出版社，1986．5

③ Charles Jencks．The language of Post-Modern Architecture．李大夏摘译．中国建筑工业出版社，1986．5

然而，帕鲁伊特·伊戈住区在现实中的发展并未如同在专业内部那样顺利，大多数市民认为它呆板、单调、缺乏设施，设计很糟。更重要的是，帕鲁伊特·伊戈住区作为一项公共住房项目，为低收入者设计，其意图也在于一种社会融合。但是，生活状态较好的居民由于不愿继续住在这种带有标识性的住区中而纷纷离开，导致更低收入的居民不断迁入，造成严重社会治安问题。

到1965年时，所有的白人全部迁出，而只剩下黑人，超过2/3的居民为少数民族，妇女是男性的2倍，38%的居民失业，45%的居民收入仅够糊口。

由于社会状况越来越糟，帕鲁伊特·伊戈的入住率从1956年的95%，迅速下降到1965年的72%和1970年的35%。随着设施由于无法维修迅速老化，社会治安状况日益低落，帕鲁伊特·伊戈住区已经从一个示范住区沦落为一个滋生贫穷、犯罪的地方。最终于1972年被炸毁。

从设计传统的城市规划的理想来看，应该是通过物质环境的改善，来提高生活质量，使社会更加富裕和自由。但是许多规划师对规划对象的复杂性（特别是社会关系方面）至今仍然是认识不足的。因此这就意味着，需要在思想观念上有一个转变，应该对编制规划采取一种新的态度，城市规划最本质的目标在于尽可能多地考虑到可以预测和不可以预测到的各种情况，使城市居民更加方便自由地使用各种城市设施，为人民提供各种必要的公共服务。

许多城市规划师逐渐认识到，决定城市发展变迁最根本的因素是社会和经济的力量，这是形成社会环境最重要的因素。任何一个城市规划，必须以当地的社会和经济力量为出发点。

2.4.4 科学理性基础的困境

(1) 现实问题的复杂性

由于立足于空间环境的传统城市规划，对于物质要素与社会要素之间建立起来的联系所进行的思考常常过于简单，因而在现实中不能真正有效地实现其理想。如果这一点已经成为一种共识，那么，二战以后在以英美等国为代表建立并逐步完善的综合理性规划体系，其目的是解决传统城市规划思想中存在的这种本质性问题。

但是，同样也需要辨明的是，综合理性的规划体系是否能真正有效地解决问题？这里涉及到两方面的问题：①这种体系的思想基础是否表明能够有效地解决现实中的城市问题？②如何在实践中建立、并完善这种体系？

图 2－27 高层建筑城市街景，路德维希·希伯赛梅，1924

从内容上来讲，一项城市规划的工作所面对的问题是十分繁杂的，在较短的时间内和有限的资源条件下，城市规划所要回答的问题往往千头万绪。

城市的形态应该是紧凑高密度的，还是分散低密度的？城市的发展和规模是否需要控制？如果需要，如何进行控制？用来调节、分配快速交通（高效、舒适，但为富人所使用的）和大众交通（低效、普通，但为穷人所使用的）之间的资源配置、资金关系是什么？这两者之间的比例关系如何确定？由于从未拥有足够的公共资金来满足所有的城市发展的需求和愿望，有限的资金和资源在各种设施中应当如何分配？是需要更多的公园、游戏场地、开敞空间，还是需要更多的道路、基础设施？如何满足公众对供水、用电、燃气、固体废物排放，以及远程通讯等方面不断增长的需求？

如何控制化学、生物、放射、噪声、过多人口等对空气、水和土地等造成的环境污染？在高层建筑、行列式或组团式居住建筑在居住单元的比例应当如何确定？

当前的土地使用中，存在什么样的问题？有什么需要改变？土地所有权和开发机制合理？当前的税收及其形式和占家庭收入的比例，是否决定了以后市政收入？当前政府的分配和激励政策的形式和范围是否需要改变？它们对失业者和低收入家庭在空间分布上是否会有帮助？

针对城市的社会管理，不仅包括了物质空间环境的内容，还包括了更加广泛的社会政治内容。这些具有强烈现实性的问题集中体现在一个综合性的规划中，其答案必须在一个城市迈向未来20年或更长的时间中的终极状态之前就必须得出，这也就意味着，必须对城市规划最终状态中所需要实现的城市特征和目标，以及用来实现它们的方法和手段作出决定或限定。

（2）现实问题的难度和广度

在逻辑上和经验上，城市未来的发展状态和方向，如果缺乏关于它所包含的主要要素、它们之间的关系、表现出的作用力，就不能确定什么应该发生和什么可以去做，以及用来实现特定目标的假设和结论。更不用说，在行动之前就能够确定每个具体问题和细节，缺乏这些先决条件，城市规划只能是一种幻想。

那么，是否可能存在一个有效的程序，来有效地解决城市规划所面对的这些未来可能面对的复杂问题？

城市规划的目标是通过对将来的发展过程进行预测而得来的，它必须立足于现实主义而不是理想主义。这是因为作为思想的基础背景的想像力，预测和想像可以是高度主观和个人的，但是决定城市的发展目标，必须体现出大众的愿意，它代表着城市规划现实主义的基础。单凭良好的愿望和完善的思维方式解决不了现实问题，这需要对问题的本质有更加深刻的理解。

因此，对于城市物质形态的理解，应当建立在更加广泛的社会学基础之上。物质形态不仅是一种美学问题，它还涉及到可以创造什么样的城市形态，以及由主要交通路线、综合管线和基地形式要素所决定的城市总体效率。通过限制城市规模、发展邻里单元形式，通过审慎的、整体地划分，制止城市无规划地向周围农村腹地无休止地蔓延。

如果说城市是一个极其复杂的社会系统，那么物质性建筑和区位条件仅仅反映了它的一个部分。因此，在城市研究中应当按照与其他要素的关系来理解物质空间要素，并按照它与其他部分的关系来限定它。物质环境应当与社会含义联系在一起，而不能脱离其内部的社会经济功能。其他一些要素，例如社会组织、人口资源，劳动力技能和能力，社会文化的知识与智慧的积累，以及用来组织合作生产的方式，它们独立于实物设备和自然资源之外，都是用来提高社会生产能力和社会福利的要素。

另外，关于城市的用地区位与物质形态的城市规划也必须考虑政府其他部门所实行的经济、就业等其他计划。必须按照公共资金的增长计划与预算，在所有建设和服务行为之间分配财政和其他社会资源，以此来创造包括各种形式的设施与服务的最有效的计划，这样才能实现城市在社会意义上的目标。

所以，现代城市规划是一项十分庞杂的任务，它不仅需要考虑专业内部的所有事宜，而且也要事先考虑到其行为可能产生的结果，以及对其他机构所带来的影响。这样，才能使每个机构都更好地了解未来可能出现的情况，并做出自己最好的选择。

2.4.5 专业自身的思想基础

（1）科学理性的思想基础

现代城市规划的传统长期以来延续的是理性主义的一种传统，无论是从早期的理想城市的设计，还是到20世纪50年代以后的综合性的体系，都体现出对一种理想结果的追求，理性化地体现出人类对自然、对社会历史进行控制的信心。

"这种情况作为启蒙运动之后的行为乌托邦的基础，可以认为首先得到了牛顿理性主义的有力支持。这是因为，现实世界的特征和行为如果不诉诸于疑问思考而最终得到清晰的理解，而且它们可以由观察和实验而得到证明，那么，当可度量的标准等同于真正标准的时候，就可以在头脑中排除所有的抽象的和疑问的阴云，从而感受到理想城市。这是一个多么大规模的试验，而决不是一个小小的试探。但是，如果牛顿可以结论性地证明物理世界的理性建构，那么关于思想内部的学说，或者是关于社会的学说不能同样得到证明？通过一个已是硕果累累的感召去思考、去试验哲学，通过放弃已接受的、显然是独断的权威，很显然，社会和人类状况可以重造，并遵从于类似物理学的永恒规律，然后，理想城市就很快不必仅仅作为头脑中的一种城市。"①

① Colin Rowe & Fred Koetter. Collage City. The MIT Press, 1978. 41

在一个史无前例的科学发展时代中，一个理性化的社会组织形式是必需的，因此必须制定由科学胜利所激发起来的，关于积极的社会意图的理想，必须将“社会科学”置于一个超越猜想阶段的基础之上。这种愿望长期以来一直影响着社会科学的理论基础，积极努力地将科学作为社会道德的基础，并且最终用理性的管理法规来取代独裁的政府。

理性化在现代社会各领域中的影响越来越广泛，甚至在艺术领域也产生很大的影响。诗人列依·阿列维认为“艺术家能够拥有如同数学家解决几何问题，化学家分析某种物质的能力，来取悦或感动公众的时代已经为时不远”，并且接着认为“这是社会道德最终建立的时候。”

（2）早期的影响

在早期的理想城市设计运动中，以这种理性思想基础为出发点，许多规划师认为他们不仅可以通过所掌握的设计技巧来解决实体环境中的问题，而且可以解决社会中存在的问题，通过实体环境的改造可以达到社会经济的协调与发展。在早期的发展中，城市规划本质上是一种实体形态的效率和美学上的设计过程，或者是建筑学的扩大化。不容商议的创造力和直觉是规划的由来根据，因此规划师本人的地位与权威性直接影响到规划成果的合理性。

这一点反映于早期许多杰出的现代城市规划就是杰出规划师的成功作品，例如朗方的华盛顿规划，格里芬的堪培拉规划，阿伯克龙比在二战后的大伦敦规划，精英人物在规划中的领导作用上显而易见的。

但是这一阶段也存在着许多问题：①这种规划是以直觉经验为出发点，缺乏理性反思的基础，既无法从实证上进行验证，也无法从理论上进行论证，所制定规划的质量与规划师本人的素质修养极有关系。②规划成果多为静态蓝图模式，缺乏对社会经济全方位的考虑，其性质更多是一种艺术作品，而不是一种审慎的政策行为。③规划师的权威性容易被政治官僚所利用，以达到其政治上的目的。因此精英规划的经验实践逐渐给人一种合理性不足的感觉，从而导致规划研究趋向更加系统化、科学化的过程。

因此柯林·罗也不由得感叹道："新建筑是由理性决定的，新建筑是由历史铺垫的，新建筑代表着克服历史，新建筑代表着时代精神，新建筑是治疗社会的良药，新建筑是年轻的、并在自我更新的，它永远不会落伍于时代。但是新建筑可能最终意味着欺骗、虚伪、虚荣、花言巧语和强权的终结。"①

同时，这种思维模式也可以使城市规划避免复杂的社会价值判断，成为一种纯洁的技术性行为。而这正是针对早期以建筑学为主体的城市规划所面临的最苦恼的问题，通过"科学"的方法与程序，城市规划就可以到达超越主观与幻想的理性社会的彼岸，从而在思想上真正地解决所针对的问题。

"现在在这些早期现代建筑感到十分痛苦的缺乏'科学'的领域中，毫无疑问涉及到的方法是试验性的，而且经常是延续性的。人们只是已经注重了在一种诸如'对综合形式的注释'的环境中来进行描绘的审慎。很显然一个处理"纯粹"信息的"纯粹"过程，分析、过滤，然后再过滤，每个要素都是严格整体的和系统的；但是由于这个使命的内在本质，尤其是物理上的使命，它的成果似乎永远没有它的过程那样完美。与此类似的东西可能是在 20 世纪 60 年代后期十分盛行的类似于枝干、网络、蜂窝结构的产物。两者都试图避免偏见的污染；而且，如果在第一个例子中，经验事实是假设为价值中立的，而且是完全确实的，在第二个例子中，网络的作用被认为是同样公平的。因为，例如经度和纬度的线条一样，人们期望它们能以某种方式在严格指定的细节中杜绝任何倾向（甚至责任）。"②

（3）二战以后的发展

20 世纪 50 年代以后出现的综合理性规划体系，强调科学理性的传统，力求使城市规划的制定建立在一个牢固的、科学的基础之上。即使在社会价值判断这样的问题面前，综合性规划也努力实现一种科学的过程。

按照投入—收益分析的方法，综合性规划体系将一系列的价值目

① Colin Rowe & Fred Koetter. Collage City. The MIT Press，1978. 1

② 同上. 34

标以相同的标准来进行排列比较。通过比较一种政策方案相对另一种政策可能带来的社会产出，通过评估不同种类的社会福利方案、经济发展预测以及公共工程所带来的后果，它期望可以使公共投资项目以低投入、高收益的方式来操作。

但是实际上，综合理性的思想基础在本质上仍然延续着早期的设计传统。在20世纪70年代中期以后，综合性方法在实践中体现出越来越多的有限性，在美国，极少总体规划对城市发展产生作用。M·布朗克（M.C.Blanch）认为它只发挥不到10%的作用。总体规划制定一年之后，就经常遭受失败，几年之后就基本遭到遗弃。而且社会很少有积极性来维持如此高成本来制定规划，因为它很少产生作用。

M·布朗克认为美国的城市规划极少花费精力来制定一种20～25年期限的宏观总体规划。在一个强调市场环境的社会中，人们很少会将自己的未来托付给20年期限的终极规划状态。这是因为人们普遍认为解决在今后几年中所将要面临的种种问题，比发展一个长期规划更加重要，这可以加强一个城市或社区的应变能力。如果某种资源短缺问题严重影响了未来的发展趋势，如果一个社区遇到了一个紧急情况或自然灾害，它就会调用所有资源和能力来尽快地恢复正常的操作。

越来越多的规划理论开始对综合理性式的总体规划方法提出质疑。M·布朗克认为这种规划思想的主要问题在于：

①它假设了总体规划应当为城市今后20年或更长的发展期限而制定，并被地方立法机构所采用，通过立法、规制，以及提供所需要的经费来实现它的要求。

②总体规划作为一种出版物，经常遭到临时事件的干扰，并在经过一段时间后遭到修改。

③总体规划极少能够得到并保证适时的信息支持。

④到目前为止，总体规划还独立于或分离于政治或大众管理过程之外。

⑤城市规划被看作是长期的、总体的、包罗万象的，这样与短期操作行为中的突发事件毫无关系。

⑥由于总体规划所关心的是遥远的将来，因而当前问题常常被认

为是可以忽视或相对不重要的。

⑦这些结果常常使规划师是理想主义的，而不是现实主义的，是被动的，而不是积极主动的、持续性的。

⑧到目前为止，规划重点还在于设计而不是量化、管理行为科学和科学方法。

许多理论逐步认识到，综合性规划在本质上仍然是一种终极性的计划模式，它假设了城市发展的目标、需求和趋势是可以认识掌握的，它可以预见、策划和决定城市在未来20年中的发展过程。这种终极式的概念，假设了人们的愿望、目标和需求是已知的、固定的，他们今天需要什么，那么50年以后也应该还是这样。它的前提在于今天就可以对未来的要求作出结论，并且规划师拥有足够的智慧和能力来做到这一点。

另外，综合性规划的概念假设了公众希望或愿意将自己的未来托付给规划所制定的要求，在这个过程中，不存在不可预见的事件或意外情况的发生，来阻碍规划实施的过程。它假设了规划实施是一种纯技术性的过程，它的未来是确定的，不会受到来自于政治力量的干扰，也不会受到来自于区域、国家、甚至世界性因素的影响。它也假设了规划师或政府拥有足够的知识和技术能力来分析城市所有重要的要素和现象，辨别和量化无数的相互作用关系，并使之相互协调。

(4) 针对基础思想的批判

许多理论针对综合理性规划体系的批判，实质上是针对它的基础思想。梅耶森（Meyerson）认为传统的综合性规划在实践中很少发挥作用，因为在实施长期规划的实施决策中，缺少相应的信息和指导。他同样认为规划同时需要政治的和市场的两种作用力，认为综合性规划的目标不是在于自身的完善，而是如何使综合性规划更有意义地指导实际决策。[①] 班菲尔德（Banfield）认为理性综合规划的理想与现实的组织选择存在很大差距。林德布罗姆（Lindblom）则干脆否定了理性综合规划，甚至它的思想。

---

① Martin Meyerson. Building the Middle-range Bridge for Comprehensive Planning. A.Faludi, A Reader in Planning Theory. Pergamon Press, 1973. 130

针对理性的思想基础，最根本的争议在于：是否可以科学地预测未来，并合理地制定发展目标？针对这个问题的回答，交织在城市规划专业的演进过程之中，决定了规划是采用中央集权的主动设计模式？还是采用民主分散的被动控制模式？

科学理性的概念的前提是一个共有的、普遍的目标和价值观。如果规划作为一个有效的技术过程，不仅需要对所涉及到的所有问题有一个完整的、系统性的理解，同时也需要一种社会意识形态的稳定性。然而人类现实社会中的意识形态本身就是一个复杂的动态系统。费沃拉伯德（Feveraberd）甚至认为规划中没有科学的方法，“没有惟一的程序或者一系列的规划可以去规定规划过程的每个部分，并保证它是科学的、可行的。”①

长期以来，科学理性的概念与科学方法联系在一起，成为城市规划的专业目标，但常常得到一种相反的效果。如果将理性作为一种纯粹的科学行为、认识方法或计算工具的概念，那么就有可能出现以下几方面的问题：

①规划人员所注重的是一种“放之四海皆标准”的知识体系，力图为城市发展提供一幅关于未来的“准确”的蓝图，而行为者的社会历史环境可能被忽视。抽象的数学公式反映的是想象中的“理想行为”，而不是复杂的社会形态，人们真实生活中所面对的判断、选择等行为将被忽视。

②在这种前提下，良好有效的城市规划首先应当由技术过程研究出来，然后再由实践性的行政过程应用，从而给人的感觉是规划可以独立于以实践为第一性的实施过程，导致规划与实施两种行为的分裂。

②规划人员所承受的社会政治压力可能被忽视，将理性行为等同于计算性的认识会掩盖规划师在规划中所承受的社会政治影响，从而导致实践困难。因此在城市规划中需要从一个更加全面的角度来理解科学与理性概念的不同含义。

---

① Charles E. Lindblom. The Science of “Muddling Through” A.Faludi, A Reader in Planning Theory. Pergamon Press, 1973. 154

在城市规划实践中，几乎没有任何规划过程可以达到纯粹意义上的理性状态。目前为止，综合理性方法在制定规划政策的过程中只被看作适应于特殊情况才可以采用，或成为帮助说明决策者在选择某种政策时的一种工具。城市规划政策的决策者经常遇到在紧急情况下需要作出决策的情况，缺乏更多的时间来进行审慎的考虑。因此，综合理性的规划体系在其思想基础中就存在很多问题。

（5）批判性的理由

首先从具体的方法手段来看，由于人们不断地认识到空间—经济因素在城市发展过程中的重要性与复杂性，在传统的综合理性方法的价值目标评价过程中所采用的技术手段，一般倾向于采用空间参量，例如可达性、环境质量、或土地使用的分配等等，而那些在社会生活中成为公众注意焦点的非空间性的问题和目标，例如住房质量、就业等问题，却基本上被忽视了。

综合理性方法在注意公众的价值目标对规划的作用时，也常常忽视了规划对于公众所产生的影响。许多规划发展战略在实践中失真的一个重要原因，就是在研究过程中没有充分考虑到城市发展的社会过程和地区性的主要问题，这是因为有限的分析一般主要集中于空间—经济系统中，而其他人们可以认识到的城市要素并没有根据各自的目标和手段进行辨别和评价。这就导致了在综合理性过程中试图包容所有的要素和目标的不真实性，因而不能保证由此得出的评价结果是最优化的。同时，综合理性方法强调价值目标评价的技术过程，但对决策的社会政治环境缺乏深入的考虑，使规划在社会政治行为中显得苍白无力。

其次，为了保证综合评价方法在实践操作中能够全面反映问题，那么就必须保证足够全面的信息资源。但是由于条件限制，决策者不可能进行广泛的分析，也不可能有足够的时间和人力、财力保证有效的信息采集。同时，由于片面追求全面的价值目标评价，很多规划过程中的细节问题在总体结构性规划中得不到反映，从而导致规划在实施中遇到困难。

另外，综合理性方法的问题也在于只注重某个阶段的多重选择，这对处于连续变化、动态过程中的城市和区域规划系统是不适宜的。

规划应该是一个持续性的规划，是一个动态的规划过程，不仅要制定将来的政策，而且也要为城市和区域提供阶段性的政策。评价过程应当立足于连续性基础来评价规划和政策的结果。

维达夫斯基（Wildavsky）认为评价不仅要引导出更好的政策与程序来实现既定的目标，而且也要不断改良目标本身，提高系统的作用，这样，评价过程就可以在规划和决策过程中提高理性的成分。[①]

更为重要的是，真正的批判是来自于哲学基础上的。自 18、19 世纪起，许多思想家就对预先确定社会发展方向的理想进行了批判，并在 20 世纪达成了更广泛的共识。这些思想的扩展，对于现代城市规划中科学理性的基础产生了最根本的动摇。现代城市规划中所要求实现的“把握城市发展规律，控制城市发展方向”，在哲学基础上越来越显得薄弱，并在现实中很难体现出期望中的效果。

卡尔·波普尔针对理性主义者试图预先规制社会发展方向，对传统的理性方法进行反驳。他认为这种试图是“危险的和有害的”，对于波普尔来说，它也是“自相矛盾的，而且导致了暴力”。波普尔的结论认为：

①不可能科学地决定目标。在两个目标之间的选择不存在科学方法……

②创造一个乌托邦蓝图的问题（这样）不可能由科学单独来解决。

③具有我们不能科学地决定政治行为的最终目标……它们至少部分地具有信仰差异的特征。而在这些不同乌托邦信仰之间不可能存在缓冲……乌托邦主义者必须战胜或击垮他的对手……他必须做的更多……（因为）他的政治行为理性为了相当遥远的未来而需要坚定的目标。

④如果我们认为乌托邦创立的时期容易形成一种社会变革，那么，对于对立目标的压制就变得更加紧迫了。（因为）这个时候理想也容易发生变化。（而且）这样，作为乌托邦蓝图的决定因素的许多期望中的东西在随后的时间里就变得不那么迫切了……

---

① 詹姆斯·E·安德森．公共决策．唐亮译．华夏出版社，1990．190

⑤如果这样，整个方法体系就面临崩溃的危险，因为如果我们在走向最终政治目标的时候去改变它，我们不久就会发现我们正在兜圈子……（而且）它很轻易地表明已经采取的步骤是如此远离了新的目标……

⑥避免改变我们目标的惟一方法似乎就是使用暴力，它包括用来压制批评的宣传，以及消灭所有的对手……乌托邦的工程师在这种意义上必须既是无所不知的，又是无所不能的。

2.5　现代城市规划的现实基础

2.5.1　现代城市规划的现实特征

如果以现实中的规划过程为对象，城市公共政策在解决问题时所面临的许多矛盾性常常使决策者在处理问题时，表现出模棱两可的特征。例如："综合考虑各方面的因素"、"短期利益与长期利益相结合"、"经济利益与社会效益相结合"……

城市规划常常设想了一种改善社会的良好工具，将个人与社会，城市与乡村，过去与未来，保护与变革，等等互有矛盾的目标融合在一起，所有这些，都可以兼容在"综合的、持续的、连贯的"口号之下。换句话说，规划师可以向公众保证，每个人的要求都可以得到满足。

这种模棱两可、包罗万象的"口号"形式，常常使得城市规划的目标越来越宏伟抽象，手段却越来越含混无序。它们提出了许多不同层面理想，然而却缺乏慎思。它对保守主义者和社会主义者都同样有吸引力。措辞中的模棱两可帮助城市规划赢得了普遍赞同，从而避免了两难问题的抉择。为了可以获得多方面的政治支持，赢得资深专家的认可，并维护综合性规划的思想，它往往包含了广泛的维度和理想，在某些问题上，这更加有战略性的必要。模棱两可虽然可以避免规划中的许多矛盾与不确定性，但是却在专业中导致缺乏自觉的反思。

相反，如果以一种过于偏激而认真的观点来看待社会目标，规划就会必然带有偏见来迎合特殊集团或顶撞他们，导致更加激烈的价值冲突，这样，所针对的问题就不能得到解决。因此，政策制定往往就会趋向含混，而规划控制的标准也会变得模糊。

这种问题普遍存在于各国的城市规划实践中。越来越多的批判者所针对的并不是系统本身，而是针对规划目标的含糊性。他们并不是反对由国家进行控制，而是反对在实施过程中的含糊性。

尽管现代城市规划被看作是一种社会政策的工具，用来确定社会政策目标，并允许存在价值判断，但由于常常在评价标准方面遇到了严重的障碍，并且在自身专业中也缺乏足够的动力来进行深入研究，因而主要价值前提本身就变得模棱两可。

虽然现代城市规划也发展了许多评价技术（设计的技术、分析、研究、管理、决策），但是这些评价标准极少与现实相吻合，决策研究一般只关心决策的技术内容，而很少能够真正融入社会目标。即使在严格的技术和管理方面，城市规划的操作如果离开社会价值和公共利益方面的考虑，就会存在很大的缺陷。

2.5.2 多重社会因素的影响

2.5.2.1 原有基础思想对社会价值的忽略

正统城市规划理论经常强调规划的总体性和长期性，但是它却往往忽视了现实中的特殊性和即时性的问题，或者缺乏能力来系统性地解决这些问题。它假设了在提出了终极状态的总体规划后，城市规划和市政管理部门可以自动地制定战略、计划、机制、程序和进度来实现它。这种思想的另外一种前提，就是将城市系统看作一种物质的、外在的、自为的一个客观物体，它有着自身运动变化的条理性。而城市规划的任务就是把握住这种条理性，并施加控制。

但是，城市并不是独立于人类社会之外的一个客观物体，它是人类社会自身的产物。“城市，决不仅仅是许多单个人的集合体，也不是各种社会设施——诸如街道、建筑物、电灯、电车、电话等——的聚合物；城市也不只是各种服务部门和管理机构，如法庭、医院、学校、警察和各种民政机构人员等的简单聚集。城市，它是一种心理状态，是各种礼俗和传统构成的整体，是这些礼俗中所包含，并随传统而流传的那些统一思想和感情所构成的整体。换言之，城市绝非简单的物质现象，绝非简单的人工构筑物。城市已同其居民们的各种重要活动密切地联系在一起，它是自然的产物，而尤其是人类属性的产物。”[①] 人类社会的发展状况，人类社会的制度结构从根本上决定了城市发展的命运。

因此，作为一种社会公共行为的城市规划系统的存在，很大程度上也取决于公众的价值观念，以及对公共权威的信任，然而这种一致性和信任是十分薄弱的。在一个民主的、自由的社会中，各方面的利益集团往往只从自身利益的角度出发，并导致由武断的价值判断而来的武断的管理，从而使规划远离了预定的目标：理性、公正、民主、公共利益。这是规划体系得以生存的根本，因此就需要城市规划更加密切地关注公众的价值观念。

然而，传统城市规划是与这方面的要求相反的。蓝图式的规划在政治上代表了一种集权主义，它将自己作为公众的代表，表达了公众的利益。在这种思想状态下，许多规划师很自然地认为“我们代表着人民”。由于在规划体系和专业中往往缺乏对自身角色的清楚认识，因此导致规划政策常常在总体上与社会实际相脱节。

由于蓝图式规划过分注重完善的目标，对社会现实缺乏观察，规划师以及许多决策者常常以人民的代理人为自居。社会中的不同需求、愿望和感情被忽略，而政策制定者和管理者却不自觉地将他们主观的偏好看作是客观的、普遍的。这也常常使得规划师和决策者低估了公众对于社会变革的接受能力，并导致对规划目标的过高估计，这是与现代社会中的民主概念相矛盾的。

是由规划师来决定社会目标？还是由人民自己来决定目标？这在不同的社会政治环境中是不同的。例如在英国仍然保持着对政府权威的信任，而美国则宁愿在市场中进行“规划”，而不是将规划权力集中于公共权威的单线体系中。

为了避开困难的价值判断行为，很多规划行为中关于社会价值的意识（也就是社会政策）已经十分微弱，在美国，规划几乎是一种关于过程的技术性行为。[②] 但是，现代社会的复杂性，使得城市规划对

---

① R·E·帕克等．城市社会学．宋俊岭等译．华夏出版社，1987．1

② Edward C.Banfield．Ends and Means in Planning，A.Faludi，A Reader in Planning Theory．Pergamon Press，1973．142

价值判断的自我反省，比技术的详审更为重要。在城市规划中，“如何完成某件事情”与“为什么这样去做”以及“为谁去做”这样的问题是无法分割开来的。

关注于蓝图式规划，使规划人员不积极关心用来实现总体规划的实践操作、真实环境、时间因素、以及顺序的知识。而现实中的规划往往要求规划师将总体和特殊、战略和战术、长期和短期、操作和制定、当前与终极之间的关系协调起来。

2.5.2.2　社会价值观念的重要性

大多数城市规划理论认为，现代城市规划系统事实上是由许多分支系统所组成的（政治的、社会的、经济的和物质的……），它在总体上以公共利益为目标，并且得到了广泛的支持，通过政府来维护公共利益是许多城市规划中的一个重要概念。

但是在现实中，城市规划常常只是成为狭义的“城市规划”，并常常按照某个集团的单位利益来进行设计，对其他集团表现出严重的偏见。在决策中必然会存在价值观的偏见，决策者常常会受到来自于当事人个人压力的影响，而不是根据案例的现实情况来作出决断。

注重社会价值的研究，使得在制定城市公共政策过程中人为因素也是不可避免的，因此，主观性也是不可回避的。这就使得城市规划的制定过程复杂而又矛盾。但应当确定的是，城市规划的制定必须面对这种现实。

由于在许多城市规划过程中缺乏针对价值观念的分析，导致了原本可以避免的意见分歧比严重的利益冲突更为常见。拉思·格拉斯（Ruth Glass）认为：“如果承认意见分歧的存在，那么，甚至再严重的利益冲突都可以得到解决。”①

同时，这也使得我们对城市规划所能实现效果的期望也更为现实。城市规划的决策过程很难得到一个良好结果，是因为公众极少拥有共同的目标。M·韦伯（Melvin M. Webber）将城市形容为“充满了

---

① Ruth Glass. The Evaluation of Planning: Some Sociological Consideration. A.Faludi, A Reader in Planning Theory. Pergamon Press, 1973, 62

为追求不同目标而激烈竞争的各种利益集团的集合。”[①] 由于激烈的竞争以及胜负之间悬殊的差异，极少有人愿意牺牲个人利益来实现抽象的“公共利益”。中央集权式的调解在现实环境中很少能够发挥作用。

而且，专业人员也对城市政策产生重要的影响，他们在项目和计划中有些广泛的兴趣，他们每个人都根据自己的偏好来看待社会的改良之路，因而相互竞争有限的资源。空间规划师比起其他如公共健康、教育、执法和工程学等方面的同行来说，同样存在职业上的偏见。

2.5.3　社会控制因素的影响

在现代城市公共政策中所表现出来的问题使我们思考，为什么良好的愿望常常产生不了良好的行为和良好的结果？

从公共政策的角度来看，城市规划的本质是一种社会的控制与管理，其目标是有关社会的效率和公平的合理平衡。因此，针对物质环境的控制实质上是一种社会控制，解决物质环境问题的目的在于解决社会问题。

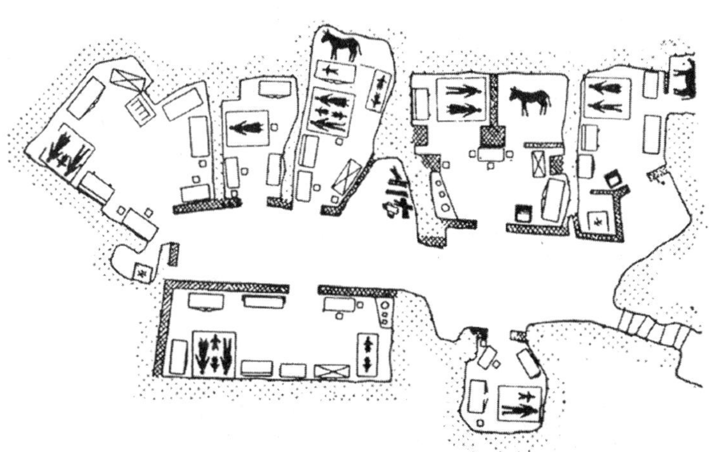

图 2－28　古代马特拉的萨西区一个“邻里单元”的规划

① Melvin Webber. Comprehensive Planning and Social Responsibility: Toward an AIP Consensus on the Profession's Role and Purposes. A.Faludi, A Reader in Planning Theory. Pergamon Press, 1973. 104

但是，许多从事城市规划工作的人并未真正认识到这一点，他们的注意力往往关注于空间形态等一些具象的事务上。大多数早期的规划师都过分注重物质环境作用，并简单地从物质环境的角度来看待社会和经济问题，也就是设想通过把建筑物与空间环境进行一定的组合，解决城市所面临的各种问题。在中央理性思想的感染之下，规划师描绘的蓝图常常强调惟一性和正确性。他们把自己看作是城市先知者，并且隐含地认为未来世界的发展只有一个正确的答案。

在这样一种传统下，这些规划师往往产生比较偏激的思想，似乎只要建设一个新的环境来取代旧的环境，就可以解决各种社会问题——不卫生、不平等、缺乏教育、婚姻不和与青少年犯罪等等，这些问题将会随着物质环境的改善而消失。然而他们却很少考虑社会问题是否必须要通过物质环境方面的设计来解决，以及是否可以用非物质的、更省力的方法来解决。

孟福德认为："现在许多住房和城市规划受到阻碍，这是因为承担这些工作的人对于城市的社会功能毫无概念……而且他们毫不怀疑可能存在有缺陷的、方向错误的措施，错误的努力，在这里不是仅仅通过建造整洁的居住或拓宽狭窄街道就能成功的。"

城市规划是一项复杂的事务，在多种经济形式并存的情况下，社会中的各种力量左右着大量的城市发展和建设，各种个体和集团关于如何发展城市，会产生各自不同的、往往是相互矛盾的看法。而所有这些，在一些正统的城市规划理论中是遭到忽视的。

在针对社会现实方面，霍华德和格迪斯可能是最先起步的。霍华德的思想看来是一种蓝图设计方式的，但他从未回避过如何付诸实践的细节。格迪斯则更进一步，他明确地指出应该按照客观世界的本来面目进行规划，应该依据社会和经济的趋向来进行工作，而不要把自己对于客观世界的武断看法强加于规划。①

① 由于格迪斯是由生物学家改行成为社会学、地理学家的，他的阅历与其他规划师不同。传统的建筑师、规划师一般都按照他们所喜欢的结构形式来开始思考规划内容，而格迪斯更加关心的是他所正在规划的社会的现实特征。

2.5.4 多重角度的理解

随着社会现实的不断发展和许多规划理论研究的不懈努力，城市规划专业也逐渐深入探索自身的本质。尤其是20世纪60、70年代，许多规划理论开始对自身的传统进行深刻的反省，规划体系的作用也逐渐从二战后的“建设新耶路萨冷”转变到对城市中无数土地使用的控制管理上来，使之趋向于一个共同的目标，促进城市的发展。

如果以一种经济的观点来看问题，这种社会控制管理的目标应当是，按照公共利益来采取措施，进行环境改善，以服务和财富的形式回馈给社会，使社会消耗降至最低程度。通过城市规划来使土地价格得以提高，使公民能够普遍地从中受益。

社会的管理与控制需要一个强有力的公共机构来执行，它必须拥有足够的权威和资源。经历过市场性自由化灾难的人们已经逐渐接受了这样一种观点，城市需要一个公共部门，通过提供一种公共的土地使用计划来保障公众利益。人们普遍认为现代城市的过度拥挤、庞大物质形式和城市空间的扩张有害于公众健康和市民社会。

同时，城市规划也被看作是一项广泛的政府行为，通过它，政府提供改善城市环境所需要的资金、技术、组织和手段。城市规划为政府部门的重要投资项目在区位选择和项目决策方面提供了一种机制。

但是，在现代社会的环境中，控制管理的观念与民主自由观念之间存在着一定的矛盾。城市规划行为虽然已经得到了广泛的接受，在实践中仍然存在许多困难。尽管无论从专业本身还是从公共舆论方面都存在很多分歧，但是城市规划行为已经成为政府职能的一部分，并且已经完全介入了政治纠纷并流动于各地方政府之间。

因此，这就需要我们从更宏观、更广泛的角度来再认识现代城市规划的角色及其本质。

弗莱（Foley）认为城市规划可以表现为三个方面：（1）职业、专业的行为。（2）政府行为。（3）社会运动。①

① Donald L.Foley. British Town Planning: One Ideology or Three? A.Faludi , A Reader in Planning Theory. Pergamon Press, 1973. 71

（1）从专业的角度来看，城市规划的主要目标是解决在有限的土地使用过程中的纠纷，从而提供一个紧凑的、平衡的、有秩序的土地使用安排。这是一项强调效率的工作，带有很强的技术特征：根据各种土地使用的优先性，并通过整体性的空间协调来安排土地。

这种基础思想本身带有中性的色彩，在政治意义上，它是一种技术性很强的行为，从本质上来说是独立于政府概念的。由于人们普遍认识到自由的土地市场不可能完全按照公共利益来运作，这样，即使最保守的利益集团也会赞同对土地使用进行适宜的技术控制。

在现代社会中，政府对社会进行干预，应当以民主信念、公平竞争、公共意愿为准则，遵从各方面利益。但是，也有很多人认为那些长期的、死板的、指令性的规划将某些政治领袖或某个专业规划师关于社会的观念强加于公众。因此，两种取向之间的矛盾往往使技术层次的规划思想适应不了复杂的社会现实。

另一方面，城市规划的任务就是提供一个美好的物质空间环境，一个美好的物质环境对于促进一种健康而又文明的市民生活是必不可少的。这种思想基础赋予城市规划一种超乎中性的、既定的色彩，它带有一定的、有偏向性的价值观念，为社会提供一种美好的物质环境的思想基础，使之更带有一种社会倾向性。

大多数城市规划可以根据一种技术手段，以其具有信服力的专业形式来进行，以各种方式来提供公共空间。无论是花园围绕的住房、大型公园，还是游乐场地或是绿带，都是直接针对过度拥挤、物质环境衰退等社会问题的。由于城市规划专业这种不言自喻的行为在情感上具有感染力，因而得到了普遍的接受。

（2）从政府的角度来看，城市规划系统是空间规划思想制度化的表达形式，体现于政府管理和政策体系之中。城市规划在公共领域的职责使之必须依赖于政治上的支持，它要求相当程度的灵活性和适应性。

作为国家政策的一部分，它必须与财政计划、环境保护等其他一些政策保持紧密联系，来使自己的行为控制在一定的范围之内，并不断适应新的情况和环境，规划的制定与实施必须与政府部门的权威保持紧密联系[①]。

由于现代城市社会变得如此复杂，土地资源显得如此稀缺，空间变得如此拥挤，以至于任何事情如果失去政府的支持，那么实现均衡的土地配置和土地使用的有序安排都将是一句空话。

城市规划将美好的物质环境视为一种目标，但是这种目标的实现往往又超出了城市规划机制运行的领域。例如，通过市场机制，通过传统社区的独立性，当各种用地的业主与城市规划所执行的衡量标准不同时，就需要一个公共组织来负责确立社会的发展目标。

(3) 从社会运动的角度来看，城市规划带有一种更强烈的社会导向性，负责为美好的城市生活提供物质基础。城市规划一方面要求实现理想中的社会目标，另一方面又要求在一个民主社会框架中不干预市民的生活方式。这种思想隐含了社会变革的愿望，它往往提供低密度的居住区，加强地方社区生活，控制城市发展，来使社会发展纳入一定的轨道。

事实上，许多城市规划的内容都不可避免地带有社会运动的性质，如适度控制城市群和大城市发展规模，对土地使用中的垂直发展（也就是空间密度）进行控制，控制城市的水平蔓延与扩张，控制就业集聚（对工业人口的控制）；在城市的重建和新建中，保持地方性的社区结构，使这些社区能够自我维持，并保持社会平衡；在地方社区中配置完善的公共服务设施，并在这些社区附近提供就业机会，这样减少通勤距离，并减轻由于过长的通勤距离而在大城市造成的拥挤，从而形成市民社区，而不仅仅是一种居住机器。

2.5.5 形式的作用

从城市规划专业角度来看，社会经济问题于20世纪初，在霍华德为代表的思想家那里，就已经得到了重点考虑，并且在随后的发展中，这种意识也越来越得到加强。物质形式的作用在现代城市规划传统中越来越变得淡薄，这是与现代社会的基本结构相关联的。

① 然而也有很多人认为政府的重大项目并不一定是着眼于公共利益，而且私人土地所有者也不应该从公共改善或公共限制中获利，或将成本转嫁给公共领域。如何以经济的方式来取得所需要的改善已经成为大多数政策所面临的难题。

物质环境问题与社会问题在某种程度上是相辅相成的，“生活在民主时代的人们并不真正理会形式的作用。”阿列克西斯·琼·托克魁维勒于18世纪30年代就认为：“现在民主时代的人们对于形式作出的这种反对，正是宣扬了形式对于自由是如此有用的东西；因为它们主要的好处是在强壮和虚弱、统治者与人民之间作为一道屏障，延迟其中一个的时间，而给予另一个时间来观察它。当政府变得更加活跃、更加有权力，个人变得更加软弱和无力的时候，形式就变得更加有必要了……这需要最密切的注意。”①

但不可否认的是，虽然物质环境规划所设置的理想在考虑复杂的社会问题时过于简单，它假设了环境改善之后就会带来公共利益的提高。但是物质环境决定论至今仍然有着强烈的吸引力，这是因为它所表达的和干预的目标非常具体，而且非常容易得到非专业人士和政府官员的理解，并且可以直接得以实施。

作为改善城市物质环境的理想，代表了乐观主义的一种调和观点，它首先回避了一些社会政治中的纠纷，提出了明确的目标和任务。通过采取纯技术的中性方法，通过分析行为的可能性，它使人们感到，物质环境设计的合理运用，可以促进社会的变革。同时，这也避开了社会规划行为中的复杂性，它创造了一种物质规划的神话。

宜人优美的物质环境质量，已经成为一种得到广泛接受的目标，这种直观的概念可以表现为对不良事物的限制和对视觉愉快的积极态度。宜人环境的特征是维护城市特点，并严格保护农村的乡镇和田野的自然风貌。

对于物质环境的强调在本质上经常被保护主义者和保守主义者直接利用，保护主义者可以在宜人环境的掩饰下寻求一种本质理性，从而反对在设计中的创新，赋予“保持宜人的环境”以权威性。宜人环境可以掩饰在城市规划中针对当代设计思潮的分歧与争议。

对物质环境进行设计和控制的象征主义，也涉及到人类对于客观世界进行控制的姿态，物质环境的设计本身就是一种重要的表现形式，毫无疑问，城市规划有其自身的审美观点，而且规划过程有其自

---

① Colin Rowe & Fred Koetter. Collage City. The MIT Press. 1978. 41

身的逻辑标准：在图纸上放上足够的绿地，清除混杂用地，在不同用地之间划上一条明确的界限。这些做法常常是为了赢得评审人的观点，而不是来自于客观现实的思考，因此常常使人感到乌托邦的或指令性的色彩。

即使在20世纪60年代以来的综合理性的规划方式中，规划行为的目的常常也并不一定是针对具体的社会经济问题的，而是在于所设计的程式的形式上，设计者往往视程式的形式重于真正面对的现实问题。

所以，如果将城市规划行为仅仅局限于自身专业的角度，虽然具有一定的作用，但这种作用是有限的，不能真正有效地指向社会行为。这就需要在理论研究中超越原有自身专业的角度，抛开形式问题的干扰，从社会政治的角度来看待面临的问题。

2.5.6 城市公共政策的发展趋向

（1）面对现实问题

在理想中，城市规划是一种综合的、理性的过程。但是在实践中它是否、或者在什么程度上体现了这种特征？由于在社会以及在人们的观念中，存在相互冲突的利益和愿望，由于社会不同层面同时并存，必然会产生价值观念的分歧。它们大多数是复杂的，而且不可能得到客观评价。

在规划过程中不存在可以完善地把握问题的各个方面、预期各种政策后果的超人，来制定包容各个方面的详细政策，管理过程必然存在着复杂的价值冲突，而且经常是不可调和的。因此，规划含义中所包容的总体性和综合性只能是一种理想。这样，在学术研究中应当进一步反思、探究规划政策和过程的原理和规律，探求规划的本质。

现代城市规划专业已经经历了一个多世纪的发展，并产生了多重的基础思想前提。这些前提如果不充分暴露在现实冲突面前，在学科中就不会取得意见一致的结论。由于规划的大部分决策是通过这种充满政治色彩的决策过程来决定的，那么这些现实前提就必须接受。

（2）重新认识技术因素

20世纪80年代以后，许多国家的城市规划体系更加注重现实中的问题，并重新注重适用的技术手段，但这是建立在新的认识基础上的。一方面，技术性的提高可以使规划更有作为，另一方面，对于城市规划的作用作出更加本质的判断，来确定技术手段所应用的领域。如果拥有预测可能产生的结果、评估可能获得收益的能力，规划师就可以在制定城市规划过程中，成为更有效的政府顾问。

高效信息系统将有助于规划师可以持续监控城市中各种人口、经济、市政、植物以及其他各方面要素的变化，描述和解释城市生活和城市发展过程的理论的发展，使我们更加明确认识到用来实现特定目标的公共政策的要点。

完善的信息系统可以增强公共和私人机构中不断增长的预测行为，它将提供不断扩大的信息资源，使之成为对可能的未来发展和可得到的选择进行判断的基础。新近发展的决策模型（它依赖于数据，新理论以及政治家和规划师的目标假设）使我们能够模拟如果采用某项政策将要发生什么的后果，以此来保证用来实现既定目标的手段的有效性。

由于规划是针对未来行为的，必须对未来趋势作出判断，如果要对变化过程做出控制，那么就要做出必要的信息选择。目前在城市规划制定中所面临的最主要的问题是在处于动态之中的、复杂的社会预测、价值判断和决策过程之间，建立一种更为直接有效的联系。

随着新技术的不断涌现，规划师可以运用技术能力来完成综合性的政策规划，可以系统性地预测各种公共项目所产生的成本－收益的类型、大小和分布情况，可以更有效地将各种机构行为组成集合行为。如果在价值目标方面取得一致意见，那么规划师就可以更成功地实现规划目标。

但是，所有这一切都是建立在对社会价值观的认识基础上的。如同社会科学一样，规划师们经常假设一个以社会为目标的强有力的公共权威，公共利益可以通过政府权威实施公共政策来限定并实现。

事实上，公共利益是复杂的，是一个充满了矛盾与冲突的领域。在充满冲突的现实环境中，我们应当重新检验城市规划机构的作用：实施城市规划的目的是什么？它们可以以什么方式来制定？它对城市的物质方面的效果如何？

“理想地解决问题，完全掌握可能发生的结果，毫无差错地评估其他行动选项是不可能的。我们永远缺乏完美的知识，成熟的判断永远是稀少的，而人类智力的有限性使得充分掌握城市系统复杂性是不可能的，我们永远不会得到最佳结果，只可能获得较好的结果。”①

同时，城市规划在专业的基础思想方面也尚未形成一种统一、完整的认识，缺乏一种明确的判断选择。在思想观念方面存在着一个岔路口：一条路是由精英的技术控制，另一条路是个人自由的扩展。在“艺术”和“科学”，或“直觉”与“逻辑”之间常常存有分歧。

2.5.7　社会运动的反映

城市规划的社会理想是隐含或表现在城市土地规划中的，现代城市规划中的各种概念都具有一定的社会思考和乌托邦的起源。它们有的是19世纪改良家的理想，有的是激进主义的。他们常常以一种黑白关系来看待社会状态和社会关系，并以一种直线关系来看待事物的发展。他们坚信物质环境直接决定人类的品德和社会结构，因此他们为环境改良所开的药方（例如工业村和花园城市）具有普遍的效力，并保证那里的人民永远幸福生活。他们坚信理性的力量是社会进步的必然源泉。

随着现代社会变得更加复杂，社会发展的前景也就变得越来越模糊，人们对问题的看法及观念也发生了根本性的改变。但是，一些旧的理想却保留下来，或表现、或隐含于现今的城市政策中，并且至今仍然保持着浓厚的乌托邦理想色彩。

(1) 社会运动的概念

从众多的规划思想家的理论著述中可以看到，他们对工业城市的态度，对于理想社会的描述，用来强调其思想价值的方式，都表现出一种L·莱西斯曼（Leonard Recissman）称为“社会运动”（Social Movement）的要素。

图2-29　社区市民抗议活动

① Melvin Webber. Comprehensive Planning and Social Responsibility: Toward an AIP Consensus on the Profession's Role and Purposes. A.Faludi, A Reader in Planning Theory. Pergamon Press, 1973. 108

“社会运动”在这里是作为它的社会学意义而提出的，用来辨别支持某种价值在某个团体中的一种集中反应。通过它，公众表达它们对政府行为的期望，要求政府去干预或不干预某件事情。

社会运动并不要求一种组织化的行动，社会运动的参与者并不一定意识到他们是某项运动的一部分。换句话说，社会运动并不总是明确的、清晰的、完全有组织的。它可能适用于个人的、独立的、有意识或无意识地、采用缺乏目的的步骤去实现某个目标或某个过程。①

从这个角度来看，先驱思想家们对社会问题的思考并不一定是由一系列的信念紧密组织起来的。有时恰恰相反，由于这些思想家过于个人化而不能结成整体，过于主观化而不能在民主社会中成为政治领袖，而且在某种场合，过于情绪化而不能妥协他们的信念来实现他们最终的目标，因此，现代城市规划的思想基础并非有一个明确的演变过程，各种思想在任何情况下都有可能出现，交织在一起。

（2）大众观念的影响

乌托邦为城市规划提供了社会学的基础，现代城市规划常常反映出一种植根很深的社会控制的思想，它们常常是机械的、浪漫的和结论乐观的，并隐含于各种各样的城市规划及政策中。辨别并整理这些隐含在各种城市规划中的社会思想是一件十分困难的工作，因为这些要素并不是显露在外，而且无法用一条清晰的线索使之联系起来。但是某些方面还是很明确的，城市规划行为必须与大众流行观念相吻合。

例如隐含在各种城市规划体系中的社会管理、控制的思想，它要求社会应当按照某种轨迹来发展，反映了大众对于现代社会的那种无序、失控的发展表现出深深的担忧。

在英、美等国，对于大城市的看法就来自于早期规划思想的影响。这带有强烈的反社会化的倾向，特别是诸如邻里单位和花园城市这样的理想模型，包含了怀旧情结和对小尺度的、自动平衡的以及自给自足的社会的偏好。改良主义的思想家们认为环境变化可以预防许

① Leonard Reissman. The New VIsionary: Planner for Urban Utopia. Melville C.Branch. Urban Planning Theory. Dowden Hutchingon & Ross, Inc. 1975. 25

多他们所担心的社会变化。他们认为将大城市分解，并使之向乡村流动，可以防止社会动乱。

“维多利亚时期的人和乌托邦作家，特别不喜欢任何形式的巨大，一个大城市或一个大型组织。大城市是拥挤的、丑陋的、不健康的，到处充满了阶级冲突的景象，以及不断强大的工人阶级形象。”① 现代城市在19世纪出现，并在20世纪成为“大众集聚，在我们概念中将其掩饰成表达一种不祥的，可怕的东西。”它被看作“对安全和一切愉快事物的威胁。”它是对现状社会秩序的一种威胁。②

苏格兰神学家查尔梅斯（Chalmers）在19世纪早期著作中提出他的“区位理论”，也就是城市的划分，来驱散这种威胁。他认为：“当巨大的和发展过度的城市被划分成分离的教区管辖之后，有利于分解、减弱大众暴力的威胁……这样人民不会形成一致的观点……或者形成敌对情绪或偏见……并且习惯用几种方式来观察围绕他们的更近的、更有趣的领域。这样可以使‘无法控制的大众’，不是‘形成一般力量或巨大浪潮来反对统治权威，’而是‘分化瓦解成片断’……”③

这种思想在现实的社会政治意义上强调小国家，或者是小政府的重要性。这样的政府可以有效地制订规则，维持秩序，同时也可以使人民在最大程度上掌握自己的命运，拥有自己的财产，以及宗教自由和言论自由，他们可以追求自己的幸福。

这样，最佳的社区生活应当是在小规模的、低密度的社区里的，现代城市的发展应当延续村落的传统形式和社会结构。

分解“大众集聚”是隐含在许多城市规划思想背后的主要动机，它随后的发展变化成为多种城市规划方法，例如密度控制、分散化、新城、邻里单元等等，用来消除集聚现象，消除大城市的特征。

这种理想中的社区生活，并不是向传统村落的一种简单回复，邻里单元的概念是从美国城市规划中发展而来的。如同新城一样，它在情感上吸引了那些反感大城市的人。它主张建设较小的社会单元，而

---

① Ruth Glass. The Evaluation of Planning: Some Sociological Consideration. A.Faludi, A Reader in Planning Theory. Pergamon Press, 1973. 58

② 同①

③ 同①

不是产生一种同质的巨大化。提出在当地社区中包含数个邻里单元的构思的设想，为高中学校、购物中心等等安排地点，创造出一种社会均衡的社区环境。它接受了现代城市的现实，但是在它的发展和重建中融入了一种地方社区的社会和物质环境，并以此作为城市的控制目标，用来建造新城，优化、控制现有小城市，并在大城市中重建邻里单元和社区。

然而这种作为对城市发展的一种社会控制的行为[①]，需要大量的社会工作和对社区的一种广泛的社会认同。城市规划不断为城市发展与城市生活提出目标，为这些目标提供支持并受其指导。然而这些目标在多大程度上得到公众的赞同，则反过来影响城市规划的思想及其方法。

(3) 不同社会文化因素对于城市发展的影响

新城和邻里单元这种小型化的社会单元是英、美等国家的城市规划的特征，它反映了英美文化的独特一面。小型社区和带有花园的小型住房似乎反映了他们对小型和私有领域的偏好，对大型事物的排斥。

图 2－30　各类霍恩赛住区的房屋，按照各社会阶层居民设计

① 限制城市的扩张，使城市更加紧凑，防止城市与乡村的不断融合。

可以看到，英格兰与威尔士的城市自1860年后就郊区化：首先是中产阶级，然后工人阶级也开始从拥挤的城市中心地区向密度为每英亩（约等于4000m^2）10至12户的、带有私人花园的单户住宅迁移。大约在同一个时期，大多数美国城市也出现了同样的进程。19世纪20至30年代，美国城市周围的独户住宅很快增长起来。开始时由公共交通提供服务，后来则日益为私人汽车所替代。

而在其他国家，价值观念可能是以另一种形式来表达，在欧洲大陆完全是另一种情况。城市受到了工业化和郊区农民大量涌入的冲击，一般比英国所发生的同样进程晚几十年（大约从1840到1900年）。他们的城市没有扩张到像英国那样的程度。由于公共交通的发展，一些中产阶级在新的郊区开始过乡村别墅式的生活；但是大多数中产阶级和几乎全部工人阶级，继续住在实际上是步行距离以内的、非常高密度的市区内。欧洲大陆的典型城市拥有高层公寓组成的街坊（4、5和6层高），街坊中央留下一块被房屋围绕着的空地。

图2-31 柏林某个示范住区设计所导致的拥挤和苦难

是要方便地通达工作地点和市中心，还是离开尘喧的喧闹？这很难有一个定论。

英美和欧洲大陆在理想城市方面存在着细微的差别，英美热衷于独立住宅和在农村地区新建新城，许多人期望拥有一种带花园的单户住宅，倾向于一种较小的社区，即使是贫民，也住在他们自己的、一般是两层的小住宅内；然而欧洲大陆的很多人却非常牢固地与城市中心那种公寓式的生活结下了不解之缘。许多贫民住在小小的公寓房屋内，每个房屋的居住人数和居住区的人口密度、居住面积密度都大大高于典型的英国贫民窟。因此，当欧洲大陆的城市在考虑城市规划时，很自然把优先选择在城市内部发展高密度公寓式的居住形式作为他们的出发点。

英美社会对小型社会的偏好反映在城市规划中，常常就表现为降低居住密度，减少城市规模，控制城市向乡村扩张，采用绿带环绕城市周围来控制大城市的人口规模，但这样又必然导致城市过剩人口的出现，大量居民将被搬出。因此英国在二战后的城市政策中，主张将这些过剩人口迁往新城。

社会运动对城市公共政策结果的影响是显而易见的，但是，这种影响却是十分复杂的，它涉及到多重作用力的相互作用，以及社会各阶层的相互影响。例如，反城市的态度首先是来自于上层社会阶级的，然后是中产阶级涌向郊区，最后才是工人阶级中的部分成员。

2.5.8 作为政府管理的一种概念

长期以来，在城市规划专业内部存在的这种潜在的形式标准，对于专业自身的拓展是起着一种阻碍作用的。这是因为专业所设置的目标（解决现实中的社会问题）与它实际所做的事情（追求自身行为的一种完美形式：在物质环境设计中表现为漂亮的图面效果，在程式设计中表现为完美程序的表达。）是脱节的。这种问题的存在，使得城市规划专业产生在现实操作中并未“有效”的一种印象，这对于专业进一步的发展则并非有利。

近年来，许多理论研究对于规划管理方面越来越感兴趣，这反映了人们对“作为政府行为的城市规划”认同感的加强。

2.5.8.1 观念的转变

二战以来，城市规划传统的一个重要变化就是它与政府概念更加密切地联系到一起。它更多地成为一种政府的正式行为（如新城运动)，而且综合性也越来越强。

随着城市规划的综合性不断加强，城市规划在社会中的影响力越来越广泛。它所带来的效力和规制可能对某些公民的自由选择和行为带来限定。不同于个别的、无组织的、草率的计划，全范围、全方位、包罗万象的城市公共政策体系比以往任何传统城市规划行为对社会发展所带来的影响更加宏观而深远。

在政府行为中，控制管理显得比综合性规划更加重要，它必须立足于对当前情况的分析考虑。在政府规划师的概念中，这是工作的一项重要组成部分。政府规划人员被赋予一定的社会责任，他们协调各种规划部门之间的工作，并保证规划项目得以实施，他们必须关心城市的控制管理、资金的筹措和使用、预算和计划、行为的效率因素、控制范围，以及其他与公共事务和公共管理有关的事务。

城市规划的有效性目前正在受到越来越多的理论研究的关注。作为现实环境中的行为，城市规划必须反映当前的情况和未来潜在的发展趋势。长期、中期、短期和具体操作的规划行为组成了一个规划体系，其中包含了在不同时间段中所有的重要阶段。

2.5.8.2 综合因素的考虑

从政府的角度来考虑问题，可以使城市规划更具有综合性的作用。必须认识到，社会发展、社会福利提高的因素是广泛的，物质环境仅仅是其中的一个方面，其他方面，例如：家政服务、就业培训、低技能工作机会、廉价医疗服务、消除种族障碍、增加就业机会，这对于社会地位不高、境况不佳的人更有直接帮助。而那些花费大量预算的大型市政项目，却往往得不到同样的效果。尽管这些行为不属于城市规划专业范围，但是它在确定市政投资方向、次序中却是十分关键的，它们将引导城市规划指向真正的实际问题。

2.5.8.3 民主观念的拓展

采用单一价值观念来一统天下的思想已经遭到摒弃。文化差异、价值观念的差异是现实生活的基本特征。承认这种复杂性，正视这种复杂性，逐渐得到越来越多人的接受，社会的发展逐渐趋向多元化。因此，在一个民主社会中，城市规划的一个最崇高的使命就是帮助个人拥有最大的自我选择机会，包括消费社会产品的自由和选择差异的自由。

但是从另外一个角度来说，个人行动的自由并不是无限的，它需要政府行为的控制，政策作为个人行为的环境因素，不仅限定个人自由行为的边界，也制止了个人放任对其他人的影响。政策所起的制约作用，旨在使社会总产出达到最大，而不是使个别人的产出达到最大；旨在社会中实现最广泛的公平，而不是局部的、表面的平等。

作为政府管理的一种理解，可以避免一些在政策过程中的极端行为，传统城市规划力图达到理想中的效果，来“准确”地解决社会问题。但在现实中，这种目标很难达到，同时也经常会带来一定的负面作用。

在城市规划制定的过程当中，如果接受过良好教育培训的管理精英对于提高公共福利具有强烈的责任感，并且努力通过改善物质环境来提高人民生活水平，那么城市规划行为就可能按照理想中的模式进行。

但是如果制定政策的精英阶层的价值观念，与他们所要帮助的社会中下层人民的价值观念之间存在很大差别的时候，往往会导致更大的问题。这些精英阶层在设计一些社会福利项目时，常常自认为他们所认为的美好的事物，也就是这些人民所认为美好的事物。他们所希望实现的目标，也就是公众所希望实现的目标。

希望实现的理想与现实中的情况永远存在着差异，对于低收入家庭来说，更加急需的是占其收入大部分的廉价住房，而不是中产阶级所享用的现代居住设施；急需的是通往工作地点的廉价交通设施，而不是舒适的而又昂贵的快速交通，以及开敞空间和娱乐设施。为了改善住房质量，而不得不削减食品或教育的开支，这并不能算作是生活水平的提高；降低公共交通的服务质量，对于拥有小汽车的人无关紧要，但是对低收入的人却产生严重的影响。

因此，由于社会不可能实现完全的均等，在城市政策中应当考虑到各种层次的阶层的消费能力。失业、贫穷和低收入如果是政府所面临最严重的社会问题，那么空间要素就会退居次要地位。

城市规划的制定与实施需要广泛的社会权力，由于现实中的城市规划既不可能达到理想状态，也不可能包容所有的问题，因此这种权力的使用应当是审慎的，城市公共政策的目标就是寻找那些使社会整体收益不断增长的方法。如果这个目标实现不了，那么就应当尽量减少中央控制，采取最小限度的控制，通过预测个人或集团可能对他人的损害来避免权力的滥用。如果公共政策对社会是有益的，而且是众望所归的，那么，应当在最重要的地方行使这种权力。如果必然有人为公共利益作出牺牲，应当受到补偿，以示公平。

因此，在制定公共政策的过程中，这样一些副作用应当得到充分的认识，注意“谁受益，谁受损”这样的问题。如果这种问题得不到明确的答案，或者当社会收益得不到明确的证明和保证时，应当逐渐减少对个人选择的控制，对个人行为实行更宽容和更灵活的规则。例如英国在二战后，根据尤斯瓦特报告而来的“补偿金”、“改善金”的政策问题，也就是在这方面的反复权衡。

在政府行使职权的过程中，应当认识到，如果公共权力使用不当，也可能带来极大的副作用，例如在许多土地划分和土地分类条例中，可以看到公共控制可能带来的副作用。这些控制常常以公共利益的名义，剥夺一些个人财产的权利，赋予另外一些人利益。而且政府行为也经常被用作政治工具，以其他人为代价，推进某些集团的私人目的。区划条例和一些城市再开发项目不可避免地带有收入分配的性质，它们受到偏好方式的影响，而且很难公平地实施。

某些城市公共政策的制定应当中央化，然而另外一些则应当适当分散化，增加决策的参与者，使之向公众开放。通过在公共服务项目和公共工程上的明确目标指向的投资，可以扩大社会产出的数量和质量，同时也提高人们进行消费的能力。

为了扩展公民的自由权利，提高全体公民的福利，用来限制个人自由放任的一系列公共干预如今已经越来越多地体现在法律和法规当中。这种公共干预通常表现在两方面：

一些干预是对社会代价做出预防，也就是防止某些人通过将自身行为的成本转嫁到其他人头上，又不进行赔偿而从中受益。如果某个人的行为对他人造成影响，那么其行为就会遭到制止。或者如果这种转嫁行为是不可避免的，那么对付出代价的人必须进行赔偿。（这也就是土地使用区划，污染控制的立法的主要意图）

另外一些公共政策则表现为在社会中进行资配分配。在这种情况下，政府的权威是至高无上的。资源分配的决策应当根据道德基础来进行，而不是客观的标准（如公共资助、公共教育，对未成年人的帮助，娱乐项目，以及财产税收入税等）。

这是因为这两种情况都涉及到费用、收益的移动，即利益从某些人转移到另一些人那里，政府部门是市场交易者的强有力的代理人。尽管这种限制会减少某些人的福利状况，但社会总体财富则会因这些制约因素而得到提高。

在这种情况下，所有个人都可能自愿服从一种中央权威，并可以从中获益。因为社会的总收入增加了，那么每个人的分成也提高了，所有的参与者都可以是获利者。政府系统中的立法、执行、法院等部门，它们的稳定是个人安全和自由的前提。例如得到普遍遵守的交通规则，它使所有人得到交通安全并节省交通时间。还有为政府部门所垄断生产的公共物品，如公共教育、基础设施，它使每个人都可以从中受益。

在一个多元化的社会中，为了实现各自理解不同的公共利益和民主决策，政府的专业人员应当改变思路，其中最重要的就是提供更好的信息和更好的分析，然后将信息通道向大众开放。这样以减少受忽视或隐秘性而导致某方面利益在政策行为中没有得到考虑。

同时，政府也可以通过由税收和收费建立信息服务系统，例如社会统计，国家、区域、城市的信息系统，这可以提高个人在决策中的理性成分。当市场在面临的完全信息和政府的良好管理时，私人投资者可能会较少依靠特殊手段来获利，因为他会发现个人利益与公共利益是相吻合的。通过针对未来的预期，通过表达对社会发展的愿望，从而使每个社会成员从中受益，并提高社会总产出。

作为城市政策表达的政府报告，可以告诉相关人士有关社会的当前情况，表达在城市规划和预算中的政府意向，帮助私人和团体预测未来情况，促使他们趋向共同目标。

因此，如果管理控制行为能够对城市发展按照一定的理想目标来进行有效的控制，那么一种中央性的体制是比较确切的。但是如果这种政府行为不仅损害了普通公民的利益，而且还损害了一些相对隐含的价值目标（这对于民主社会是重要的），这就需要重新确定城市管理的目标，并重新审视管理的作用。

小 结

现代城市规划体系产生的根源是现代城市发展在过程中存在的种种弊端，它与传统城市规划是有着本质区别的。在这一过程中，尽管夹杂着多种不同的思想情感，所要实现的目标也是各自相异的，但是就用来实现目标的手段而言，各种类型的传统却是基本一致的，也就是沿用了科学理性的思想，对人类社会按照一定的理想进行控制和改造。

在早期阶段，这种思想体现为对“蓝图”目标的探讨，关心“准确”地设计出远景未来，并努力使之实现。二战后，城市规划更加体现出一种综合性的特征，力求从更为广泛的角度来全面解决社会问题。但这时运用的手段已逐渐从“蓝图设计”转向“程式设计”，期望采用“准确”的程式来实现“正确”的目标。

然而，以科学理想为思想基础，不论是早期的“蓝图”设计，还是后来的“程式”设计，在现实中所取得的效果与其期望解决的社会问题的目标相距甚远。这使得近年来，越来越多的理论研究对这种思想基础进行深刻的反思，并逐渐超越了专业的角度，从更为广泛的角度来看待城市规划行为，也就是从政府角度、社会运动角度来对城市规划的本质和作用进行理解。而这种新角度的研究，需要来自于社会学、经济学等领域的理论支持。

3

现代城市规划中的思想传统

3.1 思想基础的研究及其意义

3.1.1 针对思想基础的研究

现代城市规划是作为一项重要的政府行为而兴起的，它所针对的是公共领域在现代社会发展变迁中所面临的物质空间环境以及社会问题，而不是王权、贵族等私人领域中的美学、显贵等问题。这是现代城市规划与传统城市规划之间的本质区别。

城市规划专业作为一项特定的事业，在某种程度上成功地解决了人类社会所面临的许多不同的问题。这是一项带有理性色彩的行为，以充满理想而为其基本特征，该项事业已经得到了社会的普遍接受，并已经基本形成系统性的理论。

如同许多城市规划历史理论研究所显示的那样[①]，现代城市规划历史似乎沿着一条清晰的线索承继下来，从工业革命所带来的城市问题，到先驱思想家的理想、区域化思想以及综合理性思想（Comprehensive Rationality）。

然而，如果仔细辨别一下，现代城市规划的思想基础并不拥有一个清晰的过程。甚至在针对同一个现实问题时，常常也会交织着众多的思想情感，其中包容了多种基础思想，它们之间或相互互补，或相互竞争，而且在某种程度上，相互冲突。它们或许会以一种单独方式而分别体现出来，或许会以各种混合的方式体现出来，各自具有不同的侧重点。

由于基础思想研究的复杂性，本书并不期望就此整理出一条清晰的主轴线，因为现代城市规划体系并不是根据某一个人或某一种理论体系而总结出来的，它是由多种思想混杂在一起的，在不同的社会经济政治状况下，往往会以不同的方式体现出来。所以，针对基础思想的研究无法按时间顺序或理论类别来进行，在一定条件下，现代城市规划早期阶段的一些思想可能会支配着现今的一些规划实践，有时在同一个政策中，就包含着相互冲突的基础思想。因此，本文的目的和重点在于辨明

---

① 如P·霍尔的城市与区域规划、城市规划原理，等。

这些思想基础，表明现代城市规划思想及其环境的复杂性。

3.1.2 基础思想的研究意义

如果追根溯源，现代城市规划所包含思想基础似乎建立于不言自明的真理和价值观念之上的，它可以为行为主要的目标和一系列的思维方式提供一种自我修正能力。虽然思想基础可能包含很高的理性，但是总体上它可能是超乎理性的。它是自在的和具有保护性的，它通过对行为者的情感发生作用，使之在行为时拥有强烈的自信心，并为行为者的观点提供支持。

思想基础的取向对于实践的意义十分重大，不同的思想态势，可能会导致不同的行为，以及不同的结果。而这些思想基础可以为这些行为和结果提供合理的解释，但并不一定是正确的解释。

思想基础为实践理论提供了一种系统性的思想。这种理论力图证明目标价值，辨别这些目标所需要的手段，并且依靠于科学研究来使之在经验上得到证明。在某种意义上，思想基础决定了人们在实践中可以观察到的东西，并决定了可以做的事情。①

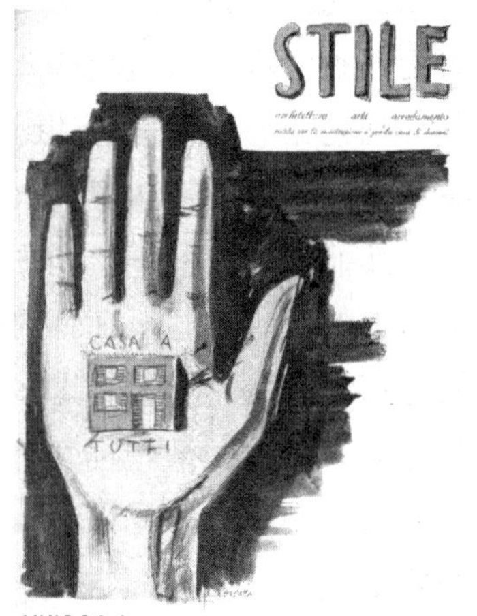

图3-1 招贴画，人人都有住房

从理论上说，基础思想为行为提供精神和理性，它包含了人们在某种环境下作出决定时的思想状态，以及被官方的、文字上的形式所采用的理想和观念。从另一个角度来看，公共政策是从政治过程得出，并指导政府进行管理。

由于城市规划是一种政府行为，思想基础为政策决定提供了一种广泛的和有吸引力的合理性，来使政治领袖赢得并保持与政府官员及其工作之间的紧密联系。它在法制意义上得到证明，强调技术性的过

① 爱因斯坦曾这样认为："是理论决定了我们可以观察到的东西。" It is theory decide what we can observe.

程，但同时也带有一种调和与含混的政治协调性质。

由于一项公共政策要求逻辑连贯性，而不同的基础思想之间的全面而又微妙的斗争通常也会在一项决策过程中体现出来，因此许多公共政策的思想基础又是兼容性的，诸如“综合的、全面的”、“为了公共利益”的结论将取得重要地位，从而在各方面冲突中起到一定的协调作用。

3.2 现代城市规划中计划性的传统

3.2.1 计划性与理性主义思想

现代城市规划的概念本身就是一种计划（Planning）：合理地制定一个目标，并设计有效的手段来实现它。

计划性意味着条理性、逻辑性、合理性，同时，计划性也意味着约制、控制和失去自由。然而，要对计划下一个确切的定义则是困难的。计划可能是指集中控制或笼统意义上的干预。莫里斯·伯恩斯坦给计划所下的最为简单的定义是：“计划是未来行动的方案。”[①] 这其中包含三个主要特征：①它必须与未来有关；②它必须与行动有关；③必须由某个机构来负责促进这种未来行动。

制定一个计划就意味着深入细致地分析各种社会目标和用以实现这些目标的现有资源，然后制定出一个详细的资源分配方案，以求最大限度地实现这些目标。同时，计划也意味着智力卓越的杰出人物，他们具有智慧和远见，垄断着政权，并认为在公民需要和愿望中存在着天然的和谐，通过对社会经济生活的广泛指导，谋求为社会赢得最好的结果。

启蒙运动以来的许多近现代思想家预言人类将在物质、知识和道德方面都将取得不断的进步。随着人们在物质、知识和道德方面的能力的增长，人类控制自然的能力会更强，人类社会将变得更加平等；在社会中可以实现人尽其才；政府也会变得更加合理，更加有效，更加民主；人民参政的程度也会提高。这样，不断增长的知识、高度的社会经济发展、平等、参政和民主化这些因素之间逐步相互促进，会

① 莫里斯·博恩斯坦．东西方的经济计划．朱鞅等译．商务印书馆，1995．14

给人类的不断完善带来广阔的前景。虽然“人类的完善”这个目标可能永远无法完全实现，但人类社会将会不断向这个目标迈进。

启蒙运动思想带来了一个乐观的时代，从美国总统哈里·杜鲁门于1955年在美国注册规划师协会的全国规划会议上所发表的演说中，可以清楚地看到这种影响的作用：“你们的责任，就是协助给未来制定一个规划，无论需要克服多么巨大的困难，如果规划是正确的，这些困难就能够得到克服。不管别人怎么认为，你们必须认真对待所提出的规划，如果它们是正确的，它们就会得到实现。”①

理性地制定一个目标并使之得以实现，成为城市规划的核心任务。从表面上来看，理性是人类“智慧”（reason）的运用，它的含义是一种有点不言自喻的，它与人在行为中的主观性、随意性相对而言，与不以人的意志为转移的客观规律有所关联。在近代哲学史中，理性是一种与普遍规律相联系的概念，康德认为理性是“唯能运用原理于经验过程，同时经验充分证明理性使用此等原理为正当者。”这其中包含了两层含义：①对行为系统做出本质性的认识，形成知识，掌握规律；②根据所掌握的有关规律和知识来指导行为实践。

理性主义的观点认为真理最终形成于人类的思维，而理性得来的知识则构成了真理，即事物发展的永恒规律。理性主义者致力于发展一种在永恒规律指导之下的行为程式，这种程式具有一种普遍适应的特征，是与主观上的直觉、猜测相反的。对城市做出一个理性的规划，就是通过对城市运动发展规律的认识和掌握，对城市做出合乎于城市发展规律的规划。计划性的传统渗透着启蒙运动以来的理性主义思想。现代城市规划中的理性主义，溯其根源有两个方面：

一方面是18世纪“理性时代”（Age of Reason）所带来的影响。人类在自然科学领域所取得的巨大成就，尤其是数学、物理学方面的丰硕成果，给人们带来的、并使人们坚信的观念就是世界是建立在一个理想（ideal）的基础上的，只要对问题给予足够的思考，任何关于事物的规律都能够被揭示出来。

虽然这种观念产生于诸如牛顿力学的科学体系中，但是对人文科

① W.G.Roeseler. American Successful Planning. D.C. Heath and Company, P13

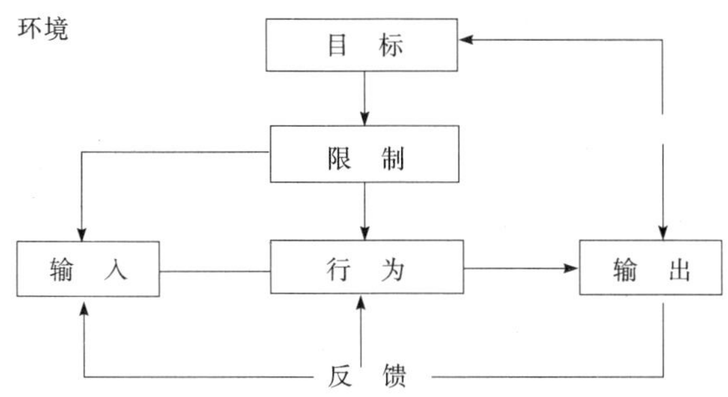

图 3-2　简明系统模型图

学、社会科学产生了深远的影响。而 19 世纪迅猛发展的科学技术对人类社会所做出的巨大贡献使得这种观念得到了进一步的强化，许多社会科学家试图从自然科学的角度来研究他们所面临的问题。20 世纪初首先在经济学领域引入了数学方法，以量化技术来解决经济领域中的问题，并取得了丰硕的成果。直到二次世界大战前，这种在社会科学中强调运用自然科学方法的思潮仍在持续。

另一方面，随着 19 世纪现代城市的迅速发展，城市的社会结构日益复杂化。工业革命所产生的巨大财富引发了更为广泛的社会冲突，产生了很多不同的社会问题。为了掌握对社会复杂性的理解，社会科学和政治学常常诉求于自然科学的方法，认为人们对于复杂问题的理解掌握应当主要植根于数学 - 物理方法，而不是形而上学的概念，近代科学进步不仅给城市规划带来了新的技术手段，也带来了新的思想方法，并对城市规划学科今后的发展产生了深远的影响。

3.2.2　综合理性思想的发展

3.2.2.1　科学理性思想的影响

现代化社会的发展一方面使得工业生产、城市规模、城市人口急剧膨胀，另一方面导致社会财富越来越集中于少数人的手中，大部分公众却面临着失业、贫困和恶劣的生活环境，社会总体福利水平受到极大的损害，并使得社会矛盾不断加剧。20 世纪 30 年代，西方世界在面临着经济大萧条、二次世界大战的威胁之下，逐渐认识到经济上的放任自由和出于个人目标的努力无济于社会问题的解决，凯恩斯主义主张国家对于经济行为进行干预的思想对城市规划领域也产生了很大的影响。这个阶段的规划思想存在两方面的转变：

（1）城市规划不是一种以个人经验为基础的行为，也不是以个人理想为目标的行为，城市规划是政府的职能。规划应当以全体人民的幸福与社会总体福利水平的提高为目标，因而城市中所出现的社会不平等问题和公众在政治中的参与成为城市规划的主要问题。政府希望通过社会经济理论来理解社会的组织结构，通过规划来对社会利益冲突作出预测，并采取控制措施，通过立法来维护公共利益。

（2）人们开始以一种有机进化的观念来看待社会的发展，规划也不再被看作是一种静态蓝图的绘制过程，而是一种持续不断的动态行政决策行为。人们希望通过社会经济理论，分析城市中的社会矛盾冲突，并协调、综合各方面的利益，以达到最大的平衡。但这个阶段由于缺乏有效的技术手段，作为城市规划行为主体的政府部门也不可能完全从公正的立场来协调社会各方面的矛盾，因此，科学决策（Scientific Decision）在随后的阶段中逐步成为城市规划的理想目标。

3.2.2.2 多种学科的融合

现代城市社会日益复杂的趋势，使得城市规划在制定和实施过程中常常遇到不可预见的结果和影响，无力适应新的变化。同时，规划人员也逐步认识到城市的实体空间形态是内在的社会经济过程的结果，这样就不得不去考虑比实体环境更深远的内容。

城市中的每件事务都与其他事务发生各种各样的联系。例如，社区住房政策与社区的社会福利和土地使用情况联系在一起的；高速公路和交通设施并不仅仅是满足交通需求的设施，同时也影响了周边的土地使用和可达性；在城市更新中，改造陈腐的贫民窟建筑离不开改善就业状况，提高人口素质，这种复杂关系也需要在社区发展中进行更加综合性的方案实施。

现代城市发展的复杂性，使规划人员需要一种能够掌握这种变化的理论和技术，使规划过程更加清晰化。这就导致综合了社会科学、经济学、统计学、数学以及以系统工程学等许多领域的研究，着重针对形成城市实体空间形态的社会经济过程的综合理性方法的出现。

在研究方法上采用许多从经济学领域中引入的理论，以量化的方式来研究城市、区域中的经济行为，并从计量地理学中引入用来描述结构形态的技术，从交通工程学中引入运动模型方法，使规划过程在技术角度中找到了新的立足点。规划师所寻求的规划过程的明晰性可以通过研制用来进行科学决策的城市模型得以实现。

20 世纪 60 年代，在科学主义的感召下，英、美等国家的城市规划出现了综合理性（Comprehensive Rationality）的思潮，其目标就是采用科学技术来使城市规划更加合理，而城市规划的价值取向也可以通过技术手段来解决。也就是在面临多重目标选择的情况下，为决策者提供更多的信息以及规划目标与其他待选目标之间结果预测的分析比较，从而更好地辅助决策过程。

在这里，最值得注意的是规划技术方面的进展，随着计算机等先进技术的融入，人们开始对城市发展进行模拟，以期获得最优的控制，这就是城市模型技术（city modelling）的运用。

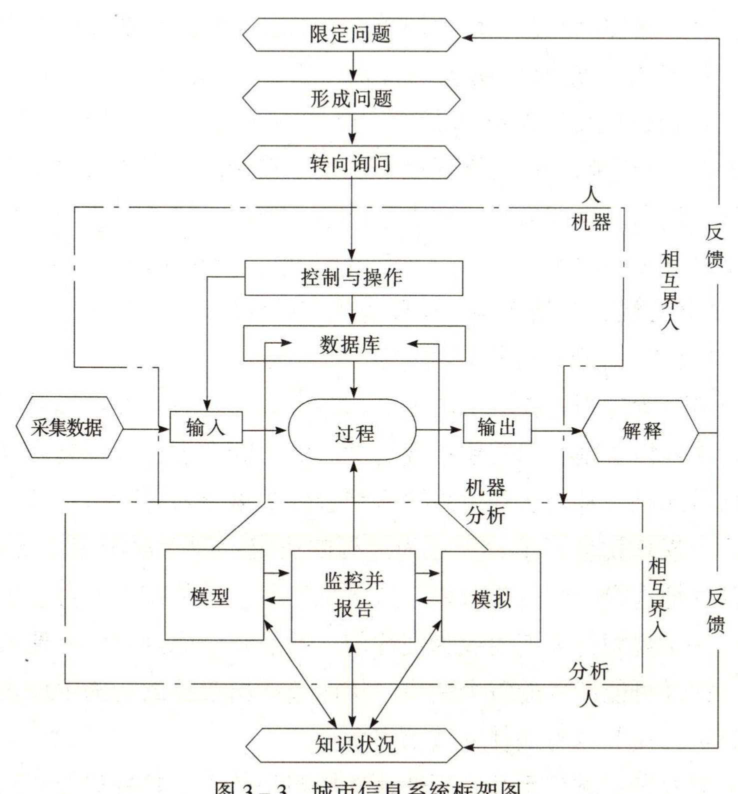

图 3－3 城市信息系统框架图

城市模型方法最早成形于20世纪50年代中期，运用于20世纪60年代初。第一代的城市模型是美国联邦政府为了配合社区更新计划（Community Renewal Programs）和大城市交通规划（Metropolitan Transportation Plans）而研究产生的。建立这些模型的目的是针对当时的城市中心区衰退和城市郊区化这一现象。为了从宏观上来处理城市发展中的各种问题，人们相应开发大规模的系统模型来提高政策和计划的效应，加强城市规划的作用。人们期望模型方法能够解决以往城市规划中难以解决的问题。

从思想基础上来看，综合理性规划的本质就是将逻辑实证主义运用于规划中，理性的含义即为实证知识加工具计算，因为通过客观实证和数学计算得来的结果是可靠的，并且普遍适用的，变化不定的社会知识和个人经验则遭到摒弃。在20世纪50~60年代，西方规划界的理性规划概念几乎等同于城市模型的运用，通过实证知识来选择价值，而规划师的任务就是为模型计算提供选择要素。

同时，这种思想在城市规划教育方面也改变了长期以来的物质环境设计的训练，更加重视规划方法。由于C·巴纳德（Chrester Barbard）、P·德拉柯克（Peter Drucher）和H·西蒙（Herbert Simon）等基础理论家的工作影响，社会管理理论发生了转变，它广泛吸收了哲学和政治学的概念，发展成为一种决策科学，构成了学术研究的一个新分枝。20世纪60年代以后，这种综合性思想、协同规划（corporate planning）的新方法，开始影响物质环境规划教育的内容和方向。

3.2.2.3 综合理性规划的过程

决策行为应当是在众多的价值目标中选择其一，并选择适当的方法手段来加以实现。随着城市规划学科的不断发展，人们越来越将城市规划看成是一种与实践更加紧密结合的决策分析过程。在社会科学中，一个规划就是一个关于行为过程的决定。理性地制定一个规划，就是理性地选择一个行为过程。从系统工程学的传统理性方法的角度来看，一个规划行为若要成为理性的，就必须考虑到每个可能的行为过程，以及可能产生的每个结果，从而选择出最佳的行为手段去实现最佳目标，使其具有最佳的效果和意义。

面对复杂的城市系统，理性地选择规划的价值目标以及行为手段需要一个简化的框架，其中包括：(1) 决策者列举出所有可能的目标以及可采取的行为。(2) 辨明所有行为可能产生的结果。(3) 选择可以取得最佳结果的行为。但是如果严格按照这样的方法，完全意义上的理性选择是不可能达到的。因为如果这样，决策者将会面临无数的行为选择和目标判断，在有限的知识和时间的情况下，决策者不可能去完成所有的分析评价过程。

综合理性过程所代表的是一种系统结构性的思想，它提倡在实践中，一个理性的决策者应当充分地考虑到其他可能性的结果，从而使行为更具有理性成分。在这种思想的指导下，理性的规划就成为了一种理性地选择行为手段的过程，主要包含四个阶段：

①分析规划形势：规划师必须排列出所有可以用来实现目标的各种可能的行为，但是这种排列必须限定于某种环境之中，考虑可以获得的资源（包括资金、信息、时间、技术手段、权威性，等）以及在行为过程中可能遇到的障碍，而且各种可能的行为不能受到任何别的因素的制约。

②价值目标的圈定与评价：目标是针对行为活动所要达到的一种未来状态的想像。合理的目标必须是明晰的、可解释的，并且是可以实现的。同时，一个目标的确定既要考虑到目标积极的一方面，也要考虑到该目标有可能对其他事物的影响。

③行为程序的设定：行为程序应当具有一定的全局概念。从总体上看，一个行为程序包括着一个主导行为，成为其他一些具体行为的前提。在实践中，可能出现具体行为的选择与主导行为有所冲突。而且在某种情况下，具体行为是经过反复比较之后得出的，而主导行为的选择却是十分武断的、随意的，从而导致整个行为缺乏合理性。

④结果的比较评价：如果一个规划是理性的，那么它所产生的后果都应当得到考虑。从广义的角度上看，一个好的城市规划就是在完成目标时取得预料之中的结果。同时，结果的评估必须以具体的形式来完成。如果所有的价值目标可以用一种通用的标准来衡量的话，例如价格、分值，那么评价的过程就比较简单了。

综合理性方法以科学理性为思想基础，来进行规划中的目标评价和行为选择，希望进一步加强规划决策过程中的理性，在决策者面临多重价值目标选择的情况下，提供更多有效的信息，通过尽量清晰地排列出各种价值目标以及形成的规划可能产生的各种影响，从而辅助决策过程。

在20世纪60年代末综合理性思潮盛行的年代中，人们认为只要通过运用适当的技术手段，规划就可以成为一个纯理性的过程。

3.2.2.4 综合性规划的实践特征

综合性规划对规划师提出了更高的要求，规划师必须理解总体性的公共利益，并利用他们掌握的原理知识来实施以公共利益为目标的行为，从而使规划中各种专业的每项功能得以理想发挥。

在实践中，综合性规划要求城市规划师具有强烈的总体观念，能够将政府各个部门所做的发展方案综合到一起。通过将公共机构和私人机构的愿望结合到一起，制定出融合各种参与者的不同目标的方案，每个方案按照上一级方案所制定的标准框架来制定。

随着更多专业不断融入城市规划领域，综合性规划师显得格外重要，复杂的工作程序对于他的能力要求也就越来越高。而许多城市规划师所具有的传统才能如今已成为专门性研究，如空间规划，它目前已经成为城市综合性规划中的一个子系统。这种规划必须与其他专业相融合，成为综合性规划的一部分。

在更加综合的理论和方法之下，规划师依赖于个人经验和个人直觉的传统已经逐渐遭到摒弃。由于规划专业范围的扩大，规划师必须跟上城市规划理论和规划方法的发展，否则规划师的综合性地位就会被其他专业人员所取代。城市规划师不再能够只限于土地规划、社区设施和城市设计等方面，而要在更宏观的社会政治经济上把握全局。

综合性城市规划的主要任务在于制定、组织和实施城市发展与更新的战略政策。一个综合的、连续的规划必须是经济可行的，它在促进公共利益的同时，保护个人的权利和利益。综合性城市规划的主要内容有：①制定可以用来指导专业规划分工的总体规划；②在总体规划原则上评估专业规划的目标；③协调专业规划机构来保证它们的目标相互支持，并以此提高公共利益。

任何一个城市规划师，无论多么专业化，都必须以公共利益为先导，必须反映社会发展目标。但是这些目标是经常变动的，而不是高度静止的；是过程性的，而不是终极性的。由于人类对于未来预测与想像的能力是有限的，因此，综合性规划比传统规划提出了更高的要求，迄今为止都不能认为人们已经获得了一个令人满意的工作程序。

对此，一种观点认为，在综合性规划中，社会中各种目标可以归纳于同一个社会目标体系之中。如果投入足够的努力来详细规划未来所有重要的经济与社会发展变化，人们可以有足够的技术能力来规定行为过程，实现这些目标，那么，综合性规划就会有效。另一种观点认为，在一个民主社会中，人民的愿望要求不是一个政府可以通过强制手段来实现的，而是应当通过民主政治过程，使人民参与到规划中来，让人民自己决定未来发展的目标。

3.3 现代城市规划中控制性的传统

3.3.1 控制管理体系

计划性的传统长期以来成为城市规划的正统理论，但是城市公共政策的另一方面却常常遭到忽视，这就是政府的控制性的传统。

在正统的计划性理论下，一个城市只有通过在多年中的持续渐进、有计划、有步骤的规划与实施之下，才能形成预先设想的形态。然而，大多数现代城市并不是为了实现一个预定形状或目标而建造的，只有新城和一些大型城市扩张中的城市新区可以是经过规划设计而实现的。通常在现实中，众多私人开发者的独立的、个人的行为，在很大程度上决定了城市空间的布局，政府的作用只是在于提供基础设施工程和规划管理原则上进行指导。

由于包含不同经济成分的、投机的和政府指导的混合作用力，以及私人开发者的决策作用，大多数针对城市发展趋势的准确预测几乎是不可能获得的。通过计划指导城市发展和再开发，朝向一个特定的城市形态进行发展，这在一个现代经济的社会中已经很难有效。因此，这就应当换一个角度来观察一下现代城市规划的另一种传统：控制性的传统。①

① 控制的概念最早出现于古代柏拉图时代，意为“对社会（城堡）的驾驭（统治）”

城市控制管理的传统同样也经历了一定的发展历史，其目的是针对城市发展中出现的一些无序混乱的症状，在一定目标原则的指引之下，进行控制和引导。其方式往往是通过法律规则的形式来进行的，城市中的任何土地开发行为，都必须获得政府部门的许可才能进行。

自19世纪中叶起，英国政府通过了一系列的法案，对环境卫生问题进行管理。其中有1848年的《公共卫生法》，并据此成立了中央卫生部，建立地方卫生局。此外还有1855年的《消除污害法》（Nuisance Removal Acts）和1866年的《环境卫生法》。从19世纪60年代起，政府加强了对建筑标准的管理，如1868年以后的《托伦斯法》(Torrence Acts)，准许地方政府可以勒令拥有不卫生的住宅的房主自己出钱把房子拆除或加以修理。1875年以后的《克罗斯法》（Cross Acts)，准许地方政府自己去制定改善贫民区的计划①。

一般认为，土地使用控制系统拥有坚固的法律基础，它不仅设定制约，对土地业主使用自己土地的自由权力，这种自由受到有关私有产权的《公共法》和《市民法》的保护。进行控制，而且提供干预机制，来规制土地使用中可以被许可的未来使用状态。这个系统是极其复杂的，并通过难以用文字进行描述的政治机制来进行，而且还涉及到无数的政策决定、规划条例、开发规划和其他原则，

总体而言，控制管理体系是作为一种制止系统“Preventative System”来作为的，它对土地使用提出了很多的控制措施。它不仅针对“实施性”的开发（如建筑、工程和采矿），而且也针对土地使用性质的变化（例如建筑物的使用从居住转变为商业，即使其中没有发生开发行为）。

作为一个普遍原则，任何开发行为都必须事先从规划管理部门获得批准。规划管理机构在决定是否准许申请时，必须依据规划所制定的法规，来考虑实际情况。

这是一种极其灵活的权力，它可以根据各种因素来同意或否决一个申请，如用地中房屋的使用性质、建筑的外观、地形、建筑布局，以及周围需要保护的历史因素，也可以在同意申请的条件下附加许多开发条件。

---

① P·霍尔．邹德慈、金经元译．城市和区域规划．中国建筑工业出版社，1985．24

3.3.2 土地开发控制

3.3.2.1 土地开发控制的根源

现代城市问题的一个主要原因在于城市各种土地使用之间存在的矛盾。导致这种矛盾产生并激化的根本原因可以认为是城市土地的稀缺性。如果城市土地是充足的，那么任何可能存在相互矛盾的用地都可以空开足够的距离来避免、化解这些矛盾。

长期以来，为了解决各种土地使用之间的矛盾，人们往往自发地形成一些土地使用规则来控制解决这些矛盾。即使在许多缺乏正规的城市规划管理体系的村镇，我们可以看到乡规民约，甚至是风水观念在解决邻里之间用地纠纷中所起的作用。

在现代城市发展的早期阶段，以契约方式制定的私人合同成为保护某个房产业主免受相邻物业，尤其是相邻土地使用所产生的不和谐行为所带来的恶劣影响的主要方法。

然而，迅速发展的工业化和城市化使现代社会变得越来越复杂，技术领域革命性的变革，使原有的、用来维护私人产权利益的民间契约方式已经不再适用，旧有的用来保护私人产权的法规体系不再有效。因此政府部门，有关房地产环境的地方政府，逐步对该领域担负起重要的职责，进行公共干预。这里首先关心的是土地使用本身，尤其是当一个土地使用与另一个土地使用之间产生了不协调的行为时，就产生了建筑物后退，高度、体量，以及其他方面的控制行为。

从历史上看，正式的城市土地开发控制始于20世纪初。1909年，英国政府颁布了《住房、城市规划法》（The Housing，Town Planning，ect，Act.）。这是第一部用于控制城镇土地开发的国家性法律文件，促使了全国范围大规模地控制城市的土地开发。而在此之前，土地所有者的开发活动只要按照西方传统法律体系，不对其他邻近的土地使用造成影响、干扰，就可以自由地处置其土地使用的权力。

但是，开发控制改变了这一情况，这种控制的一个主要特征就是城市中的任何开发行为都必须向有关政府部门提交申请，政府部门根据有关法规及一些具体情况作出同意申请或否决申请的判决。如果开发者不服从判决，可以向更高一级的政府部门进行上诉。

3.3.2.2　区划体系的形成

在现代城市规划的具体形式中，区划可以说是控制性传统的一个典型。在几乎所有国家的城市规划体系中，不论所采取的名称形式如何，类似于区划作用的、针对城市土地开发行为进行控制、管理的内容，都是不可或缺的。

政府部门针对城市物质空间环境的管理包含着强烈的技术特征，在这里，区划是控制性传统领域里的一种典型技术。同时，区划也具备有关环境政策和法规的责任。许多针对环境问题的公共措施是针对私人行为的，并与房地产权益紧密相联系。①

区划体系普遍被认为是起源于美国，但其根源实质上来自于欧洲大陆，尤其是法国和德国。自 17 世纪以来，斯图加特、柏林、伦敦、爱丁堡等城市的扩展是按照此类模式进行的。而在美国，除了波士顿、纽约等地原先的居民区外，其他城市并没有这种规划形式。②

区划体系之所以在美国首先成为正式的规则，是因为它与自由市场环境相适应。从社会背景来看，美国是一个私有化观念极强的国家，实施有关限制私人产权的法规，实质上起着与私人契约同样作用，来限制土地使用内容。

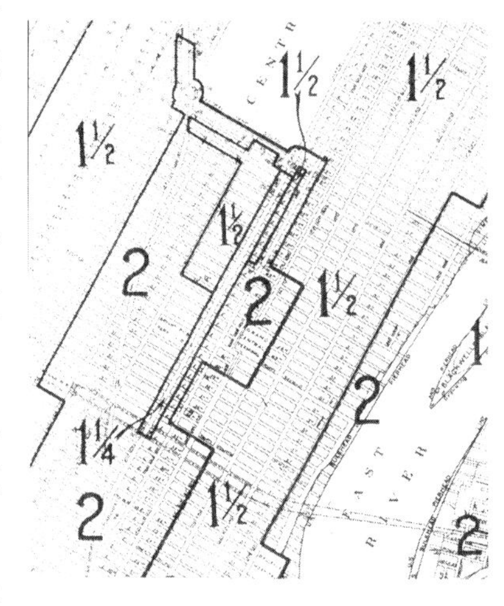

图 3－4　纽约曼哈顿区划

区划常常被指责为“迅速地把土地划分成小块加以分配，迅速地把农场的农田和房子转变为房地产卖出去。这种规划毫不考虑如何适应地形和景观或人类的目的和需要”。在这种规划中，城市土地也变为一种商品，它的市场价值代表了它的惟一价值，城市被看作是纯粹出租房屋的物质团块。尽管如此，这些法规

---

① 在城市的各种土地开发行为中，这种或那种形式的利益侵蚀和侵犯都必须受到《妨害法》(Law of Nuisance) 或《公共法》(Common Law) 的制约。

② 刘易斯·孟福德著．倪文彦、宋俊岭译．城市发展史——起源、演变和前景．中国建筑工业出版社，1989．314

后来成为区划法的雏形，它们一般应用于城市的一些街区，通常是一些房地产主动请求实施这些法规。早期的区划法规（1920年以前）经常被分为土地使用条例、高度条例、建筑物后退规定等。①

在20世纪初，城市人口的急剧增长使土地资源出现严重短缺，并在不同土地使用之间出现了许多矛盾与冲突，这样产生了许多民间的区划规则体系，同时法院也开始介入这种新的领域。在这种情况下，法院只能遵从公共法的传统和实践中的具体情况，开始调解土地使用中的纠纷，并执行类似的判决。然而由于缺乏法规先例和技术支持，问题常常复杂化。

另一方面，在很多情况下，许多私人房产业主相互协商并同意为了相互利益而限制他们的房地产权的使用，制定相应的契约。这些契约后来逐渐形成公共法规，规制来自于公共的或私人的、影响其他房地产业主的有害行为。

但是，这种非正规的方式越来越不能适应日益复杂的城市发展，因此，需要一个公共部门（一般是与业主权利无关的市政部门）对私人产业实行土地使用限制，并且实际上控制了随意的开发行为。这种控制是通过对这些行为可能产生的未来问题进行预测，在这些行为发生之前就制止它。这样，不仅产生了独立于公共法条例之外的市政部门，而且也产生了整个规划管理体系。

3.3.2.3 现代公共管理对传统规则的替代

公共部门所采取的管理措施必须与政府权威之间存在着清晰可辨的关系，这是政府部门所内含的基本权力。由于人们需要法规来对他们的日常生活进行管理，这进一步赋予政府以权力，制定法规和条例来保护和增进公共健康、安全、道德和普遍福利，保持社会繁荣并享受共同福利的成果。

如果按照公共法的传统，公民无约制地使用房地产权是一种基本权利，而作为政府行为的区划概念则限制了这种权利。许多法院在裁决土地使用纠纷时常常面临着这种用来维护公共利益的公共行为，与

① 也有人试图将这些功能合而为一，并称之为综合性区划。

传统的保护公民私人财产权利之间的权衡所带来的两难问题。

在资本主义自由观念盛行的社会里，公共干预被认为只有在绝对必要时才能采用，这种强制性的干预必须获得社会大部分人的认可。在面临城市化进程加快的情况下，城市政府在公众要求下，通过规定房地产业主可以或不可以使用他们的土地和建筑的某些基本权利，来干预房地产业主对其财产的处置权。

由于美国的法律体系关注于保护公民的公民权和财产权，这种干预不可避免地要带来一些问题，并产生很多矛盾。许多地方法院认为区划规则只有在房地产业主的要求得到补偿的情况下才能实行，如果市政部门希望限制某种私人产权的使用，那么它就会因为使之丧失开发权而进行补偿，这样才能表示公平。而另外一些人认为区划行为无需对受损者进行补偿就可以实施，因为所有的当事人都可以从这些条例中获益。持有这种观点的人经常指出，区划是在城市化时代中享受房地产权的基本前提，没有这种约束，城市将是杂乱无章的，区划行为是顺应现代城市的要求的。

无论是赔偿观点，还是将区划看作是城市生活所必需的观点，一般都包含在政府进行控制的管理体系之中，并经常引起争议。由于不存在普遍接受的原则、公共政策、或规则标准，许多法院不得不面对这样矛盾的问题。

1924年，在美国俄亥俄州北部克里夫兰（Cleveland）的外围的尤克里德（Euclid）村，安伯勒实业公司（Ambler Realty Company）在一片居住区中建造一个工业设施，村委员否决了该公司的申请。安伯勒公司认为村委会损害其合法权利，并上诉法律。结果在州立法院中，该公司胜诉。村委会不服这一判决，接着上诉最高法院，经多次审理，村委会赢得了官司。①

在这次审理中，A·贝特曼（Alfred Bettman）负责为村政府进行辩护，他阐明了区划的性质，消除了人们对它作为一种对私人财产进行约制的印象，并强调了规划的正面效果以及作为实施规划手段的区划的重要性。他使公众认识到城市规划是城市繁荣的前提和促进城市化

① W.G.Roeseler. Successful American Urban Planning. D.C. Heath and Company, 1982. 7

的手段，区划使大家可以享受到产权的法律保障。

塞乔（Segoe）在贝特曼（Bettman）的领导下，制定了辛辛那提（Cincinnati）的第一个综合性区划——1925 年总体规划。塞乔的贡献在于他采用一种综合性的方法来管理城市事务。他认识到规划师、工程师、管理者只能阐述城市结构的某一个重要因素，而不能把它们与其他因素联系到一起，对一个将要采取行为可能产生后果以及所需资源进行比较现实的评价。

贝特曼和塞乔在 1925 年的辛辛那提总体规划和尤克里德村事件中所采取的措施的意义在于，他们考虑了在维护公民权和财产权的前提下，广泛运用市政部门的立法权——一般指为了实现区划目标的政策权力，来考虑公共健康、安全、生活便利、道德和一般福利的基本关系。

在一个综合性区划中，贝特曼认为一个规划在解决土地使用纠纷等问题中所起的作用应当是："它确实促进了公共健康和福利，这意味着对它的判决应根据这样的事实，那些带有目的来制定规划的人们（或多或少科学地和有机地），为了促进那些被看作是公共权力以内的特别公共利益，把规划作为一种立法行为的判决。"[①] 在这里，区划成为一种工具，它不再是一个以自我为目标的、内在的过程，而是用来实现社会目标的一种媒介。

这个事件不仅促进了美国区划体系的正式形成，而且也促进了负责该项事务的政府机构的成立。另外，这些事件还促进了现代城市管理方式的发展：在城市建设中获得利益者必须为街道和其他为新增的公共服务设施付费，而城市居民也要为城市道路、输油管等设施付费。

这样，在城市管理过程中，切实考虑"谁受益，谁受损"这样的问题，为城市管理提供了一个公平的基础，更易于人们对这种强制性干预进行接受。

同时这也使城市建设从单纯地向政府部门获得拨款，转向开发者和受益者，使城市建设资金更加明确化，后来这被看作是规划部门的一项基本任务。规划部门的一个职责就是准确指导新的城市发展方向，使随后的房地产交易可以自信而又轻松地进行。

---

① W.G.Roeseler. Successful American Urban Planning. D.C. Heath and Company, 1982. 7

3.3.3 土地开发控制的本质作用

3.3.3.1 市场环境的背景

土地开发控制一般被看作是对私人产权进行保护的一种有效技术：保护每个家庭住房环境免受来自外界的侵害。

早期区划的目的是通过防止火灾的扩散来保护单个家庭街区，通过在一定范围内限定房屋的数量，来保护公共健康。尽管随后区划又有了许多调整，这种目标仍然是最主要的。但是这种本质作用在许多规划研究中很少受到重视，而且常常没有被看作是公共行为的理论基础①。

从区划产生的历史过程来看，区划在本质上是在市场环境中，针对私人土地使用的一种公共规则。在一些传统的区划理论中，区划的任务主要是为城市制定一个理想的区划图。这个图表达了每个产权使用的价格，并使所有土地价值总和最大化。在具体操作中，区划过程一般有三个主要内容：

①将使用性质不相容的用地隔离开来，因为它们相互之间产生了负的外部效应。

②将使用性质相容的用地安排在一起，因为它们相互之间产生了正的外部效应。

③在适当的地方由政府部门安排公共物品，如道路、基础设施、城市开敞空间等。

这样，区划可以分为两个步骤：(1) 将土地使用性质按照“居住”、“工业”、“商业”等性质进行归类。(2) 将这些用地进行合理性的安排。

在规划过程中，规划师可以通过使用缓冲带或不通过缓冲带来隔离不相容的生产或消费行为；通过混合土地使用来融合相容的生产或消费行为；通过开发控制措施，如规划条例、开发利益、环境监控标准等手段来

区位(地块)		A	B	C	D	E	F
行为(人)	I	7	3	5	0	11*	1
	II	0	0	17*	4	9	8
	III	9	2	2	7*	4	6
	IV	2	0	13	3	7	9*
	V	11*	2	4	5	9	0
	VI	9	4*	13	4	7	7

(a)

区域		工业		商业		居住	
		A	B	C	D	E	F
居住	I	0	0	0	0	12*	4
居住	II	0	0	0	0	9	9*
零售	III	0	0	4	7*	0	0
零售	IV	0	0	13*	5	0	0
工业	V	11*	2	0	0	0	0
工业	VI	9	4*	0	0	0	0

(b)

图 3-5 区划对于城市活动的规范

① 理论研究经常是过多地将计划性行为看作是公共行为的基础

鼓励土地使用中正的外部效应，限制负的外部效应。对于区划的评价则可以通过在一定时间、地点下，对每一种土地的使用效率和质量，以及对于区域空间安排的合理性来衡量。威斯康星大学的 R·莱特克里夫（Richard Ratcliff）教授认为，“在完全市场下，自然的区划将产生。”①

但是，一些过分崇尚自由市场作用力的理论常常否认区划的作用，在这些理论中，土地产权的使用是由市场作用力所决定的，而不应受到人为的控制。丹佛的律师乔治·克里默（Geoge Creamer）认为：“一个社区的动力，在与经济毫无关系的时候，决定了土地的使用性质。而与区划无关。区划作为一种制动机制是误用的。而且从历史上看是无用的。”②

对于市场环境中的商人来说，理想的城市应该设计得可以最迅速地分成可以买和卖的标准的货币单位，这类可以买卖的基本单位不是邻里或社区，而是一块一块的建筑地块，它的价值可以按沿街英尺数来定，而它的使用性质则应按照价值最大化来确定。

尽管这些理论的基础是对自由市场力量的迷信，但它对区划的作用作出了实质性的说明。这种理论认为，针对房地产权的“有效”区划应当遵循自由市场作用力，也就是说，土地使用的每个价格都应该按照它的最大价值来标定，并且不引起其他房地产权价值的减少。

区划条例通过禁止建造“不良物”（niusances）来实现这个目的，它重视某种行为对其他财产造成的损害，甚于该行为对社会整体福利的贡献。因此，对于大多数房地产商以及一些土地经济学家、律师和法官来说，区划是一种财产价值最大化的手段。

为什么在现代社会中会产生出土地开发与管理的区划体系？理查德·F·巴布库克（Richard F. Bubcock）认为区划产生的主要原因在于：①促使城市中的私人土地使用顺应于“公共利益”的要求，并调解在土地开发使用过程中出现的各种纠纷；②创造特定质量的场所环境，

---

① Richard Babcock. The purpose of Zoning. Melville C. Branch. Urban Planning Theory. Dowden Hutchingon & Ross, Inc. 1975. 79

② Lawrence Lai Wai Chung. The economics of land-use zoning—A literature review and analysis of the work of Coase. TPR, 1994. 86

以此来实现更广泛的社会、经济和环境目标。①

3.3.3.2　关于作用方式的争议

区划的作用在于通过对城市土地使用进行修补调整，来改变自然市场的作用力，使之发挥更大的作用。区划主要关心的是将市场从自然的需求与供给的“缺陷”中保护下来。拉特克里夫教授是这种观点的倡议者：“我们对社区土地使用进行安排，是根据社会的偏好来进行的。抛开房地产市场的缺陷，应当看到，市场中的需求与供给作用力产生了如此有组织的城市。因此，我们应当将城市规划看作是用来释放这种基本动力，而不是去禁止它们。”②

如果拉特克里夫教授的观点过分偏于经济决定论，那么艾利逊·杜纳姆（Allison Dunham）则提出了较为缓和的观点，他提出了一个可以成为所有对私人土地开发控制进行判定的合理基础：“针对一些私人事务所采取的公共控制是恰当的，但在某些场合，这种控制必须为土地所有者提供补偿。”③

杜纳姆指出了拉特克里夫理论在社会学方面的缺陷：“针对私人土地使用的决定，关于经济和效率的考虑，在市场价格上可以得到反映，但是关于某一土地使用对其他土地使用所带来的有利或有害的影响却没有在市场上得到反映。如果为了防止某人对他人转嫁费用，而对他的所有权特权进行限制，那么无需进行补偿；但是如果当国家征收（使用或限制）某人的产权以获得公共利益时，则应当对他进行补偿。”④

对于规划师的角色，杜纳姆认为：“城市规划师可以干预和监控针对私人开发者的土地使用的决定，他只有在一种土地使用对其他土地使用产生影响时，而且只有当私人开发者的土地使用对他人产生不利影响时，才能采取干预措施。”⑤

---

① Richard Babcock. The purpose of Zoning. Melville C. Branch. Urban Planning Theory. Dowden Hutchingon & Ross, Inc. 1975. 79

② 转引自 Richard Babcock. The purpose of Zoning. Melville C. Branch. Urban Planning Theory. Dowden Hutchingon & Ross, Inc. 1975. 79

③ 同上. 78

④ 同上. 78

⑤ 同上. 78

杜纳姆教授认为市政部门对私人土地使用的控制是受到市政部门目标的修正的。否则市政部门就不能无补偿地对某个土地使用进行禁止或规划，除非它对相邻土地使用产生了不良的影响。如果一个开发行为将其行为产生的副作用转嫁给他人，那么公共部门可以不进行补偿而制止它去开发一块土地。但是如果公共行为不是因为公共健康或者仅仅由于公众偏好的某种生活方式，那么公共部门就不得不为了限制某种开发行为而进行补偿。①

总而言之，土地开发控制的本质是在市场起主导作用的环境中，通过公共管理，控制行为，对市场中的自由作用力进行规范控制，使之顺应公共利益。

但是这种公共控制行为是否能够如同理想中那般有效，是否能够实现理想中的目标，以及如何进行公共管理（既能促进公共利益，又能保障所有个人的利益），则是颇有争议的。而这些争议也表明，区划在现实中的作用往往也是有限的。

诺曼·威廉姆斯（Norman Williams）从影响土地使用因素的本质出发，认为："当人们对于某房地产权价值是否将会受到影响而产生争论时，这意味着某些人可能对该房地产的价值产生怀疑。这就可能在许多关心在该地区中购买房地产权的人中引起连锁反应——这样就导致价格下降。真正的问题总是一个简单的问题——其中涉及的主要要素是什么？一些影响价格的要素是公共规则的立法问题、区划或其他一些因素，而另一些则不是。例如：对于一个高档居住区来说，工厂的侵入以及黑人迁入，都可能被看作对该地区的房地产权的价值造成影响，而前者受到区划的保护，后者则不受保护。私人房地产权的价值如果可能会受影响，就要求对周围环境进行控制，但是它本身并不能说明政府的保护是否恰当。"②

另一个问题是限定"公共"的范围困难性，公共利益决定了在自由市场作用中的公共制约。按道理讲，只有当一个直接的不良因素对相邻土地使用产生影响时，或根据市政设施在用地中的布局，政府部

① 转引自 Richard Babcock. The purpose of Zoning. Melville C. Branch. Urban Planning Theory. Dowden Hutchingon & Ross, Inc. 1975. 78

② 同上. 79

门才可以采取规则（或补偿）对私人开发行为进行限定，然而，“公共”与“私人”之间界限的明确划分在实践中常常是很困难的。

3.4 两种传统之间的关系

3.4.1 两种传统之间的相互关系

将城市规划的思想传统划分为两种——计划性与控制性，从严格意义上来讲，是比较勉强的，因为两者都内在于政府的概念之中，两者之间的具体界限并不十分明确，而且常常被看作是同一个过程中的一个有机整体：计划性与目标的确立有关，而控制性与目标的实现有关，是实施性的。

在一般正统的城市规划理论中，城市规划及其法规条例应该通过下列程序来进行：对某个城市地区现状进行调查，并提供反映土地使用状况的地图；在此基础上，融合其他一些社会调查数据，以及与社区领导、当地市民的协商，为该地区制定一个“综合性规划”，这个规划体现了社区关于它的未来应当如何发展的理想。

H·波门里奥（Hugh Pomenroy）将综合性规划定义为：“我们所指的综合性规划是什么？我这样来定义它：①它为所有立法机构在城市区内决定合理用地的定位提供规则；②它为立法机构所决定的使用强度提供规则；③立法机构必须同意的定点。这就是机械性的概念。除此之外，规划应当为社区制定发展目标。如果对于发展目标没有足够完善的解释说明，那么就不能认为与地区规则有所不同，就会违反综合性规划的要求，来实现这些目标。”

在综合性规划的目标得以确定之后，规划师就应当通过一些手段来“实施”该规划，其内容通常包括：社会发展计划、控制法规以及区划条例等。因此，区划条例常常被看作是一个实施总体城市规划的一个手段。

区划作为实施工具，人们通常认为它必须植根于总体规划，遵从对公共健康、公共安全等方面的认识，任何规划步骤以及对私有产权的控制都应当处于政策权威的合理范围之内。而且，这种权威性必须植根于根据对科学原理的认识，而不是任何个人的主观判断、价值偏好。

这就需要对城市发展趋势进行预测，并在彼此之间的关系中分析问题，规划目标必须得到公众的认可，通过指定的规划部门来实施。该部门应当是公共利益的代表，而且不受来自于立法机构中的政治压力的干扰。

区划在对私人土地使用实施控制之前，需要来自法律方面的支持。但是，如果区划缺乏针对某个社区的分析就制定了它的发展目标，那么在执法过程中就会缺乏信服力，而不能够取得预期效果。只有当区划措施向公众提出并阐明了它的目标和愿望时，法律仲裁者才能衡量用来解决土地使用纠纷的实施条例的合理性。

哈尔（Haar）教授认为："对于职业规划师来说，区划对于规划的依赖是简单而又清楚的。城市总体规划是城市发展的长期总体轮廓，区划只是众多用来实施规划的手段之一，这两者不能混为一谈。"① 当一个城市开始实施通过国家法律认可的土地管理条例时，应当首先制定一个总体规划，通过它，土地管理条例的根据才有立足之本。"区划条例不仅应当与既定过程的机构标准相一致，而且也应当与总体规划特定标准相一致。"② 土地管理条例必须建立在一个规划的基础上。

这样，土地使用控制法规的合理性应当只能通过它与总体规划之间的一致性来衡量，法规控制与城市规划之间必须保持一致性，必须具备强烈的技术特征，以此来衡量法规控制的有效性，并随时进行纠正。确定城市目标是第一步，根据这种目标，在城市中的各种土地使用行为才能得到判定，法规控制在这个意义上应当是作为一种在社会大众中带有持续性和公正性的管理措施。

但是，如果换一个角度来看，政府的管理控制常常是主观随意的，大量的日常性事务，仅仅凭借着政府官员的主观、武断的行为来决定。同时，在人们的印象中，政府行为也与许多不良事务联系在一起。在城市开发项目中的行贿、受贿事件近年来越来越引起人们广泛的注视，在城市开发与管理行为中的欺诈和道德腐败已被看作是一种

---

① 转引自 Richard Babcock. The purpose of Zoning. Melville C. Branch. Urban Planning Theory. Dowden Hutchingon & Ross, Inc. 1975. 78

② Melville C.Branch. Urban Planning Theory. Dowden Hutchingon & Ross, Inc. 1975. 79

常事。城市规划的实施在现实中并不一定保证能够以一种公正、高效的方式来执行。

但是，城市规划的综合性有时也可能与法规控制一样，也会以武断和不负责任的方式来作出。如果城市规划所反映的只是管理者与规划师的意愿，而忽视了市政部门对于城市居民、土地所有者、纳税人的责任，如果这种不负责任导致加重其他公共机构和规划对象（无论是居民还是土地所有者）的负担，那么根据这样一种规划所制定的法规控制，也没有规划基础的法规控制是同样脆弱的。

法规控制是规制城市中社会行为的最普遍使用的立法工具，任何对它的误用都会比较为狭隘的土地使用控制机制所带来的影响都要大。巴伯库克（R. Babcock）认为：法规控制的权力应当是分散性的，对它的误用应力求避免带来严重的后果。但是综合性规划的制定，也应当是一项十分审慎的行为，综合性规划中的任何失误，其后果都是极其严重的。[①]

城市规划不仅是城市政府所采取的针对土地使用的具体措施，而且也是政府主动地去满足城市居民需求的重要手段，它不仅是用来实现物质环境上的宜人性，而且也用来实现它所隐含的一些社会和政治上的目标，因此，在这个意义上，法规控制远远不只是一种“被动工具”，法规控制是用来实现城市目标的一种积极力量。

3.4.2 两种传统之间的差异性

总而言之，计划性传统与控制性传统两者之间存在着千丝万缕的联系，许多理论认为，它们是同一个过程中的两个阶段，而且大多数国家的城市规划体系也是按照这种方式进行组织的。例如英国城市规划体系中最主要的组成部分为开发规划（Development Planning）和开发控制（Development Control）。

因此，很难将两者在思想上和过程上进行严格的区分，两者经常是共时的、并行的。但是如果仔细辨别一下，这两种传统之间毕竟存在着不少差异。

① Melville C. Branch. Urban Planning Theory. Dowden Hutchingon & Ross, Inc. 1975. 81

3.4.2.1 两者的环境不同

尽管计划性传统与控制性传统的概念都是内在于政府行为之中的，但两者行为的环境不同。计划性传统所依托的是中央计划性的政策体系，而控制性传统所依托的是自由市场性的政策体系。

在计划性传统中，用来制定、实施政策的资源是高度集中的，这与高度集中、等级分明的权力体系相适应。而在控制性传统中，首先承认的是资源拥有使用的分散性，它认为对于资源的高度集中一旦出现误用，所造成的后果是不堪设想的；而且，资源的分散使用有利于资源更加高效的使用。因此，在控制性的传统中，权力结构也是相对分散的，相互制约的。

3.4.2.2 两者的思想基础不同

对于计划性传统来说，以严格的方式制定的公共政策可以是高度合理的。即使对于复杂的社会问题，只要必需的资料能够取得，并予以适当处理，所制定出来的方案能够经过详细的检查，政策的每一个潜在后果能够予以探究，选择的标准能够予以规定，那么，所制定出来的规划政策就必然是合理的。这是一种理性的、乐观的思想状态。即使政府以及其他一些部门常常必须在有限时间内，在有限的财力和人员的条件下进行工作，但这些目标是能够予以实现的。

而强调控制性传统的一些学者和专家认为，即使是最优的决策，也不能接近上述描述的情况，他们认为，对于复杂的问题，人们不可能充分地进行了解，足以求得在分析方面有充足根据的解决办法。而且，为了解决极为复杂的问题，准备充分的资料经常是分量太多，谁也不可能完全熟知，也不可能对所得到的资料全部进行处理。有限的时间、人员、财力，不仅妨碍了对每一种可能的选择的后果进行详尽研究，而且也妨碍了对一切可供选择的方案进行详细检查。由于社会价值标准的复杂性，“准确”的选择标准是不可能得到的。

3.4.2.3 两者的组织不同

在计划性传统中，对于公共部门的权力要求是高度集中的，并且是一种典型的自上而下的过程。在最高层次中，常常是由几个极具智慧和能力的精英去设计正确的制度和政策，他们对有关社会组织和社会变革的问题具有一种综合性的总体看法，他们需要了解社会各部分的相互联系，从而能够处理各部分的相互关系。为了进行社会协调，需要有一个集中统一的控制。

在控制性的传统中，没有人能够对社会的各个方面有一个总体权威性的看法，各类政策制定者只能针对局部问题，通过局部的解决方法来行使责任，因而权力是分散于他们之间的。此外，政策的形成，不是通过审慎的决定而来的，而是通过广泛分配于整个社会中的各种彼此相互倾轧的权力作用的结果，是在各利益集团之间的政治磋商和权力平衡中形成的，或者说，是在决定资源分配的市场体系中形成的，其特征是权力的分散化。

3.4.2.4　两者的过程不同

在计划性传统中，规划制定过程的经典顺序是：调查—分析—规划方案，顾名思义，首先，规划师进行调查，以搜集各种有关城市或区域发展方面的资料，然后，分析资料、推测未来，理解地区发展原因，编制一个充分考虑到调查和分析结果的规划方案，根据合理的规划原则诱导和控制发展趋势。这一过程在若干年之后进行重复，再一次调查事物发展的新情况，分析和检查原规划的内容，并进一步作出相应的调整。

而控制性传统则难以整理出一种规范的行为过程，控制性传统的行为方式是被动的，一般来说，它并不主动地为社会规定某种发展目标，而是社会的某种发展与所确定的目标不一致时，才进行必要的干预。这样，控制性传统更加需要一个有效的信息系统，以便随着区域的发展和变化而不断调整目标和任务。

3.5　现代城市规划传统的历史演进

城市公共政策的发展与演进不仅受到基础思想变迁的影响，而且更重要的是与当时所处的社会历史背景密切相关的。社会经济形势的变化，常常引起人们思想观念上的变化，也就是处理问题时态度上的变化，从而引起政策体系的变化。在这里，并不存在惟一的或最佳的方法。

现实中不断涌现的问题，迫使人们不断采用新的策略加以应付解决。一个城市规划的实践行为总是受到当时制度的制约或鼓励，而这种制度框架又取决于制度的历史背景、社会关系、价值观念体系等因素的影响，同时也受制于法律、法规、各级政府部门的约定、政策取向等因素的影响。

如果我们以英国现代城市规划发展历史为例，可以看到上面所涉及的因素产生的影响，同时也可以看到控制性与计划性传统不断交替演变的过程。

3.5.1 起始阶段

19世纪在英国产生的、关于公共住房的规划思想和体系，起源于对公共健康、社会秩序和住房问题的关注（这些问题是由于城市发展过快而带来的）。社会现实使公众要求政府从公共利益出发，对私人房地产权的使用进行限制，并建设新的社会环境。关于这些问题的设想起初主要集中在建筑学、工程学等领域，并且仅仅是作为社会少数精英人物的、自发的、小范围的试验。

1909年，《住房、城市规划法》的宣布，标志着英国的城市规划体系的正式成立，城市规划第一次成为政府主要关心的事务。至此，英国的城市规划实践和理论研究成为一项官方工作，而不再是仅仅局限于少数资产阶级激进分子的个人的寻求。①

图3-6 关于工人阶级住房问题的皇家委员会，1884

① 郝娟．西欧城市规划理论与实践．天津大学出版社，1997．41

在19世纪城市迅速扩张的年代，英国所面临的主要问题是：①农业用地大量被城市用地侵占；②大量农民进入城市，致使许多城市人口急剧膨胀；③城市用地布局杂乱无章，工业用地与居住用地混合在一起，导致生活环境质量的下降；④普通工人的居住区条件恶劣，无人问津。根据1909年的规划法，地方政府授权负责编制本地区的城市规划，并以此来控制管理城市中的开发行为。

从1909年到20世纪初30年代，英国的城市规划体系基本上是控制性的，其内容主要是控制土地使用强度，控制城市高密度的发展，提供一定数量的游戏场地和空地，在居住区内设置一些公共设施。从总体上讲，这个时期内的规划体系与美国的区划系统是类似的。

20世纪30年代末到40年代初，由于该规划系统对于城市发展控制缺乏实际效果，城市发展主要是由混乱无序的私人部门来操作，再加上20世纪30年代经济萧条所带来的恶劣影响，因而公众对政府进行干预的呼声越来越高，不断要求提高规划系统的有效性。

另外，二战时期的特殊形势，需要对国家管理赋予更多的权威性，这样导致了20世纪40年代初的巴罗、斯科特和尤斯瓦特报告的产生。这三个报告，共同分析了当时所面临的形势，并提出了具体对策。

随后，1944年的白皮书[①]（土地使用控制）认为："根据一项政策来发放土地使用权，这是政府在战后重建的基本要求。……各种土地使用要求应当是和谐的，以使本国公民都能获得最大的个人收益，并促进国家繁荣。"[②]

二战后，公共利益的概念得到更为广泛接受，"社会化"已经有了一个相当好的思想基础。战争后的国家需要经济规划，千疮百孔的城市需要重建规划。尤斯瓦特报告中说："我们需要一个总体的合作规划，而不是以前以独立的区域的形式的杂乱发展。"[③] 同时，英国的两个主要政党都支持这个观点，它们尊重公共意见，规划不再被看作

① The Control of Land Use. 由英国城乡规划委员会颁布，1944

② White Paper. Paral. Ministry of Town and Planning. 引自 H.W.E.Devies. Europe and the future of planning. Town Planning Review, 1993 (3)

③ 转引自 H.W.E.Devies. Europe and the future of planning. Town Planning Review, 1993 (3): 141

是用来修补自由市场缺陷，防止更进一步缺陷的一种规则，而是看作一种通往福利社会的工具。在随后几年中，政府通过立法成立了用来控制工业分布和城市规划体系的管理机构。

这样，国家整体意识在公众的观念中日益得到加强。1945 至 1952 年，战后政府贯彻的这个时期的许多建议，突出表现为一系列立法活动。这些通过的法案其中包括有：1945 年《工业分布法》，1946 年《新城法》，1947 年《城乡规划法》，1949 年《国家公园法》和《享用乡村法》，以及 1952 年《城镇开发法》，它们共同构成了战后的英国城市规划体系。此后该体系虽然历经多次修改，但其总的精神和轮廓一直被保留下来。

3.5.2 完善阶段

1947 年的《城乡规划法》在城市规划史上是一个重要的转折点。1947 年法使英国政府及威尔士取消了原先的规划立法，而代之以一个全新的、综合性的和统一的土地使用规划体系。通过这个法，规划权力被赋予了地方政府。

导致战后英国城乡规划变革的主要起因是战争本身。二战后实行的规划系统与战前实行的操作性的区划系统在思想基础上是相对立的，由于战前的规划系统只适用于有限的范围，总体上来说是缺乏效果的，但是这并不表明有必要进行一次重大的变革。

二战的硝烟散尽之后，一个新的和一个更加美好的英国将要建设，政府通过更大范围的改善重建，通过社会安全、健康服务，到控制土地，它将产生“工业的合理布局”和一个“主动的”规划系统，它将建设新城，更新老城，按照公共利益来加快城市的发展。

该体系确立了五个基本原则：①对土地使用和开发采用一个综合的、统一的定义[①]；②地方政府负责制定一个综合性的城市规划；③任何开发行为都必须向地方政府申请规划许可，地方政府根据开发规划（development plan）以及其他实质性因素的考虑来进行裁决；④开发业主对地方政府关于规划许可的决定，有权向规划部进行上诉；

① 开发（Development）的概念即为该法的产物。

⑤如果开发行为未能获得规划许可就开始进行操作，地方政府有权进行制裁。[①]

在随后50多年间的城市规划实践中，这五个原则一直保持为规划系统运作的基本法则。同时，这五个原则在当时的世界规划系统中是十分独特和先进的。英国在1947年率先实行一块土地的开发必须依据土地的规划许可。地方政府以及规划部的上诉官员在决定是否同意或否决某项开发申请时，也可以根据其他考虑来进行权衡，以增加灵活性。

1947年的英国城乡规划，广泛地管理着英国城市开发活动的各个方面，直到1968年通过新的《城乡规划法》为止。1947年法是英国二战后建立起来的整个规划体系的奠基石，没有它，就不可能对土地使用进行有效的控制。

1947年法的最主要特征是土地开发权的国有化。国家除了一次性为征用土地付足费用外，不用再为拒绝开发申请而付费。这是根据尤斯瓦特报告中对农村土地提出的建议而来的，1947年法把它运用于全部土地。开发权的国有化为实行有效的公共控制、保证开发和土地利用符合规划方案提供了必要条件。

1947年建立起来的城市规划体系基本上是为了适应这样一种经济体制而制定的，即城市的发展与重建大部分由政府部门负责进行。同时，这种体系的主要作用在于控制和协调社会、经济与物质环境建设发展的步调与方向。当时许多人认为，这种发展变化的控制既是可行的，又是必要的。之所以可行，是因为他们预计人口的增长和经济发展的步调将比较缓慢，而且即将采取新的、有效的手段对新的工业就业岗位进行地区间的平衡；之所以必要，是因为决策者一般都同意巴罗的观点，即二战前那种失去控制的发展造成了不良的后果，而这种不良后果必须通过政府行为来进行整治。

1947年通过确立兼有制定规划方案和开发控制职能的新地方规划当局，把两种职能联系起来。地方政府有权在调查分析的基础上编制该地区的发展规划方案，并且每五年修订一次。

---

① H.W.E.Devies. Europe and the future of planning. Town Planning Review, 1993 (3): 136

规划方案由书面文件和地形图纸组成，表示出今后20年内在土地利用上的所有重大开发和变化的意图。该规划方案提交负责规划的大臣批准，地方规划政府根据规划方案控制开发。此后，任何开发行为，都必须报地方规划政府申请许可，业主如果有不同意见，除了有权向规划大臣上诉外，没有其他法律上的补救方法。

随着一大批用来进行综合性规划的立法得到通过，在规划领域产生了很多新概念：公共权威的建立，土地开发的国有化，新城的建设，对工业布局的控制，国家公园的设计，宜人环境的保护，自然环境的保护。同时，除了规划体系的建立以外，其他方面也得到了进一步的完善，其中包括：规划新技术的发展，规划师资格制度建立，地理学和社会学的不断融入等。

在1947年法的框架中，规划所制定的开发行为首先是由公共部门来执行的，地方政府负责设计建造公共住房，清除、再开发城市地区的贫民窟，并更新衰退的城市中心区，政府指派开发公司建造新城，而贸易部（Board of Trade）为工业提供区域政策。这一切都显示出明天会更好，城市规划运动正在经历一个乐观的年代。

虽然1947法代表的是一种积极主动的规划体系，然而，该规划体系的行政职权不在中央政府，而在地方政府的一些部门，它们只是在一定程度上受中央的监督，更多的规划职责被赋予了地方政府。这样建立起来的体系，从一开始起就侧重于消极控制，而不是积极主动地进行有效规划。

1947年建立起来的城市规划体系在其早期是十分严格的，这是一个真正制度化的年代，它的控制范围甚至比战争时期还要广泛。随着战后形势的发展，该体系没有预料到城市快速发展所掀起的波澜。但是即使预料到了，按照设想中的情况，这种波澜也应该处于新的控制之下。同时，私人开发行为也必须受到执照系统的控制，这是用来管理私人市场的一种机制，建设资源被划分到地方当局，政府住房成为最大的建设项目。

3.5.3 转变阶段

随着20世纪50年代城市建设形势的变化，1947年法的一些原来的意图，已经与实际情况不符。而在实践中对法规极其刻板的解释，阻碍了规划师对城市作出有远见的规划。1947年法实践中体现出越来越多的弊端。到了20世纪50年代中期，城市规划浪潮开始平息下来，20世纪40年代的热情开始消退。

1947年系统的规划师们认为他们的主动规划会以公共组织形式进行，尤其是地方政府和新城开发公司、住房、城市更新和其他形式的综合性规划被看作是基本的公共事业。如果资源是充足的，那么这将是可行的。但是战后用于城市建设的资金却是严重匮乏的，而且新建和改造都进行得十分缓慢，这样，无论是公共部门还是私人部门在“重建英国”中都没有太大的作为。

二战后英国社会经济的发展也远远超出了人们的想象，社会经济迅速发展，人民收入普遍提高，小汽车很快普及，英国人口预测从1964年的5300万，到20世纪末的7500万。但是政府部门在建设过程中的步伐却是相对缓慢的，理想中的综合性规划迟迟不能实现，新城项目进展不快。战后规划系统的规划师们预计了一个平稳的经济发展，较小的人口增长，较小的人口流动，地区之间的经济平衡，以及可以控制操作的管理任务。社会的安全问题和更广泛的社会服务问题成为焦点，社会发展目标是增强全体公民的福利而不是少数人的繁荣目标。

但是，缓慢的经济发展适应于规划控制（因为没有什么可控制的），但它肯定不能适应“主动规划”。实践中规划的制定以一种平缓的步伐前进，与社会经济的迅速发展相隔离。尽管城乡规划部的区域部门花费很大努力来进行协调，但成效甚微。同时，为了争取更多的资源，规划部经常与财政部发生争执，财政部认为旧城需要投入更多资源进行改造，而规划部的注意力是在新城上，“宜人环境经常是争论的焦点”①。究竟是历史情调的老城街区是宜人的，还是田园风光的新城是宜人的？

与进展缓慢的公共相反，公共住房业和私人郊区住房业发展繁荣起来。人们很快认识到战前的城市发展状况又重现了，城市与农村的

---

① Leonard Reissman. The Visionary：Planner for Urban Utopia，Melville C. Branch，Urban Planning Theory. Dowden Hutchingon & Ross，Inc. 1975. 28

矛盾又回到问题的焦点，城市政策首要考虑的问题是需要控制大城市的城市边缘地区，在这里主要的冲突在于保护乡村未开发的土地与日益紧张、需要扩张的城市用地之间的矛盾：在乡村方面，首要目标是保护高产量的农业用地；在城市方面，是大量的住房需求。

这种压力尤其是当住房的增长超过人口增长时，更加激化了。而小汽车拥有者增多①，使增长的机动性和郊区发展相互促进，新道路的建设导致城市离心力的发展。对此，从保护农村的角度出发，城镇开发法提出了一个新的方法，这就是1955年开始实行的绿带控制。

在这里，绿带已不再是其本质意义上的绿带，它的作用是用来阻碍城市的扩张。城镇开发法希望能够综合考虑各方面的因素，提出了一种包容城市“溢出”的机制，并复兴衰退的小城市，减少农村土地损失。尽管一些计划是成功的，但地方政府机制并不能与这种大规模的区域工作相适应。

尽管到了20世纪50年代初，英国社会变得更加战略化了，但社会对国家目标的认识和需要衰退了，国家控制也随之减弱。作为现代城市规划基础的公共意识的衰退，阻碍了广泛的辩论和反思，许多理论上的探究只是集中在程序和技术等外围问题上。

规划组织在形成过程中，存在的问题逐渐反映出来——如各种规划职能在管理上的分离、在规划过程中依靠严格固定的程序而缺乏研究精神。在实践中，城市规划的各个组成部分是相互分离的，经济规划被分解成多个分支，物质规划分离成一种单独的规划，管理工业分布与管理城乡规划的部门是相互独立的。

同时，1947年法没有预料到来自英国政治环境的障碍。1947年法在政治上所存在的问题是：①政府法规并不保护产权所有人的利益，这样在设计规划法规时，没有考虑在产权人的权利与规则控制之间保持一定的平衡（1947年法的一个主要内容——对土地增值进行征税，遭到20世纪50年代保守政府的放弃）；②产权人上诉法院来与官方决定相对抗的机会是有限的，英国公众无力与官方政策相对抗，这样，

① 20世纪50年代翻倍，70年代后又翻倍。

城市规划无法体现出公众的愿望要求。①

城市规划在实践中具有至高的权威，而又缺乏必要的约制，许多大城市为了在边缘形成了绿带，因而在城市周围冻结开发，并无须赔偿。这就形成了这样一种情形，规划系统是高度政治性的，政治合理性高于法律合理性，从而在地方与国家政府之间产生政策问题。

同时，中央与地方的微妙关系又需要建立一个中央监督系统，而不是通过立法机制来监控地方规划系统。另外，1947 年的规划体系也束缚了现有的各地方政府，结果使有效的区域规划受到了阻碍，因为各地方政府的规划部门考虑各自的利益，互相之间存有矛盾。

这种情形在英国的政治环境中很快遭到了强烈反应。一些理论认为，规划控制最好是作为一种被动方式来进行的，它并不适合于促使开发按照规划的要求来进行，它应当有足够的市场利润余地来吸纳私人机构来进行开发操作。

3.5.4 社会认识的转变

这样，早期的经济社会矛盾爆发出来，并且到了 20 世纪 50 年代出现了剧烈的变化，其部分原因在于 1951 年保守党重新执政以后对于政府控制的放松。新政府在规划领域的第一个行动是符号性的，即对规划部的名称更改——从“地方政府的规划”变为“住房和地方政府”②，这反映了住房在政治上重要性和对规划热情的降低，城乡规划部的区域办公室被撤销了，也撤销了用于协调的部门，这样只保留了少量的公共资源。尽管改革后的机构在规模上是适中的，但它也变得更重要了，因为没有其他区域组织来执行这个功能。所有建筑执照得到放松，私人建房开始繁荣起来，并带动了政府住房项目的繁荣，因为保守党政府树立起来的高住房目标只有通过私人部门和公共部门的通力合作才能实现。这种转变在于多方面因素的影响。

(1) 人们对于以 1947 年法为基础的规划体系有了新的认识。人们逐渐认识到，在现实中的许多社会经济问题已经超出了任何规划意义

---

① H.W.E.Devies. Europe and the future of planning. Town Planning Review, 1993 (3): 138

② P·霍尔. 邹德慈、金经元译. 城市和区域规划. 中国建筑工业出版社, 1985. 152

上的范围：例如，许多城市变化是由于全球力量引起的，这超出了任何一种政治控制范围，国际经济不再处于战后初期的那种稳定的状态之下，规划师也更容易体验到市场需求的概念。正如许多研究所显示的那样，城市发展资金的渠道不是由供给和需求来决定的，而是由不同层次的相对利润决定的。许多私人投资现在是“更多地由投资需求和供给驱使的决策，而不受最终用户需求的驱使，甚至比最终用户需求更少。”①

在土地使用开发和需求之间巨大的差异给规划系统带来了巨大的困难。1947 年的系统是基于土地使用是可以预测的基础上的，来为不同土地使用分配适当的用地。然而，市场环境不仅导致不同机构之间的协调问题，而且要求规划系统必须包含市场机制，按照市场规律来调整规划系统②。

(2) 另外一个问题存在于城市规划系统内部。尽管到了 20 世纪 60 年代，许多新城得以建造，绿带得以限定，城市中心得以重建，外围自然景观设计得以加强。然而，新规划需要与原有的法规体系相适应，尤其是与发展规划条件、总体发展秩序、以及使用等级秩序相适应。

但是，在战后几年中，由于过分强调物质环境的改善而忽视社会经济因素的变化，规划系统所关心的不是解决 20 世纪 30 年代所面临的问题，也不是通过审慎的规划来进行战后重建，规划研究的重点集中在新城设计与重建等几个热点项目上。

(3) 尽管二战以后最初的 20 年，英国大量的建设是按规划有条不紊地进行的，受到了世界的关注和赞誉。但是，这个时期里的许多规划是着重于实干的“预感规划（Hunch Planning)”，仅仅代表了规划师的良好的愿望，以主观猜测为基础，不适用科学方法和客观标准。在这个时期里，城市规划既没有认真的对交通情况作切合实际的（或比较精确地）估计，也没有把土地使用与交通统一起来作为一个整体来规划。

---

① H. W. E. Devies. Europe and the future of planning. Town Planning Review, 1993 (3): 138

② 1953～1954 年对战后建筑执照的取消带来了战后房地产业的繁荣。私人部门的开发行为开始起步，影响着规划申请和规划许可的程序。城市规划专业也面临很多的挑战，很多新的技术需要研究，尤其是在面临着开发行为比许多城市规划发展得快得多的情况下。

到了20世纪60年代，越来越多的规划理论开始对现行的规划体系进行深刻的反思。社会科学对城市规划教育和规划方法产生影响。在规划技术方面，其中一个热点就是曼彻斯特大学的B·麦克洛林（Brian Mcloughlin）及其同事们所创立的系统规划思想方法，引起英美等国家规划界的重视。这是一个自上而下的等级体系，从国家规划，区域规划系统，经过政府区域经济规划委员会的批准，以及次区域研究，与交通规划和结构规划中的新技术相联系，采用结构规划与地方规划对未来共同作出指导，城市规划不再像以往那样是一种蓝图的制作。

(4) 许多政府制定的规划在实现其目标过程中遭到严重的失败。其原因是在于规划的详细程度不够，然而，如要做到详细的程度，规划程序工作量则会过于庞大，有限的时间和资金制约了规划工作的深入进行。

(5) 在规划思想方面，针对物质规划的新思想也开始出现了，其中一方面来自于对逐渐消失的老城市中心特征及传统建筑的反应。由于很多著名的建筑物在城市发展中遭到拆除。导致了城市保护运动的兴起，并得到了1967年《市民安宜法》(Civic Amenities) 的支持。

(6) 在现实操作方面，关于公共参与的呼声不断增长，这些呼声认为市民应更多地参与到城市规划当中去。市民应更多地参与到建设他们家园的工作。为了争取公众对规划的支持，需要更多的公共参与，这两方面的影响着重表现在贫民窟的清除和重建传统市区的综合性规划中。人们开始注意灵活规划的重要性，对农村地区自然资源、历史风貌地区保护的重要性。

这样，无论是从宏观角度，还是从微观角度，人们认识到对原有规划体系进行变革的必要性。通过社会规划以及积极的综合性规划来满足人们不断增长的需求。这样导致了1968年《城乡规划法》对1947年法的重大修改。

鉴于上述原因，规划顾问委员会（PlanningAdvisory Group，PAG）全面地评价了1947年的规划体系，其报告建议规划应当在规划系统的结构上作出调整，应当在政策与战略决策方面与详细的或战术性的决策区别开来（1965年住房与地方政府部）。在1968年《城乡规划法》中，将开发规划分为结构规划（Structure Plan）、地方规划（Local

Plan)，以及开发区规划（Action Area Plan)，而开发控制则没有改变。

结构规划提出一般的土地开发政策，该政策包括土地开发、交通规划和环境规划等内容，意图在于为某个地区提供长期战略性的总体分析，来调和国家与地方利益，以及各党派之间的利益冲突。结构规划有利于各郡与各地区之间达成某种协议，这是一个困难的工作，涉及各地区之间的利益协调问题。结构规划的工作一般是确定开发地区，研究总体规划实施，例如住房与就业、通讯之间的关系。结构规划以往需要部长批准，但 1992 年后改为由地方批准。结构规划存在的问题在于它的论证批准一般需要两年，因而不能适应持续变化的城市发展的要求。

地方规划则是详细的小范围内的开发计划，一般由地区委员会批准，它填补了无休止的结构规划所留下来的空白。地方规划一般确定居住、工业用地，并确定如城市保护与城乡保护的具体政策。它使地方政府可以制定针对具体问题的计划，地方规划同样也存在时间延缓的问题。因为地方规划只有等待结构规划确定之后才能落实，这样，在结构规划确定以前，地方规划可能会被冻结多年。①

3.5.5　20 世纪 70 年代以后的发展

总体而言，在 20 世纪 70 年代前，城市规划在国家政策体系中处于十分重要的地位，它由公共部门领导并体现一种 Command and Control 的思想，这尤其体现在 20 世纪 60 年代新城的建设过程中。

但到了 1976 年，经济内容在规划政策中的影响越来越大，并在根本上对规划思想产生了影响。由于 1973 年石油危机导致的通货膨胀和公众不满，地方政府的独权垄断已不适应形势的发展。中央政府开始对地方政府进行严格控制，并促使它们通过规划来对自我发展进行限制。

由于许多城市在 20 世纪 60 年代出现了内城衰退的现象，而且这些现象主要出现在大城市地区，导致了 1978 年《内城法》（Inner City Act）的产生。与之相对应，由地方政府负责的新城运动于 1976 年被

---

① Malcolm Grant. Planning Law and the British land use Planning system. TPR, 1992. 7

停止，区域经济委员会（Regional Economic Planning Councils）被解散，1975年的社会土地计划被冻结，规划申请的上诉的比例也逐渐增多。

20世纪70年代末，传统的规划系统受到越来越多的批判。20世纪80年代是共识破裂的年代。崇尚自然市场的作用力的撒切尔夫人领导的保守政府首先对规划系统进行严厉的批判。政府权力由于私有化和权力下放而遭到削弱。在土地开发、燃气、水电、交通等方面的私有化尤其影响了作为公共行为的规划的重要性，针对地方政府的中央性控制也得到了加强，尤其是对地方政府开支的控制。公共控制的减弱在某种程度上也延伸到规划系统本身。

同时，城市公共政策性质也得到了改变。尽管它仍然主要针对城市几个明显的衰退地区，但是它的长远目标是吸引私人部门参与到重建内城衰退地区的工作中来。这表现为开发过程不再以公共部门进行投资，按理想目标来建设新城和改造地区，而更多地鼓励私人土地开发上的行为。

这样，公共资金成为私人投资的引导，地方部门的权威遭到削弱，开发地带的管理控制随之减弱，城市开发基金用于填充盈利和亏损项目之间的差距，中央政府不遗余力地对内城地区进行更新。

1985年的白皮书“减轻负担（Lifting the Burden）”呼吁继续减少政府控制的压力，并认为规划申请在一般情况下应当予以批准，除非存在重大的问题。总体开发秩序的使用等级重新得到修订，开发控制变得更加灵活。其结果，规划的绝对权威性遭到降低，开发业主可以对规划进行讨价还价，规划师们开始重视在市场环境下的规划行为，这样，规划系统常常被看作是在冲突利益中进行调节，外部性问题的解决不是通过管理和规则，而是通过各个个人、企业从自身角度进行谈判来解决。这种调解以规划的形式来进行，有时规划也成为一种合约，达成协议，规划政策成为特定项目谈判的基准。

然而，到了20世纪90年代，城市规划意识在经历了20世纪80年代的挫折之后又得到了加强。其中一例就是对1984年对绿带边界的放松的呼吁，在20世纪90年代反而导致了对绿带的肯定，并作为永久性的措施保留下来。在1990年《城市规划法》中，强调了1947年法的五个原则，规划的地位又重新得到了加强，并重新建立了从国家、区域、结构和地方规划体系，规划又一次成为国家政策的一部分。随着人们对环境问题的再度重视，人们又一次认识到一个有效的规划系统的必要性。①

1992年里约热内卢的全球顶峰会议（Earth Summit at Rio de Janeino）的影响使各国政府认识到可持续发展的重要性。世界范围内的各国政府都制定了21世纪的日程，在下一世纪的可持续发展运动中，使环境保护意识更加融入到规划体系中，这也意味着政府的干预作用又一次得到加强。

小　结

从一百多年的历史发展过程来看，现代城市规划的演进存在着两条轴线：一条是从以物质空间环境为重心的“工程设计”的模式，逐渐朝向以社会经济问题为重心的“政策设计”模式的演进；另一条则是交替式的，在现代城市规划的思想基础中，并存着“计划性”与“控制性”的思路，它们随着社会政治环境的不同，交替成为主导的基础思想，影响着现代城市规划的目标和方向②。

基础思想的演进，也影响着现代城市规划形式与内容的变化，而这种变化是极其复杂的。我们可以看到本世纪上半叶的城市规划体系注重物质环境因素，往往以一种“Command and Control”的姿态行事；而二战以后，城市规划体系则变得越来越综合。

随着各种其他专业的不断融入，视野更加开阔，但是社会的要求也使得规划的权力趋于分散。早期的规划行为一般限定于“规划师”、“政府官员”的“精英决策”模式，而现在目前规划系统对于公民的个人权益越来越以予充分的认识和尊重，公共参与成为城市规划的一个重要组成部分。

① H.W.E.Devies. Europe and the future of planning. Town Planning Review，1993（3）：148

② 一般而言，这些因素共同包含在现代城市规划的体系之中，具体表现为开发规划与开发控制上。

4

作为政府表达方式的城市公共政策

从政府的视角来看待城市规划，也就意味着以公共政策的方式来看待规划行为，这是因为政府的行为以公共政策的方式来进行表达。

事实上，在许多研究中，政策与规划之间存在着大量的重叠，许多理论对于两者的概念描述经常是含混的：或者将规划看作是一种政策行为，或者将制定政策看作是一种规划。例如："规划是一个为未来地位作出一系列决策的过程，指明通过良好手段来实现目标"。[①] "规划是一个组织动用社会资源来确定国家政策的行为。"[②]

P·戴维多夫（P.Davidoff）认为规划是通过一系列选择行为，来确定一个适当的未来行动的过程。这其中包含了三个层次：①关于目标与标准的选择；②辨别出与这些总体原则相适应的选择集。并确定一个手段选择；③以这个手段选择指导行为来实现目标。[③]

阿兰·布莱克（Alan Black）认为："综合性规划或总体规划是由一个政治实体的立法或政府部门所宣布的政策，一般通过一个授权部门来编制这个政策文件，也就是一个政策宣言。"[④] 一般来说，在政府和立法部门中，只有受过专业教育和专业实践的专家才能有资格来制定规划，只有受到指派，或经过公共选举产生的政府官员才能有权将规划采纳为针对未来所需要采取措施的公共文件。

因此，从政府视角来看待城市规划，则必然涉及到公共政策研究领域中的相关内容。

4.1 城市公共政策及其研究

4.1.1 城市公共政策与现实世界

在日常生活和学术研究中，我们经常提到公共政策。"公共政策"一

---

① Yehezkel Dror. The Planning Process: A Facet Design. Andreas Faludi. A Reader in Planning Theory. Pergamon Press, 1973. 323

② Charles E.Merriam. "The National Resources Planning Board". Planning for America. Herry Holt & Co.1941. 486

③ Davidoff. A Choice Theory of Planning. Andreas Faludi, Areader in Planning Theory. Pergamon Press, 1973. 11

④ Alan Black. The Comprehensive Plan. Urban Planning Theory. Melville C. Branch, Dowden Hutchingon & Ross, Inc.1975. 219

词运用得非常广泛，它既可以指宏观抽象的国家政策，也可以指更为具体的政府操作行为。尽管公共政策看起来很抽象，与人们身边发生的事情相距很远，但是在日常生活中，几乎所有人都深受众多公共政策的影响。

作为一种社会现实，目前许多大城市的居民为日益拥挤不堪的城市交通而深感烦恼，这其实就包含了公共政策的一种结果。

许多城市政策强调道路、交通等基础设施的建设，通过经济发展战略促进汽车产业的发展，但常常却忽视了系统地发展公共运输，减少不必要的长途出行，并在总体上鼓励了城市的蔓延，反而加剧了城市内部交通拥挤的状况。

许多在日常生活中的事件并不是简单的过程，它们并非“自然”地发生，它们往往来自于政府有意识的干预或不干预，是某种社会政治行为的结果。政府的决策在很大程度上决定了现今的城市环境，许多政府行为及其政策尽管是抽象而笼统的，但它对城市面貌的影响往往比更加具体的措施要大很多。

例如复折式屋顶是巴黎建筑的一种特色，这种特点来自于建筑师弗朗索瓦·曼萨特对巴黎的建筑不能超过5层这一规定而发明出来的，复折式屋顶是针对这一规定而采取的巧妙对策。建筑物的主人总是想

图4-1　奥斯曼时期巴黎住房

在日益拥挤的城市中拥有更多的空间，因此他们设法在“屋顶”下隐藏额外的房间。由于屋顶不能算作一层楼，因此，实际上6层的建筑只能按照5层来验收。①

由此看来，政策制度导致的行为以及所产生的结果，在一定时间后不仅成为一种标准，而且还造成审美观念的变化。

近年来，许多理论研究对于公共政策倾注越来越多的注意力，公共政策研究在社会科学中已成为一个令人瞩目的焦点。由于公共政策在各种领域对于人们的日常生活有着巨大的影响，有关公共政策的研究也越发显得重要。

公共政策的制定过程是在国家总体政策权力的指导下，由国家政治、法律授权，在高层精英的管辖之下进行的，政策权力是内在于政府的概念之中的。尽管人们对于公共政策产生了越来越浓厚的兴趣，然而，人们就什么是公共政策，如何进行研究，以及它如何成为政治科学的研究对象，仍然并没有取得一致性的意见，研究的主要内容是政策过程还是政策本身，在这个问题上人们仍然存在着一定的分歧。

一般来说，完善的政策研究应当同时关心政策本身和政策过程，也就是应当从某一政策问题（例如，城市扩展，通货膨胀，就业机会等等）着手进行分析，然后研究政府做了些什么，怎样做的，以及实施的效果。机构、过程和政治要素（例如，公共舆论）的作用都应当得到考虑，它们都有助于政府决定就某一问题是否采取或不采取某种行动。

对于公共政策研究的重视，使得描述、分析和解释政府活动的原因及后果方面的成果不断涌现。托马斯·代伊（Thomas R. Dye）认为：“这种研究涉及对公共政策内容的描述，评价环境因素对公共政策内容产生的影响，分析各种制度方面的规定和政治过程对公共政策的影响，探究各种公共政策对政治系统产生的结果，以及可以预料和不可预料的后果这两个方面评价公共政策对社会产生的影响。”②

① 丹尼尔·W·布罗姆利．陈郁、郭宇峰、汪春译．经济利益与经济制度——公共政策的理论基础．上海三联书店、上海人民出版社，1996．47

② 托马斯·代伊．公共政策的理解．转引自詹姆斯·E·安德森．唐亮译．公共决策．华夏出版社，1990．9

4.1.2 公共政策的含义

在人们的一般印象中，“政策”一词用来指某一行动者（即某一位官员、某一个团体或某一个政府机构）或一组行动者在既定的活动领域中的行为。[①]然而这只是一种粗略的印象。如果要对公共政策及其形成过程进行系统性分析，则需要一个更为精确的关于公共政策的定义和概念，以便有助于在研究中进行更好的交流。

总体而言，针对“政策”的定义存在着两种类型，一种定义是针对政策的本质，例如“从广义上说，公共政策就是政府机构和它周围环境之间的关系”[②]。这类定义的外延太宽，几乎无所不包，使得它的内涵在研究中难以确定。另一种定义认为，“凡是政府决定做的或不做的事情就是公共政策”[③]。这类定义虽然具有一定的准确性，但不容忽略的是，政府决定要做的事情与政府实际所做的事情之间常常存在着偏差。另外，这类定义还可能使公共政策与人事任命、发放执照等这些通常不被看作是政策事务本身的政府日常行为混为一谈。

另一种类型的定义是对于政策过程的理解，即政策是一个行为过程，或者是一个行为方式，而不单单是一个关于做什么事情的决定。理查德·罗斯（Richard Rose）指出：“我们不该把政策看作只是某孤立的决定，而应该把它看作是由或多或少有联系的活动所组成的一个较长的过程，以及这些活动对有关事务的影响。”[④]卡尔·弗里德里奇（Carl Friedrich）把政策看作是：“在某个特定的环境下，个人、团体和政府有计划的活动过程。提出政策的用意就是利用时机，克服障碍，以实现某个既定的目标，或达到某一个既定的目的”。

弗里德里奇在把政策看作是一个活动过程的同时，还补充了一个必要条件，即政策具有某种特定的目标和目的。虽然确定政府行为的目标常常是一件很困难的工作，但是，“政策是一种有目的的行为”

① 詹姆斯·E·安德森．公共决策．唐亮译．华夏出版社，1990．2

② R. Eyestone. The Threads of Public Policy: A Study in Policy Leadship．转引自詹姆斯·E·安德森．公共决策．唐亮译．华夏出版社，1990．2

③ 詹姆斯·E·安德森．公共决策．唐亮译．华夏出版社，1990．3

④ Richard Rose. Policy Making in Great Britain．伦敦：麦克米伦出版公司，1969 转引自詹姆斯·E·安德森．公共决策．唐亮译．华夏出版社，1990．2

的概念，是关于政策定义的一个必要组成部分。

总之，政策是指政府部门就某一件事情所要采取的实际行动，并不是指仅仅提出要做的事情。

于是，J·E·安德森综合以上的思想，将政策描述为："政策是一个有目的的活动过程，而这些活动是由一个或一批行为者，为处理某一个问题和有关事务而采取的。"[①] 这个关于政策的概念强调政府实际所做的事情，而不只是提出或只是打算做的事情。

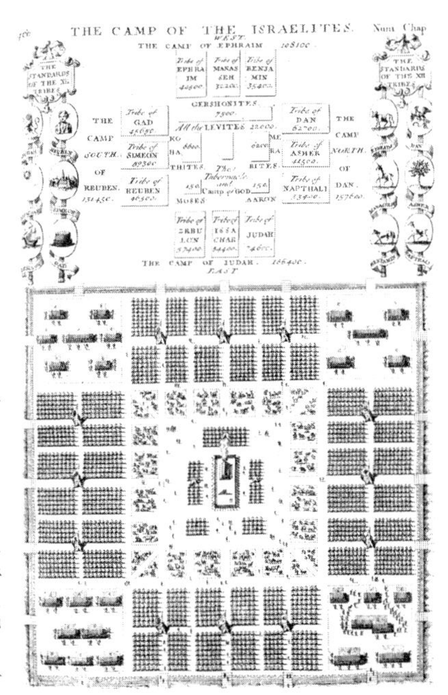

图 4－2　伊斯泰利勒斯人的营寨

公共政策是由政府机关和政府官员所制定的，公共政策的制定者是由政治系统中的"权威人士"及"长老、酋长、政府官员、立法、法官、管理人员、参议、君主等人物"[②]所组成的。戴维·伊斯顿（Darid Easton）认为："这些权威人士处理着政治系统中的日常事务，而在政治系统中的大部分成员认为他们对这些事务负有责任。这些权威人士还将针对这些事务采取行动，而且，只要这些权威人士的活动不超过其职权范围，政治系统中的绝大部分成员在大部分时间里，将承认这些活动对他们的约束力。"[③]

因此，虽然我们不能够对什么是公共政策得出一个精确的定义，但是可以对于它的含义进行较为详细的描述：

①公共政策所指的是有目的的、或者有明确方向的活动，而不是无意识或偶然的行为；

②公共政策是政府官员的活动方式或活动过程，即由正式的组织

① 詹姆斯·E·安德森．公共决策．唐亮译．华夏出版社，1990．4

② Darid Easton 所定义。

③ Darid Easton，A System Analysis of Political Life．New York：Willy Publishing，1965．212

机构和程序来制定、实施政策，而不是其他人所做的那些单独的，彼此毫不相关联的决定。例如，一个政策不仅包括就某一问题而通过某一法律的决定，而且还包括随之而来的关系到这一法律的贯彻、实施的那些决定；

③公共政策是指政府打算实际要做的事情，而不是意向中的、虚渺的事情；

④公共政策在形式上可以是积极的，也可以是消极的，积极形式的公共政策，包括政府为解决某一特定问题的而公然采取的行动，消极形式的公共政策包括，政府官员就人们要求政府参与某一事务，作出的不采取任何行动、不做任何事情的决定，换句话说，就是政府在总体上，或某一特定的范围内遵循一种放任主义和不干涉主义的政策。这种有意识的“无为”政策可能对社会和社会中的某些团体具有同等重要的意义；

⑤ 公共政策，至少是积极形式的公共政策，是建立在法律基础上的，因而它们具有权威性。社会成员必须把纳税、服从交通管理、遵守规划法作为先决的规定加以接受，否则，就会有被罚款、判刑，被宣布丧失某种资格和受到其他法律制裁的可能性。

4.1.3 公共政策过程的要素

4.1.3.1 公共政策过程的构成

公共政策研究的另一个重要角度是公共政策形成的过程，一般也称为决策过程（Policy-Making）。

为了能更好、更全面地认识公共政策作为一个行为过程的性质，公共政策的决策过程可以分解为若干范畴，这些范畴包括政策要求、政策决定、政策声明、政策输出和政策结果。[①]

公共政策制定过程以公众希望政府采取某种行动的想法开始，这些想法在政府工作过程中被反复探讨，其结果便产生一系列积极的或消极的影响人们生活的政府行动（或不行动）。

政策要求是指政治体系中的官方和非官方的参与者，就某一面临

① 詹姆斯·E·安德森定义。

的实际问题，向政府部门提出具体要求，主张采取某种行动或不采取行动。从关于政府应当做什么的基本主张，到对某一问题采取特别行动的具体建议，均属于政策要求之列。那些促成公共政策产生，而公共政策又力图满足、实现的要求，是公共政策研究所要加以重点考虑的内容。

从政策的制定者来说，首先具备的应当是政策思想，政策思想是政策制定过程的原材料。一种政策思想也就是在某种程度上改变政府行动的建议。政策思想可以是非常笼统的（如政府应当加强环境保护，或者政府应当更有效地控制城市的扩张）也可以是比较具体的（如“今年政府要做的十大实事”）。

政策决定是指由政府官员作出的、确立公共政策法律地位、指导公共政策行为方向、确定公共政策内容的决定。政策决定包括制定法令、发布行政命令和赦令，颁布行政法规和对法律作出重要的司法方面的解释的决定。

具有政策思想的人们通过政府行为来实现他们的想法。当政府这样行动时，它有权做个人无法做到的事情。它在必要时，可以合法地强制公民尽力地去做某一件事情。在一个民主社会中，任何人所提出的政策建议都必须提请公众的认可，在这样一个过程中，不同的参与者可能会对政府采取的行动存在不同的意见。同时，政策决定可以是一项具体的计划（例如一座新城的建造），也可以以法律的形式表现出来（如新城法）。

政策声明是指公共政策的正式公布。政策声明包括立法机关通过的法令、行政命令和行政法令、行政法规和行政规则、法院判决，以及政府官员为说明政府的意图、目标、行为而发表的声明与宣告。

政策声明虽然是非常严格的，但有时也会含糊不清，例如人们由于对法律条款或司法裁决的含义理解不同而常常引发冲突，或者人们在分析和推测某项公共政策所作的政策声明的含义时，由于所花费的时间与精力的不同，而产生在看法上的分歧（例如每个国家和民族对于可持续发展战略的理解存在着分歧）。此外，各级政府机关，各个政府部门、或各政策机构也可能作出相互矛盾的政策声明。例如，在控制环境污染及能源利用的问题上，就可能出现这种矛盾的政府声明：经济部门要求扩大某种类型的生产，而环境部门则要求控制该种类型的生产。

一旦政策选择已经作出，政策就应当得到落实，这通常由政府机构来执行。实施是政策过程的一部分，实施必须详细说明和限定那些已经作出的政策选择，政策的一些要点必须在实施之前就应当确定下来。然而，一些政策的次要点可能在实施阶段才能确定下来。

政策输出是公共政策的具体体现，是政府在执行政策决定和政策声明中实际所做的事情。简单而言，政策输出是指政府实际所做的实事，这与政府打算要做的和将要做的事情是有区别的。

政策过程导致一系列的政府行动，政府住房计划给某些人提供廉价的住房，为房地产市场注入一种活力，要求纳税人花费一定数额的钱。以政策过程和实施过程的结果为依据，最后的政府行动可能与政策创始人的想法相同或者不同，这要视政策过程的结果而定。

政策结果是指政府采取或不采取行动，对政策对象产生有意或无意的后果。例如从福利分房到货币分房的政策转变，它是否会造成一种新的不公平？它在社会未得利益者中间会造成什么样的影响？它是否会引起住房标准的两极分化？它对于低收入的人意味着什么？……

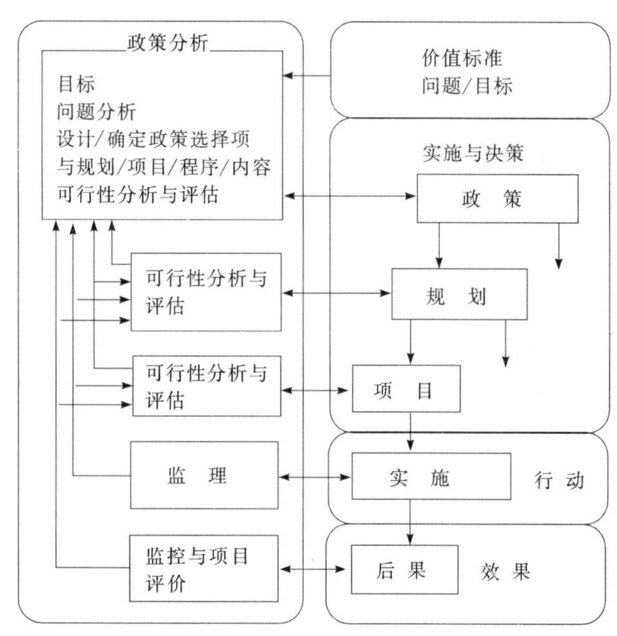

图4－3　政策分析与决策过程

尽管事先准确地回答这种问题是很困难的，但是针对公共政策所产生后果的分析也是政策研究的一项重要内容。

从政策过程的开始阶段到产生的最后政府行动，是政府对现实社会进行干预的整个过程。然而，人们的生活并不单纯受政府行为的影响。政府的住房计划不仅取决于政府提供住房数量的多少，而且也取决于普通百姓的接受能力。公共政策的预想和实际效果之间的关系，是以政策制定人对某些政府行动对政策对象的影响所作的假设为前提的。一项交通政策的预想在于减少城市的拥挤程度，一项用来减轻空气污染的环境保护政策是以它可以减少疾病这一假设为依据的，而这样一些假设可能是对的，也可能是错的。

在政策思想的发展与政府干预（或不干预）的结果之间，可能存在许多差异性，两者并不一定能够保持一致。当我们从政策思想的发展追踪到政府的最后行动时，许多政策与它最初设想会有较大的变化。

4.1.3.2　公共政策过程的层面

如果说公共政策制定过程可以简述为以下几个阶段：现实问题的产生、政策措施的提出、政策目标的选择与决定、政策的实施与落实、政策效果的反馈与评价，那么，如同许多理论所分析的那样，一个政策过程最为核心的内容可以概括成为价值目标的决定及其实现。

这是一种“手段—目标”（means—ends）的行为模式，也就是决策人员确定城市发展目标，并以此出发点，选择一系列的行为手段来实现所制定的目标。在这里，决策涉及两个选择过程：①选择恰当的目标；②选择恰当的实现目标的手段与方法。

制定一个合理的政策，就是面临多种可能性，理性地选择价值目标及其行为过程。在这两个过程中，目标的决定更为重要。如果政策目标不够合理，那么随后所采取的措施也不可能合理。因此，对于城市公共政策制定中的价值目标系统及其确立方法应当有一种宏观、系统性的把握。

布罗姆利认为，政策过程有三个层面：政策层面、组织层面和操作层面。政策层面上的机构主要由立法和司法机构组成，组织层面上的机构主要由行政机构组成。在政策层面上，人们对社会发展的未来景象和方向进行探讨，并最终形成一致性的认识。而这些目标的实现，则需要借助于正式组织的形成和法规条例的制约，这些法规不仅规定了这些组织如何运行，而且也决定了他们要有计划地做些什么。[①]

在操作层面上，政策过程直接涉及的一般是社会中的个人、企业和家庭，这是在日常生活中表现得最为活跃的部分。这些行为主体在操作层次上的选择范围是由政策层面和组织层面上的制度安排所限定和决定的，而在操作层面上观察到的行为产生了对公众来说非常直观的、是否优劣的政策结果。如果空气太肮脏、城市发展过速、交通过分拥挤、失业者增多，公众在政治过程中就会表现出积极的反应，并导致在政策层面上对现行制度体系进行重新安排。也就是说，公民参与会导致在政策层面上寻求一系列新的规则和法律，来改变个人、企业和家庭的行为区域。

如果从政策制定者的角度出发，进行公共干预所采取的行为，也就意味着戴维多夫所认为的决策者面临着在三种基本层次上进行选择。它们是：价值形成、确定目标和使之有效。[②] 它们是政策制定过程的要素，其中包括环境情况的分析、目标的推断与评价、行为过程的设计与实施、结果的比较与评价。这些行为是相互联系的一个整体，而每个部分都具有特定操作的方法和理论问题。

4.1.3.3　政策过程理论意义上的标准

城市公共政策制定过程和标准应当尽可能地实现最大的合理性。“规划的目标是在公共决策过程中达到更高的理性”[③]，它不可能是以一种目标混乱的状态或无价值目标的中性立场来进行的。

但是，在日常的城市公共政策制定、实施的过程中，大量的工作并不是按照一种系统性、综合性的方式来进行的，政府官员、规划师、工程师……往往凭借着日常经验与偏好来进行某项决策。这种采用“随机决策”方式来处理公共领域中存在的问题，往往被指责为主

---

① 丹尼尔·W·布罗姆利．陈郁、郭宇峰、汪春译．经济利益与经济制度——公共政策的理论基础．上海三联书店、上海人民出版社，1996

② P. Davidoff. A Choice Theory of Planning. A. Faludi, A Reader in Planning Theory. Pergamon Press, 1973. 11

③ M. Hill. Can Mutilple-Objective Evaluation Methods Enhance Rationality in Planning. A. Faludi, A Reader in Planning Theory. Pergamon Press, 1973. 166

观的、随意的、缺乏责任的决策行为。并且，这种行为越来越难以适应于日益复杂的城市环境，满足日益觉醒的公众的要求。

因此，城市公共政策的制定需要一种行为框架、一种手段-目标的程式，或者选择理论的模式。如果一个行为主体（个人或组织），想要努力去实现某个目标，制定规划就是他所选择的用来实现目标的行为过程。如果这些规划可以使之实现目标，或最大化地实现预期的目标，那么它们就可称为“好的”规划。而一个“好的”规划，就是通过理性方法来选择最好的手段来实现目标。

一个理性的决策行为就是根据现有的条件，运用行为者可以得到的、最有利于实现目标的、在思维上得到理解并在经验中得到证实的方法，去努力实现所追求的目标。理性的决策行为一般有以下几方面的特征：①决策者列出他可以得到的所有行为的可能性；②辨明出自一个行为可能带来的后果；③按照最期望的后果来选择将要采取的行为。

按照这种个定义，任何一种行为都不可能是完全理性的，因为每个行为者都可能面临无数的行为选择，而每个行为可能有无数个不同的结果。没有一个决策者可以有足够的知识（或时间）来辨别所有的行为后果。因此，从现实的角度来说，一个理性的决策就是在有限的时间和有限的资源的条件下，决策者尽可能多地考虑不同的行为及其后果。

如果从社会学的一些基本概念来看，一个理性的行为是在一定的环境条件下，通过使用行为者可以得到的，并被证实为最适宜的手段来追求某个可以实现的目标。在这里，该行为是由两部分组成的：行为目标的确定和行为手段的选择。对此，许多社会学家沿用马克斯·韦伯的方式，将其表现为“本质性理性”（substantial rationality）和“工具性理性”（instrumental rationality）两种行为模式的标准[①]。前者是对于某种环境中各种行为之间相互关系的审视，是作为交流的一种理解作用，理性地产生一种可达成共识的决策过程；而后者针对某个既定的目标，来确定每个行为的地位与作用，是一种功能意义上的理性

① 马克斯·韦伯将受害行为分为四种类型：工具性合理性行动，价值取向合理性行动，情感性行动，传统性行动。其后，齐美尔（Simmie）、曼海姆（Mannheim）也大都沿用了这种两分法。

度量。

在第一种模式中，由于人类自身的社会性，每个行为者都形成了各自对世界的不同看法和期望，所以他们之间的交流行为通常不仅包含交流的内容，而且包含交流的特定环境。因此，在政策过程中应当重视行为、评价和评价的条件，在强调交流的准确性的同时，也强调交流的环境因素；在第二种模式中，价值的倾向必须是已经毫不含糊、毫无偏见地具备，理性显示出中性的政治立场或根本不考虑政治的影响，独立于人们的价值判断之外。

严格意义上的工具性理性行为方式有可能导致一种问题：如果它忽视了人们主观中所追求的价值目标，这种所谓的理性行为就有可能是无理性的或非理性的，它可能导致人们以一种综合理性的方式去追求一种非理性的结果。

一般而言，城市公共政策目标的选择与确定，与“本质性理性”有关，在此，人们对于城市未来发展目标展开交流，并达成一致性的意见。在这里，并不存在完全客观的标准，环境因素的影响更为重要；而用来实现目标的手段的选择，与“工具性理性”有关，在此，由于价值目标已经确定，手段的选择过程可以成为一种技术性的过程。

4.1.4 城市公共政策的环境特征

城市公共政策与其环境之间存在一种双重关系：一方面，城市公共政策是由许多环境要素促成并调整的；另一方面，城市公共政策在很多情况下影响着环境，或多或少地改变着环境。尽管环境不是一个完全独立的变量，但是在一定时间内它是稳定的，而且是影响政策过程的主要因素。

从外部环境对城市公共政策过程中的影响方式来看，我们可以把这些环境要素分为具体要素和抽象要素，或者是物质要素与社会要素。

具体要素主要包括：物质、人口、生态、社会、文化、地理、地理经济等基本环境要素，这些要素是城市公共政策过程发生的基本背景；同时还有人力、知识、资金等资源，这些是城市公共政策过程及其实施所必须面对的。

抽象要素主要包括：各种价值观、权利、理想，这些因素限定了规划过程可以选择面，影响城市公共政策的形成。它们可能对政策过程作出必要的支持，也可能为政策过程设置很多障碍。

决策者如果忽视这些制约条件，将会导致行为中的乌托邦目标，以及不切实际的行为计划。城市公共政策制定和实施的方式，包括城市公共政策总体目标的确定（也就是人们所必须遵守的价值和原则），在规划过程中关于某些工作方式的基本原则（例如给予公众以聆听政策方案的机会等等）。

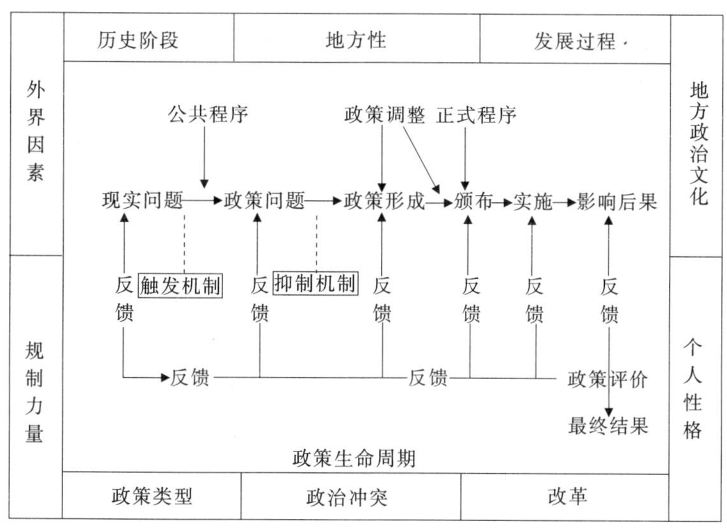

图 4-4　决策过程及其环境特征

另外还有一些要素也影响着政策过程的形式与进行，其中包括：

①各种利益集团的数量及其差异性，以及它们对决策的影响能力；

②在政治方面的可以忍受和接受的程度，以及它们被赋予的角色；

③经济系统对私营企业的依赖，以及这些企业及其行为的特征；

④相关信息系统的效率，它们的能力、承载力、可靠性、保密性、应急性等等；

⑤科层机构的结构及其行为；

⑥政策参与者的素质、规模和受教育水平；

⑦有关信息的可获取性及其可靠性；

⑧系统中可预测的变化以及影响其操作的外部变化。

从整体系统的观点来看，离开了各种政策得以发生的环境，人们就无法对政策及其制定过程进行很好的研究。政策行动的要求产生于环境，并从环境传到政治系统。同时，环境也制约着决策者的行动。

4.1.4.1　政治文化要素

每一个社会都有使其成员的价值观和生活方式不同于其他社会的文化。人类学家克莱德·克拉卡恩（Clyde Kluckhahn）把文化定义为“一个民族的全部生活方式，个人从他的团体中获得的社会遗产，或者可以把文化视为人们创造物质环境的组成部分。”① 文化传统决定并影响着社会行为，文化是影响人类行为的一个重要因素。

在政策研究中，值得关注的是政治文化是如何影响政府的行为的？在某种政治文化中政府应该努力做些什么？政府应该怎样发挥作用？以及政府与公民的关系等这些问题，丹尼尔·J·伊拉扎（Daniel J. Elazar）认为，可以识别出三种政治文化：道德的、个人主义的和传统的。个人主义的政治文化强调个人利益，并把政府看作是做人民所希望做的事情这样一种功利性的工具，例如政治家把官职看作是控制政府的偏好和奖励的手段；道德的政治文化视政府为发展公共利益的机制，政府的服务被视为一种公共服务，政府的对经济的更多的干预得到广泛的接受，人们对政策问题更关切；传统的政治文化对政府抱有家长主义和精英主义的观点，并倾向于用政府去维持现状的社会秩序。人们普遍采取的价值观、观念和态度，对这些问题产生了重要的影响。

许多公共政策的研究只将注意力集中于正统的政府领域，然而事实上，许多正式政策却常常受到政治文化领域中的非正式的约束所限定。政策制度通过提供一系列规则来规定人们的选择空间，约束人们之间的相互关系，从而减少环境中的不确定因素。而政策制度所提供的一系列规则一般由国家规定的正式约束和实施机制，以及社会认可的非正式约束所构成。

正式约束是指人们有意识创造的一系列政策法规，这些约束包括

① 克莱德·克拉卡恩．人的镜子．格林威治．康涅狄格．福而特出版公司，1963．24

政治规则、经济规则和契约，以及由这一系列的规则构成的一种等级结构，它们共同约束着人们的行为。正式约束规制了人们的行动和目标，规定了每个人可以干什么、不可以干什么的规则，并规定了对这两种规则的违反，将要付出什么样的代价。

而非正式约束是人们在长期交往中无意识形成的约束，并构成世代相传的文化的一部分。从历史来看，在正式约束设立之前，人们之间的关系主要靠非正式约束来维持。即使在现代社会，正式约束也只占整个约束很少的一部分，人们生活的大部分行为要靠非正式规则来约束。

非正式约束可以是对正式约束的扩展、细化和限制，社会公认的行为规则和内部实施的行为规则。非正式约束主要包括价值信念、伦理规范、道德观念、风俗习性、意识形态等因素。在非正式约束中，意识形态处于核心地位，它们倾向于从道德上判定劳动分工、收入分配和社会现行制度结构。

意识形态的制度性作用可以概括为：①它是个人与其环境达成“协议”的一种工具，它以世界观的形式出现，从而简化了决策程序；②它所内在的与公平、公正相关的道德和伦理评价标准明显有助于缩减人们在相互对立的理性之间进行非此即彼的选择时，所耗用的时间和成本；③当人们的经验与意识形态不一致时，他们便试图发展一套更适合于其经验和解释，即新的意识形态，来节约认识和处理相互关系的过程。

布坎南认为，应该把由文化因素所形成的非正式规则和正式制度严格区分开来，前者是人们不能理解的和不能在结构上加以构造的，并始终成为对人们的行为能力有约束力的各种规则；后者是指人们可以选择的、对人们在文化进化所形成的规则内的行为，实行约束的各种制度。[①]

从政策的可移植性来看，一些正式约束，尤其是那些具有国际关系性质的正式规则是可以从一个国家移植到另一个国家的，但是非正式约束，即政治文化传统，由于内在的传统根性和历史积淀，它的可移植性就差很多。从变革的速度来看，正式约束可以在一夜之间发生

① 卢现祥著．西方新制度经济学．中国发展出版社，1996．26

变化，而非正式约束的转变需要长期的过程。正式约束只有在社会认可，即与非正式约束相容的情况下，才能发挥作用。

4.1.4.2　社会经济条件

从某种角度来说，公共政策可以看作是不同的团体之间冲突的产物，也就是具有不同利益和愿望的人们（可以是私人，也可以是集体）之间冲突的产物。冲突的主要原因是经济活动，这在现代社会中表现得尤为突出。大企业和小企业之间、雇主和雇员之间、负债人和债权人之间、批发商和零售商之间、消费者和商品出售者之间、农场主和农产品消费者之间等等都存在着冲突。

在经济活动中，处于不利地位和对其他团体不满的团体，都可能会寻求政府的帮助以改善它们的状况。通常，那些在私人冲突中力量较弱或处于劣势的一方要求政府干预他们的事务，而占主导地位的团体由于它们能通过自己的行动顺利达到目的，而不愿意政府介入冲突。

社会的经济发展水平会限制政府向社区提供的公共福利和服务的能力，这是不言而喻的。尽管如此，这一点经常遭到忽视。人们常常会认为，政府之所以没有对存在的问题采取行动，是因为它的官僚作风和不负责任，而并非因为资源有限。

但是，政府可以获取的各种资源，在福利计划方面是影响政府采取行动的一个重要因素，资源更为短缺的政府在福利政策方面受到的限制也就更多。而且，即使再富裕的政府，也没有足够的资源去做每一个公民希望它做的事情。

4.1.5　政策过程的参与者

笼统地讲，公共政策过程的参与者来自于两方面，即官方的政策制定者和非官方的参与者。

官方的政策制定者：

官方的政策制定者是那些具有合法权威去制定公共政策的人们。这些人包括立法者、行政官员、行政管理人员和司法人员。各种决策者所从事的决策活动多少会有所不同。

决策人员可分为主要决策人员和辅助决策人员。主要决策人员直接拥有宪法赋予的行动权威，而辅助的决策人员必须从其他主要决策人员那里获取行动的权威。

非官方的参与者：

除了官方的政策制定者以外，还有其他许多人参与了政策的制定过程。这些参与者中包括利益集团、政党和作为个人的公民。这里，之所以把他们称之为非官方的参与者，是因为不管他们在各种场合多么重要和属于何种主导地位，他们通常并不拥有合法的权力去作出具有强制力的政策决定，而只能通过社会舆论等手段对政策过程产生影响。

J·E·安德森认为，无论是官方的政策制定者，还是非官方的参与者，人们在制定城市公共政策时所面对的环境一般具有以下几方面的特征：①

①在现实中，每个人都有自己偏好，并趋向于按自身利益行事。每个行为者在一定程度上可以决定自己的偏好，众多行为者的价值目标和偏好之间的差异是极其复杂的，它们既可以相互替代或互补，也可以相互抵触或冲突。

即使是同一个行为者，价值偏好的取舍也是复杂的。一个行为者不可能完全满足他所有的偏好与愿望。尽管人们由物品的服务所带来的愉快随着数量的增加而增长，但这并不是针对所有方面的。一个人或一个团体不可能在所有方面都能取得满意的结果，这其中存在着经济的取舍问题。

②行为者之间的价值观是不同的，人们对于事物看法的不同，使得确定社会发展方向的问题变得困难。一般而言，将个人价值观进行叠加是一件非常复杂的事情，一些社会学理论经常按照个人偏好的相似性来区别社会团体和社会阶层，把它们看作是具有相同价值观的一个整体。

③任何事物都是稀缺的，不论是自然资源，还是人的智力、时间、信息等。物品是生产出来的，而服务、劳动在一定水平上受到收益递减的限制。因此在社会生产中，往往出现在供给方面的成本递增与需求方面的物品和服务收益递减这种相对应的边际效应。由于资源的稀缺性，因此物品和服务的产出也是有限的，导致在生产过程中的供给也是有限

① 詹姆斯·E·安德森．公共决策．唐亮译．华夏出版社，1990．23

的，这意味着决策者不可能随时都有能力完成想做的事情。

④规划所针对的对象（通常是一个生产单位或一个城市地区），一般是由几个处于动态之中的、相互联系的部分组成，任何一个行为都可能对整个系统产生影响。这种系统结构和网络效应是难以描述和进行控制的。

⑤人们常常有感情地使用知识，而且表现出非逻辑性的行为。他们的偏好也是不可推断的，即使是同一个人，也可能存在几种价值观，经常相互冲突。同时，人们的计算和控制能力是有限的，尤其是针对即时行为的理性决策常常是缺乏的。这使人们通常表现为有限的理性，而不是完全理性。

通过对现代城市公共政策过程所涉及的环境特征的分析，可以看到制定城市公共政策是受许多客观或主观条件制约的，该过程在现实中很难按照理想中的模式来进行。因此，关于城市公共政策研究的重点，不在关于理想模式的描述，而在于现实特征的解释。

城市公共政策的有限性在很大程度上是由于政策过程环境中的诸多不确定因素所造成的，这里所涉及到的不确定因素包括两种类型：一种是关于行为环境（如资源供应、技术等）方面的不确定性；另一种是关于经济制度中各种行为主体，也就是人的行为的不确定性。

“社会科学所有理论都直接或间接地包含着对人们行为的假定。”[①] 启蒙思想下的早期城市规划的使命是清除工业化所带来的社会腐化和文化污染。为了建立一个新社会，人必须是处于“他的原始状态，处于原点，处在被引诱之前，堕落之前。”[②] 法国著名的启蒙思想家卢梭将之描述成一种“高贵原始人”（Noble Primitive）的神话，这种纯洁的自然人首先应当是被修饰成理想的田园牧歌式的阿卡狄亚居民。[③]

但是，这种理想状态中的原型在现实中是不大可能成为一种主流的。自亚当·斯密的理论以来，许多社会学家们就把人类行为确定为追求财富最大化，即人们通常所说的经济人。所谓经济人就是会计算、有创造性、能寻求自身利益最大化的人。一般来说，经济人存在

① 卢现祥著．西方新制度经济学．中国发展出版社，1996．9

② Colin Rowe & Fred Koetter．Collage City．The MIT Press，1978．6

③ 同上，6

以下几方面的特征：

①理性化。所谓人的理性，就每个人都能够通过“成本—收益”比较和趋利避害原则来对其所面临的一切机会和目标以及实现目标的手段进行优化选择。[①]

当人们必须在若干取舍之间作出选择时，人们将更愿意选择那种能为自己带来“较多好处”的解决方法。因此，人们所作出的任何决定是包含着他对该决定的成本及收益的计算，这样的计算有时是明确的，有时是含蓄的。因此，“经济人”假定是指大多数人在大多数场合都会自觉或不自觉地进行这种广义的“成本—收益”核算过程。

②有限理性。它反映了人与环境之间的关系，阿罗（K. Arrow）认为有限理性就是人的行为“既是由意识的理性的，但这种理性又是有限的”。[②] 人是想把事情做得最好，但人的智力是一种有限的稀缺性资源。

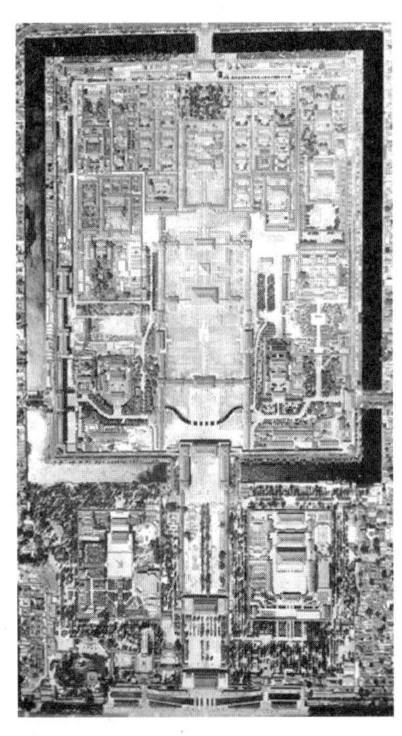

图4-5　北京紫禁城

在诺斯看来，人的有限理性包括两个方面的含义：一是环境的复杂性：在非个人交换形式中，由于参加者众多，同一项交易很少重复进行，所以人们面临的是一个复杂的、不确定的世界，而且交易越多，不确定性就越大，信息也就越不完全[③]。

二是人对环境的认识能力和计算能力是有限的，人不可能无所不知。由于环境的不确定性，信息的不完全性，以及人的认识能力的有限性，使

① 卢现祥著．西方新制度经济学．中国发展出版社，1996．10

② Kenneth J. Arrow. Social Choice and Individual Value. New Haven，1975

③ 在现实世界中，信息不仅具有不完全的特征，而且具有不对称的特征。所谓不对称是指交易双方对交易品所拥有的信息数量不对等，例如在房产交易中，卖方可能要比买方对房产的特征知道得更多，他可以更多地宣称优点，而掩饰其缺点。信息不对称的假定同时表明，人们可以通过向对方披露信息而获利，即通过合作减少信息的不对称而获利。

每个人对环境反映所建立的主观模型也就大不一样，从而导致人们选择上的差别和制度规则上的差别。

也有理论认为，所谓的“有限理性”是由于“不完全的信息”而引起的，如果愿意付出足够高的信息成本，使人能够无所不知，理性就是可以无限的。

③投机性。这是指人对自我利益的考虑和追求，导致人具有投机取巧、为自己谋取更大利益的行为趋向。人在追求自身利益的过程中，会采用非常微妙的隐蔽手段，来达到自己的目的。人的投机性行为倾向也是人类社会各种制度产生的一个重要来源，制度可以在一定程度上约束人的投机行为倾向。

人的投机行为倾向具有两重性，一方面，投机的动机和行为往往与冒风险、寻求机遇、创新等现象有一定联系。另一方面，投机又会对他人造成一定的危害，如投机者有时把自己的成本和费用转嫁给他人，从而对人造成侵害。这个方面看，投机行为也就是一种损人利己的行为。

总而言之，在经济人的假设中，人是理性的利己者。一方面，任何个人，不论他是购买商品的消费者，还是提供商品的生产者，或者是某一政治团体的领袖，他的行为动机往往都是利己的，时刻关心的是他的个人利益；另一方面，在行动上，他又是理性的，能够最充分利用所能得到的，关于所属环境信息，诸如价格、品质等，来最大化自身利益。①

4.2 城市公共政策的过程及其研究

4.2.1 城市规划中价值目标的构成

4.2.1.1 价值目标体系

城市规划作为一种干预、控制城市建设发展的行为，必然具有一定的理想目标，城市规划行为同时也就是将这种目标物化、实现的过程。从人类社会发展历史来看，古代城市规划目标的确定与实现一般

① 卢现祥著．西方新制度经济学．中国发展出版社，1996．10

都比较明确，虽然城市的发展存在着由下而上的自发建设过程，但是城市规划及其实现的城市形态无不体现出统治者对于城市的理解，以及对理想目标的把握。

例如《考工记》体现了长期以来中国古代城市规划思想中对于理想秩序的一种图解，以唐长安、元大都为代表的许多城市规划建设基本上都按照此种模式完成；古希腊的城市体现出一种奴隶制民主的社会形态，古罗马的城市力求表现帝国的荣耀，而中世纪的城市体现出神权之下的社会秩序。虽然现实社会的功能需要对于城市的发展起着很大作用，但是规划的目标理想对于城市的发展所起的作用亦不能忽视。

近代工业革命使得城市迅速扩张，引发了许多社会问题。城市规划中理想目标的作用也就显得日益显著。拿破仑三世时代的巴黎规划旨在将巴黎建设成为“美术馆式的城市”[①]，从而使居住在其中的市民不得不“善”，同时期许多社会学家提出的乌托邦城市设想亦体现出当时城市建设中的社会理想。

但是，随着现代社会的进步与发展，从城市规划中的价值目标到具体实施的过程却越来越难以实现，如果说许多早期现代城市规划尚能遵循理想目标来建设，例如豪斯曼的巴黎改造，美国芝加哥、华盛顿等城市规划，澳大利亚的堪培拉，它们能够成形于图纸，并基本上得以完全实施，那么随着现代城市系统日益复杂化，城市规划目标的制定与实施之间的距离越来越远。

二战之后，虽然还存在个别完全按照规划实施的案例，例如巴西利亚、昌迪加尔以及一些小型卫星城市，但是各国规划界普遍意识到城市的发展越来越不能够按照规划意图来进行，规划的理想与现实之间的差距越来越大。

这是因为一方面，现代城市规划的理想宏观而又抽象，面对复杂的城市发展状况，缺乏具体的方法手段来建设实施。现代城市规划思想将城市作为一个总体系统来考虑，以城市全方面的发展为目标，雅典宪章指出城市规划的目标是解决居住、改造、游憩、交通四大城市基本的问题，但在现实中很难形成具体的手段来完全实现这些目标。

---

① Colin Rowe & Fred Koetter. Collage City. The MIT Press, 1978. 13

另一方面，随着现代城市规划建设手段的不断丰富完善，规划工作的注意力越来越集中于规划的技术手段方面，认为一种好的技术方法可以形成好的城市规划，而对规划价值目标的取向却缺乏深入的思考。

城市建设中的许多问题，表面上看似技术问题，然而本质上是一种价值取向问题，是要城市经济建设的发展，创造更多的就业机会？还是要城市生活环境质量提高，历史文化遗产的保护？现代城市规划思想为规划设置了宏观的目标，但是在其中的许多子系统的目标却是相互矛盾，相互冲突的，而且并不能够在技术层次上得到解决。

在现代社会中，人们的价值目标逐渐复杂化。城市规划政策的制定和执行的过程也涉及到越来越多的参与者，从政府部门、管理和计划部门，规划师到开发者、投资者到企业、家庭以至个人，各有各的利益准则，各有各的价值目标。它们或者清晰，或者隐含，并且互有冲突。若要使城市规划能够顺利进行，必须对在规划中所涉及到的价值目标有清楚的认识，而这一点常常是在规划行为过程中遭到忽视的。

具有强烈科学化理想的凯文·林奇在他的形态良好的城市中，将城市规划所涉及的价值观进行了组织和排列：[①]

①强烈的价值观（Stong Values）：

在城市规划目标中经常并且重点地提到，它的作用可以直接感受到，并在城市空间中表现出来，同时在实践中也可以明确地体验到它的成功与失败。这些价值观主要表现为：满足对于服务设施、基础设施和住房的要求；为各种城市活动提供空间；开发新资源和新地区；提高可达性；保持财政和税收；提高人民生活的安全和健康；提高城市防卫能力；减少污染，保护现有环境的特征、质量和形象。

②期望的价值观（Wishful Values）：

这些目标经常被人们提及、并且可以感受得到，有可能与城市空间有关，但很少能够被实现。这种失败可能是因为很难使城市发展服从于这些目标，也可能是这些目标形同虚设，没有被认真考虑过。这

---

① Kevin Lynch. A Theory of Good City Form. MIT Press, 1982. 53

些价值观主要表现为：提高民众的平等性；减少城市的迁移量；支持家庭生活和扶养孩童；节约物资和能源；防止生态破坏；加强城市生活的和睦性。

③微弱的价值观（Weak Value）：

这些较少提到的目标对于城市空间的作用是微弱的，或者是得不到证明的，或者它们的成就很难察觉和度量，所以它们很难实现，或者不被人们认识。称之为微弱的并不意味着它们不重要，只是因为它们在目前的城市规划中被遮掩、混淆。这些价值观主要表现为：加强人民的精神健康；提高社会的稳定性，减少犯罪和其他社会问题；提高社会融合性，创造强烈的社区环境；提高生活的选择性和多样性；维护良好的生活方式；繁荣现有的地区中心；提高城市未来发展的灵活性。

④隐含的价值观（Hidden Values）：

虽然这些价值观也十分重要，但是很少被用来作为城市规划的主要目标。即使它们常常被希望实现，并成为主要的政治目标，仍然常常在公众心目中掩没为微弱的目标。这些价值观主要表现为：加强政治统治，管理一个地区和居民；传播某种先进的文化；迁移不受欢迎的人或不受欢迎的行为活动，或者将它们隔离；提高生产利润；简化规划和管理的程序。

⑤被忽视的价值观（Neglected Values）：

除了以上这些价值观，还有一些潜在的价值目标常常遭到忽视。它们或者被认为不重要，或者是因为它们与城市空间的关系很含糊，不能够实现。例如城市形态的作用，适应于人类的生理和功能的城市环境，城市的意义和象征等。

综合理性的规划过程常常要求决策者将决策过程中所面临的各种价值目标，通过纯技术性的行为，进行排列组合，得出优化的结果。但事实上，这种决策方式所得出的结果往往与现实中的情况格格不入，造成在规划过程中，前面的分析过程（纯理性的）与后面的实施过程（日常主观性的）相脱节。

在实际工作中，针对复杂的价值系统并不能作出一种简单的顺序排列，其原因在于：

①价值目标的强烈程度是随着时代的发展和环境的变化而变化的。当城市社会处于一种生存边缘或战争边缘时，加强经济发展、加强基础设施建设，或提高防御能力可能上升为主要地位；当城市社会发展到一定阶段时，环境保护意识、提高城市生活舒适性则可能上升为主要地位。

②价值目标的强烈程度也随着城市中不同的行为对象而变化：对于市民来说，最强烈的价值目标可能是提高住房水平，增加就业机会；对于政府官员来说，最强烈的价值目标可能是经济指标的增长，社会矛盾的缓解；对于环境保护主义者来说，最强烈的价值目标可能是城市历史文化的保护，自然景观的美化。

在城市活动中代表各种行为者的价值目标往往是矛盾的、相互冲突的，因而城市规划政策的制定、决策过程也是琐碎的、复杂的，经常以争执为特征，通过讨价还价的方式来完成。

4.2.1.2　公共利益的目标

公共利益是现代城市公共政策应当首先确立的目标，它已经得到了广泛的认可，是针对19世纪早期的自由化工业和城市无序发展而来的一种共识。由于上层社会对普通公民的漠不关心，导致了严重的社会分歧，带来革命的危险、传染病和社会分化的危险。“必须考虑某些措施，来为大众谋求人道与平等。为穷人争取福利与为富人提供财产保护和安全是同样重要的。”①

这样，一种公共责任就在城市规划发展过程中确立起来，由于认识到公共利益优先于个人利益，国家对经济和社会行为等许多方面的控制就越来越得到接受。

奥特舒勒（Alan A. Altshuler）认为城市规划过程中的规划师首先必须关心公共利益。斯考特（Scott）认为规划师的使命应当是“……献身于公共利益，并在综合性规划过程中应用原理和技术”。②

但是，公共利益的限定是一项十分复杂的任务，而且在实践中比在学术研究中的概念要复杂。规划过程在与代表公众的政府部门的不

---

① Ruth Glass. The Evaluation of Planning. A.Faludi, A Reader in Planning Theory. Pergamon Press, 1973. 50

② M.Scott. American City Planning. Los Angeles: University of California Press, 1969

断相互作用中，它所必须明确的公共利益是随着不同环境而变化的。

公众所能接受的方案经常是通过各方面的部门和公众的介入的方法来进行检验。通过在规划过程中的调查与分析，政策的可行性和公众接受性得到检验。这样，在公共利益和目标得以限定后，就建立了规划的评判标准。如果公众需要某个设施，如果通过协商并根据标准，认为它是可行的，那么该规划就是可取的。因此，在一个城市公共政策过程中，行为的重点不仅在于知道什么是好的，而且更应当在一个民主社会中的公众需要性和可接受性之间，实现适当的平衡。

4.2.1.3　限定公共利益的困难

人们通常认为，政府的任务是提供服务并增进公共利益。作为公共利益的保护者与参与者，现代政府在公众中具有越来越高的权威性，19 世纪社会对改革的广泛需求导致了新的社会和政治机构的发展，促进了有能力和道德基础的公共权威的建立，新的规划组织就此形成。

公共政策应该与公共利益，而不是与私人利益（它往往被描述为狭隘、自私和贪婪）相对应，这已经成为一种共识。然而，人们对于公共利益的概念的理解，却常常是含糊不清的。它是大多数人的利益吗？倘若是的，那么，怎样去制定大多数人在政策中真正希望的东西？它们是人们“明确思考和理智行动”时希望得到的东西吗？那么，又是否可以在面对大众反对的情况下，坚持这种信念？

许多人认为，给公共利益下一个客观的、得到普遍接受的定义是不可能的。甚至有人认为，围绕政策问题发生的政治斗争的结果便是公共利益。倘若所有的团体和个人都有平等的机会去从事这种竞争，这种结果就会接近于公共利益这一概念。

有时，公共利益被描述为一种神话。在这一神话中，不管政策是多么独特，都会被认为是符合公共利益的理性化的结果，因而就更容易被公众所接受。同时，这些要素使人们在对政策进行评价时，不仅需要指出政策所要实现的目标，而且还要指出这种目标是否值得去实现。

尽管公共利益是一个十分抽象而又含混的概念，但在制定城市公共政策时，公共利益所包含的含义通常在以下几方面：

①在由许多相互冲突的利益集团存在的政策领域中，尽管其中某一个集团的利益可能会占主导，并被当作公共利益接受下来，但是由于还存在其他个人或集团参与到冲突中来，他们只是间接地被政策问题所涉及，因而常常被看作是公共利益。他们的“公共利益”虽然没有为参与决策的集团所代表，但决策者可能会对其作出反应，并由此而影响政策结果。

②公共利益是指那种普遍而又持续不断地为人们所共同分享的利益。人们在世界和平、义务教育、清洁空气、避免严重通货膨胀及其某种合理的交通控制系统这类事务上所获得的利益便是这种类型。很显然在大城市中，建立某种能促进行人和交通安全、有秩序及顺利运行的交通控制系统，是符合公共利益的。

但是这种公共利益是有范围限制的。在此范围内，这种利益是为其成员所共有的。例如保持粮食价格是农民可以得到的公共利益，但对其他消费者则不一定有利。没有一种方法可以精确地确定在多大范围内的共同利益才是公共利益，这种范围的确立是一项十分困难的工作。

③公共利益的第三个方面是指平衡利益、解决问题，在政策形成中实现妥协，并将公共政策付诸实施。此处的重点是过程而非政策的内容。正如沃尔特·李普曼曾经指出的那样：“公众对之感兴趣的是法律，而不是具体的法律，是法律的方法而非法律的内容，是契约的神圣性，而非某一特定的契约，是习惯基础上的理解，而非这一或那一习惯。在这些事务中将发现某种生活方式，它的意义在于可用的原则，这一原则将确定和预见人们的行为，这样他们便能做判断。”[①]

4.2.2 价值目标的确定

针对政策过程的研究所关心的是：公共问题是怎样引起政策制定者注意的；解决特定问题的政策意见是怎样形成的；某一建议是怎样从相互匹敌的可供选择的政策方案中被选中的。这些问题主要涉及到

① Walter Lippman. The Phantom Public. 转引自詹姆斯·E·安德森. 公共决策. 唐亮译. 华夏出版社，1990. 222

政策过程的许多方面：谁参与了政策的制定与实施过程，政策管理过程的性质，遵守政策以及政策的实施对其内容和效果的影响。

尽管某些公共政策的决定是偶然的、随机的、漫不经心的，绝大多数的决策都会涉及到有意识的选择。因此，这里的主要问题在于：何种准则（价值和标准）影响的决策者的行为？

许多因素都有可能对政策制定与实施产生影响。这些因素包括政治和社会压力、经济条件、程序方面的要求（适当的程序）、前提的限制和时间上的压力等等。同时，在关注这些要素时，我们也要重视决策者本人价值观的作用。

4.2.2.1 着眼于公共利益的确立过程

在城市公共政策的制定过程中，目标的确定始终占据首要地位，价值观在任何决策和任何选择行为中都是必不可少的要素。

城市公共政策作为一种公共事业，负责协助公众来理解未来目标可能性的范围以及可以选择的范围。它的目标存在着两种取向，一种涉及社会事实，另一种涉及社会价值。事实涉及到定义和限定的一种描述性阐述；价值表现为道德阐述，或对一种偏好、标准、目的的阐述。关于目标形成过程的分析和关于规划师在处理价值时的责任的分析，涉及到事实与价值的哲学基础。

目标的客观性是规划师预言未来的本质，这种预言就是考虑在现实环境中，不同控制作用所表现的各种特征，并把它与现实特征作出比较。城市公共政策所预言的与所想要的状况之间的比较，成为政策措施所要获得的客观本质。

从逻辑上来讲，虽然城市公共政策的制定者在涉及价值目标的确定时具有重要作用，但他不能将自己的价值观强加于公众之上。因此，如果决策者对公众负有责任，那么城市公共政策的最终目标是扩大公众在选择目标时的范围，并增加选择的机会，而决策者的裁决权则应该受到控制。

4.2.2.2 比较、选择的行为手段

戴维多夫认为城市公共政策目标和价值观并不是客观确立的，因而价值观也不可能客观地进行评价，决策者无权接受或否决公众的价值观。他认为，无论是决策者的技术能力，还是他的智慧，都不能使他为公众限定、裁决目标。公共决策和公共行为必须反映公众的意愿，决策者、技术人员无权代表或预言公共意愿。[①] 因此，决策者所做的并不是确立价值观，他的任务是辨别出公众的价值观，并对其作出权衡。

决策者所要做的第一步应当是辨明业主。尽管制定城市公共政策是一种政府行为，但是决策者在其本质上是公众的代理人，与许多项目设计者一样，是一种受雇佣的角色。然而，在涉及干预管理和立法层次的公共政策制定过程中，辨明业主是相当困难的，这一点经常遭到忽视，不能确定相关的业主是许多城市更新项目面临困难的根本原因。

一般来说，规划师的工作受到业主的价值观的限定，业主可能将规划师排除于价值观确定的过程之外。然而，在公众性的政策研究中，规划师的业主是抽象的，因此导致规划师在工作中遭到很多困难。规划师如何确定业主的价值观？是通过随机调查？还是将公众分类，然后进行抽样调查？或者直接给这些类别赋予相应价值？

由于公众的价值观不是自明的、简单的事物，而是复杂的，因此，决策者应当从两方面来考虑业主的价值观：①业主内部的价值观，即业主的主观价值；②业主外部的价值观，即被赋予的价值。内外价值观是经常混杂在一起的，一个人的偏好结构和作用，与为他所偏好的商品、服务状态等对象是分不开的。某些价值研究的重点是放在内部的，而另一些放在外部则更有效果。

规划师在政策制定过程中，所面对的一般是一种价值体系，而不是单个的价值观。通过对规划整体价值系统的分析，可以形成一个价值体系；通过对这种体系的结构的研究，对价值层次的限定，并掌握结构体系的知识，决策者可以确定、减轻、清除整个价值系统中的不连贯性，更好地确定有效手段。

针对目标价值体系的研究，可以为特定行为或相互作用提供标准。规划师可以从三个方面来解决价值冲突，实现复杂的价值目标：

① P. Davidoff. Advocacy and Pluralism in Planning. A Reader in Planning Theory. Pergamon Press, 1973. 287

①为众多价值目标标注交换价值，使之可以进行平等的取舍；②确定选择项，并表达出有利于在意向性目标之间进行讨价还价的倾向性信息；③彻底阐明目标的意义，使之在公平的基础上得以评价。

虽然价值观不能仅仅依赖经验来评判，但可以通过价值体系中的其他价值观来评判。对价值的阐述，也可以使决策者更加彻底地理解它的意义，使价值观得以阐述过程也就是使价值观转化为行为目标的过程。解释一种价值观的理由及其可能带来的后果，可以使决策者在众多的选择项之间进行明智的选择。

确定价值目标的另外一个重点是可以进行客观比较的标准。确定客观的评判标准，这样便可减少在决策过程中的主观、武断行为。而且，如果一个规划行为是要实现某个具体目标，那么这种目标必须是可实现的。一些目标之所以实现不了，原因在于它们是原则性的、含糊的、模棱两可的。虽然原则性的目标在价值形成过程中很重要，但是如果要给一个具体的规划行为以方向指导，那么目标应当具有客观的衡量标准。

由于在确定政策目标过程中的价值观常常是具有争议性的，在这种情况下，不存在绝对“正确”的决策。每一个决策的作出是依据于一个价值观，而这种价值观是无法证明的。在这种情况下，决策的目标理想就是使选择具备合理性，或者与其他选择项相比是合理的。虽然规划师不具有最终决策权，但他必须清楚地标明不同决策可能会带来的后果。

对于长期目标来说，为了扩大业主在确定目标时的选择面，规划师必须提供那些在现今世界中不显得那么重要，但在今后的发展中可能会带来重大影响的选择项，规划师应当提供潜在的目标选择。这是因为，在某种情况下，重大的社会变革虽然影响巨大，但它在目前阶段还未能完全显现，即使是有计划的变革，常常也需要很长时间。因此，长远规划应当包括高层次的价值观，甚至那些与现实完全不同的价值观。

对于短期目标来说，由于受时间和所需行为的限制，因此，它必须关注于那些在政治上能够得到确认的目标。短期规划应当考虑那些在以往项目中得到批准，并被应用的价值观，这样规划才能高效地针对现实中的问题。制定短期规划需要确定并分析当前所需实现的目标，与已接受目标相对应的目标，另外一些受到强力权威支持的目标也应当受到重视。

对于中期目标来说（例如5年规划），可以将其他两种方案中的方式融合起来，对于未来的预测可能比长期规划更加精确，并确定在不同的控制之下会出现什么样的结果。那些包含于5年规划中的目标选择项应当是用来进行实施的，而不仅仅是一种意图或理想。

针对这三种规划，规划师应当拥有相应的方法来选择、确定可能的价值观。这些方法包括：市场分析、公共意愿投票、人类学调查、听取公众意见、与社区领导交流、时势分析、对当今的和以往的法律研究、对管理行为的研究、对预算的研究，这些方法中的每一个及其组合都要比规划师的直觉和猜测更为有效。

4.2.2.3 价值目标的引导

在早期的城市规划传统中，城市发展目标的确定往往片面地强调事实的基础性。格迪斯提倡的“调查—分析—规划”的规划过程，长期以来成为城市规划的正统模式。但是这种模式并没有表明从事实到价值判断这种清晰的逻辑关系。它假设了事实和知识将会提供适当的目标或价值判断。但是客观事实本身不能显示什么是好的，或什么是想要的。例如对于某个地区的居住状况的事实调查，如果缺乏关于人们应当生活在什么样的居住形式下的态度，将不能形成一个价值判断或提供目标。

因此，规划师在城市公共政策制定过程中的作用并不是运用知识，从事实推导出价值，而是在不同的价值观中进行判断与选择。规划师并不是无为地、中性地确定价值目标，而更应当在这一过程中进行积极的引导。

戴维多夫提出了倡导性规划的概念。“在倡导性规划实践中，倡导成为宣称社会应当如何发展的一种职业知识手段。”① 这种过程的形式特征是一种复杂的政治辩论过程，就是在一个规划过程中，至少需

① P. Davidoff. Advocacy and Pluralism in Planning. A Reader in Planning Theory. Pergamon Press, 1973. 283

要包含有两个相互冲突的竞争方面，规划过程中所涉及的各个方面都应当有机会参与到决策过程中来，不管它们的价值观是相同的，还是矛盾的。

而作为专业人员的规划师，在这一过程中则具有一种特定的角色和作用，倡导性规划师应当代表公众利益，并负责表达他们的观点。作为倡导者的规划师必须维护公众关于良好社会的观点，他不仅是信息提供者，还要分析当前的趋势、估计未来状态、落实手段。除了这些规划所必要的部分之外，他还应当是一个特定解决方案的支持者。倡导性规划师的工作不仅是建设性的，而且还具有教育性。倡导者应当为其他组织，包括公共机构提供环境、问题和代表集团的价值观，它应当协助公众来归类他们的思想并将之表述出来。

另外，价值目标对于政策过程中的政策评价也是不可或缺的，在政策评价中，不可能存在一种中性的立场，一般而言，存在多少个价值系统，就应该有多少个评价系统。诸如投资——收益的技术手段，如果缺乏对政策所体现的价值观的具体说明，将失去标准和效用。在政策制定过程中，通过使政策中体现的价值明确化，通过更明确的社会投资和收益分析，将会极大地有助于政策评价。

4.2.3 政策手段的形成

政策过程的第二个阶段，是将目标转换为手段，这里的主要问题是：如何通过平稳的方式，从一般性的目标过渡到一个具体的操作项目？在这里，政策过程的重点在于从目标合理推导出来的方法体系。

由于确定手段的过程一般是在目标已经得到确定的情况下进行的，这种过程只有在所有的选择项都得到投入—产出的比较之后才算完成。手段确定并被赋予一定权力后，公共部门就可以选择一个特定的执行工具来实现某个既定目标。与价值目标确定一样，选择最佳的手段也需要一种标准。

例如，当城市人均住房标准的目标（如 $8m^2$）得到确定之后，政府部门采用什么手段来使该项目标得以实现？是通过政府部门的直接操作，还是通过调节市场方向，间接地实现这一目标？这里都需要通过一种效率目标（投入－产出）来进行比较选择。

最一般的目标与最具体的手段在这一过程中是两个极端。从价值观中推导出具体手段的过程并不是一次性的操作，而是经过反复权衡才能得出。确定手段的过程通常分为两步：第一步是辨明所有与价值观有关的手段，选择项的确定就是所要实现目标的环境，这是模型的推理要素，是一种辨别所有可行手段的工作。

针对某个具体目标，或者有一定数量的手段，或者只有一种手段来实现它。在这个步骤中，决策者并不具备任何准确的技术。但是，人们可以采取一些步骤，在某种程度上减少选择项的数量，缩小其范围，例如通过叠加（aggregation）来形成几个有代表性的选择项。在长期政策中，需要将所有的选择项形成连续的整体，而在短期政策中确定选择项的方法就是观察、评价当前应用之中的、处于各种层次、不同组合之中的秩序安排。

手段选择的第二步就是权衡在第一步中确认的选择项。这里存在两种形式的权衡，一种是选择的手段在多大程度上适合于所追求的目标，另一种是可能性系数：对目标与应用手段之间的联系的可能性的估计。在这种情况下，政策过程应当密切注意随机的行为者及其产生后果之间关系的微妙性与复杂性，使用在目标形成过程中的标准，使每个选择项得以权衡，并从中决定出适当的手段。

许多正统的政策程序否认了采用目标来评价手段，手段被看作是一种技术性的行为。然而事实上，不同手段在不同环境中会起着不同的作用，因此，手段的选择也是政治性的，应当具备政治行为的特征。例如对于安居解困工程所采取手段的选择，很难事先清晰地辨别出是通过政府还是市场更为有效。在手段的确定过程中，每个参与者都可能有着自身的考虑，因此，这个过程经常也是通过政治上的比较得出的。

技术人员在评估不同手段效果的时候，同样也起着重要的作用。技术人员应当向决策者展示关于各种手段可能带来的不同的结果，这里有两种方式："最优"研究和"比较满意"（comparative impact）分析。前者是在给定的"最佳"标准和明确的界定下，在所有选择项中选择最佳的方案，也就是事先确定最佳的行为手段。

而"比较满意"分析的目标相对缓和一些：在一定标准下权衡已

确定的选择项，在保持现状与进行改善之间作出比较。只要采取行为比维持现状能够具有更大的效率，该选择项就可以确定。赫伯特·西蒙认为，人的理性是有限的，因而一般采用满意策略，也就是他们只要达到一个过去的水平。

满意模型描述了这样一个主要决策过程：人们在感到不太满意的时候才开始搜索，并修整他们的目标。西蒙理论认为特定目标环境并不能决定一个理性行为者的行为，他的思考过程同样也在不断修正他所设定的目标。

不论采取哪一种方式来进行手段选择，决策者都应当力求达到以下几方面的标准，以保证手段选择的有效性。

①力求辨别那些与已确定目标相吻合的“最佳的”手段，这样的手段选择不能漏掉任何一个比已选手段更优的手段。

②选择项的确认必须是可比较的，而且这种比较是持续性的，在随后阶段中能够评估所选手段产生的结果。

③手段的选择必须是系统性的，也就是说用来实现某种目标的最优的选择项应当与用来实现其他目标的选择项保持联系。

④最后，选择手段的方法必须是可操作的，使决策者不过多地负担其他不相关的选择项，从而使分析过程是可行的，而且有利于使行为者在有限的时间里更有效进行。

4.2.4　城市公共政策的实施过程

4.2.4.1　实施概念的理解

政策的实施阶段也就是将政策有效化，规划师使用已选择的手段来实现在第一阶段中所制定的目标。政策的实施与项目的管理和控制有关。

虽然城市规划目标的动态特征已经得到了普遍的接受，但是具体实施过程中，人们对于政策过程的认识仍然处于一种静态模式之中。

负责完成实施工作的是政府部门，它与负责决策的政府概念不同，其职能是将抽象的、宏观的城市社会经济发展决策目标逐层分解，落实于具体的城市空间的管理操作。这种过程导致实施部门的行政体系为一种科层等级结构，其前提是一种合理的劳动分工，使规划蓝图由总体到局部、由综合到专业、由抽象到具体，逐级下递、分步实施。

这过程实质上与城市规划中由总体到详细的过程相一致。因此，在某种程度上，作为实施的管理概念与静态蓝图的规划概念相对应。

从我国城市规划的机构组织上来看，城市建设项目的立项、决策集中在计划委员会，建设项目的协调实施则通过建设委员会，项目的设计工作由各种规划设计院承担，而建设过程中的控制管理则由规划局、土地局完成。表面上来看，这种机构组织从目标的制定到实施是一种分工协作，各执其能的流程，然而，由于各项过程相对独立，成为流水作业中的几个阶段，彼此之间经常缺乏必要的联系与协调，从而导致城市发展决策脱离城市发展的实际，城市规划设计生搬旧有的套路，城市规划管理缺乏系统性的思想指导，缺乏实质性的目标方向。

在许多规划理论中，实施的概念往往只关心手段选择，而不关心实施过程的现实特征。这体现于政策与管理之间的分离，这种分离表现为政策过程的结束，就是管理过程的开始。现代管理理论表明，政策与管理之间的分离常常使得在管理过程中产生没有预料到的结果。

因此，规划师在实施过程中还应当具备监测者的职能，帮助决策者密切注视政策实施过程中的情况，并不断调整对应于目标的手段。如果实施过程与政策目标发生偏差，那么规划就应当立即考虑相关的目标和手段。

这里存在几种导致出乎意料的情况出现的潜在可能：①管理者有意识或无意识地对政策方向产生影响，在实施政策目标的过程中，会涉及数个不同层次的部门，这些部门中可能包含相互分离的、带有各自观点、目标和个人责任的行为者。②项目手段是一般性的，但在其特定领域或个人领域中的应用可能导致局部的不公平。如果这种不公平性质严重，将会危害整个项目。因此，在这些特定情况下，应该尽力维护一定的公平性，在总体上把握平衡，从而使项目得以顺利进行。③不是每一个政策结果都是能够预测到的，如果在实施过程中有意外的事情发生，那么将对整个政策会产生严重的影响。在某些情况下，这些影响会导致对计划目标的修正或改变。

作为项目的监察者，规划师的职责类似于回馈控制机制，信息的最终接受者是决策者，但是规划师也可能重新指导项目的方向，使之顺利进行。规划师回馈作用的另一个重要方面是贮存业主对项目的意见以及关于项目完成情况的信息。在这里，规划师起着一种规范价值观的作用，对真实世界作出反映。

负责实施的政府机构必须按照政策目标来实施政策。实施机制的形式反过来影响政策的性质及其形成过程，政策的制定和实施过程是紧密联系的。实际上，政策的实施过程在价值观形成阶段就已开始，在目标的标准方面达成协议。例如在城市规划中，总体规划的公布，就是提出政府基本的政策、目标和标准。总体规划无需具体的手段确定过程，但它必须包含用来控制实施管理的标准。

因此，城市公共政策应当是一种不断调整的文件，它反映了在某个时间内的政治意向，来适应在未来各种时间段落中的变化，它不仅作为一种目标，而且也是用来进行评价、监控、实施的工具。

4.2.4.2 维护整体性的手段

在市场经济环境中，由于政府中央性的职能明显减弱，城市建设投资渠道多元化，政府在决策中不占主导地位，城市开发是在社会中各个利益集团之间进行的，政府常常只起着协调及仲裁作用。因此，为了使实施的结果与政策的目标方向保持一致，需要通过控制和引导的作用来使各项城市开发活动符合城市的发展目标。

控制：控制是在获取、加工和使用信息的基础上，使被控制的事物作出合乎目的的行为。在市场经济条件下，各集团利益的决策往往都是从自身的角度出发，而较少考虑对外部环境的影响，从而对公共利益造成负面效果。控制即“借助法律、行政经济手段，将城市建设活动限定在城市规划所确定的方向和范围之内。”① 其意义在于为了维护公共利益，而不应当限定只能去做什么。“控制性规划首先代表了一种新的规划理念，它表明了城市规划由过去的目标实施观念走向现代的过程管理观念，由浪漫主义的规划理想走向现实的规划选择。”②

---

① 引自孙施文．城市规划哲学．中国建筑工业出版社，1997

② 引自陈荣．城市规划控制层次论．城市规划，1997（3）

控制是一项十分重要的行为，然而作为控制本质的价值观以及实施控制的标准却形成于规划的初始阶段，实行控制存在很多方式：有指令性的（对具体政策对象施加的影响）和自由性的（通过自由市场来运行）。指令性和自由性的控制都根据严格的规则或更具体的手段来进行。

规划师应当为他的业主在不同控制状态下设置不同的标准。一种标准涉及控制的范围和性质，并决定了在什么情况下，政策的控制应当是中心化和还是分散化的。另一种标准关于控制者和被控制者之间的关系，如果过分夸大控制权力，常常会导致政府权力的滥用，因此，对于控制行为本身也应当是有约束的，对于控制本身，也应当考虑以下一些因素：

①从控制的角度来看，应该为那些受控制者考虑什么？是否应当进行补偿？

②对控制的限定是否应当成为实施控制的目标？在什么情况下，目标规范着手段？

③个人拥有什么权利来对所实施的控制进行上诉？公众对控制权力的监控有什么措施？在什么情况下，立法和管理条例可以受到责难？

引导：

引导是一种弱化的控制形式，它不是作为规则来强制执行的。引导措施常常包括信誉、利益操纵、补助金、交换率政策、税收减免、以及优惠政策等。“引导”可以导致决策环境的重新安排，并使得一个决策与其他可能的决策更加协调。

由于规划师在政策的实施中并不具有完全权威，并受到很多方面的约束，在社会组织中，理性的和非理性的作用力共同改变着政策的实施过程，其中只有一部分受控于规划师。规划调节市场过程的后果，并受到来自市场中各种利益集团的挑战，而且在规划过程中，规划部门与其他部门共同发生作用，城市规划部门是一个多部门合作的组织。在一个复杂的社会网络中，这些特征不可避免地限制了规划师的行为。

单纯消极的强制性控制并不能使城市发展顺应人们的理想，拉帕罗姆巴拉（La Palombara）认为："控制的问题是很重要的，规划是'诱导性的'还是'指令性的'，或者是带有'强制性的'？如果是后者，强制性是否只有公共部门来实施，或者它是否同样适用于私人部门？如果规划是强制性的，并且是公共部门的规则，那么公共部门采用什么手段来使私人部门遵守规则？……"①

强制性的控制意味着政策部门拥有权力来规范公众的价值观，从而使实施过程成为单纯的技术过程，而不存在价值判断。但是在现代社会的民主环境中，城市规划管理应当是顺从社会的价值准则和行为方向，而不是单方面强制性地控制，它应当使社会各要素间的新关系能够得以确立，使城市的发展更为有机合理。"作为一名倡导性规划师，应当维护他及其业主对美好社会的向往。"② 其意义在于"确定什么应该去做，而不是禁止什么不应该去做。"，由消极控制变为积极引导。

4.2.4.3　影响公共政策实施的因素

公共政策的实施主要由复杂的行政管理系统来进行，这些行政管理机构处理的绝大部分是政府的日常事务，它们的行为比其他政府部门对社会产生更直接的影响。同时，行政管理部门在实施属于其职权范围内的政策时，拥有许多问题的处理权（即在众多的可供选择方案中作出某种抉择）。所以，公共行政管理也就成为公共政策实施的重要研究对象。

许多人认为行政管理机构的职责只是自觉地、机械地执行立法机构和部门制定的制定的政策，但事实并非如此。

传统行政管理学认为，政治和行政应当相互独立，两者分属不同的领域。弗兰克·古德诺（Frank Goodnow）认为，政治涉及到国家意志的形成，它与价值判断和政府应该做什么以及不应该做什么相关。③相比之下，行政管理涉及到国家意志的实施，以自动的方式执行政治

---

① Joseph LaPalombara，The Politics of Planning，Syracuse University，1966，166

② 引自 Paul Davidoff，Advocacy and Pluralism in Planning，载于 Andreas Faludi（ed.），1975，A Reader in Planning Theory。

③ Frank Goodnow，Politics and Administration，New Yark，Lassel Publishing，1990。

机构的决定。它只与事实问题相关，关心“是什么”而非“应该是什么”，并把注意力集中于最有效地实施政策的手段（或“最好的方法”）上。然而，这种政治—行政的两分法在理论上已经受到来自各方面的批评。

在现实中，行政管理机构通常在内容广泛和含糊不清的法令下进行活动的，这就给他们“应该做什么”和“不应该做什么”留下了很大的余地。在这种条件下，行政管理过程变成了立法过程的延伸，并且，行政管理人员不得不涉及政治决定的过程中。

另外，尽管公共政策的主要实施者是行政管理机构，但是还有很多其他行动者也参与了政策实施。其中包括：立法机关、法院、压力集团和社区组织。它们或是直接参与政策的实施，或是试图影响行政管理机构实施政策，或者两者兼而有之。

控制技术是公共政策的一个重要组成部分，通过它，政策才能得以实施。它们总是通过这种或那种手段，旨在让人们做某些事情，不做某些事情，或者继续从事他们本来不愿意从事的事情。控制技术同政策内容本身一样，很容易引起争论。获得授权的控制技术，对政策在现实中的实施及其效果来说，具有特别重要的意义。例如反对某一政策的人，可以通过限制行政管理机构的实施权力，来达到削弱政策效果，甚至使其无效的目的。

这样，为了使某一项政策有效，政府不仅需要广泛的权威和用来支付实施成本的拨款，而且也需要良好的控制和政策实施技术。这种控制和实施技术可以表现为：非强制的行动形式，如检查、营业执照发放、贷款、津贴和福利、合同、总开支、市场和专卖活动、税收、以及强制性的行为，如直接的权力、非正式的程序、制裁等。

因此，关于公共政策的研究，不可能仅仅局限于该政策本身，而是一个包含从它的思想基础到它的实施，最终到它所产生的实际效果的整体性过程。

4.2.5 公共政策的评价

4.2.5.1 关于公共政策的评价

政策过程的最后一个阶段便是政策评价。政策评价与政策（包括它的内容，实施及效果）的估计相关。在处理某一问题，面临各种可供选择的政策方案时，人们通常试图确定（或估计）各种政策方案将产生的结果。而政策评价并不是简单地作为最后的阶段，它是发生在整个政策过程中的。有时为了具体修正和中止现行的方案政策，评价活动可能会导致政策过程的重新开始。

政策评价所包含的评价目标是不同的，一种政策评价是针对政策的基本价值目标，它作为一种功能活动，基本上是与政策本身同步进行的。在讨论政策的效果和评价时，辨别政策输出和政策结果的差异是重要的。政策输出是政府所做的事情——高速公路的建设，福利项目等，但是这些活动不能等同于公共政策结果和效果。在试图界定政策结果时，我们关注的是由于政策行为而引起的环境和政治系统的变化。知道政府花费在市容改善上的资金数量，并不能使我们了解这种投资对城市面貌产生的具体作用，更不用说对整个社会的改善效果和作用了。

政策制定者和行政管理人员总是对特定的政策、计划和工程的价值及效果作出这样或那样的判断。在现实中，许多这种判断是主观的，缺乏事实根据，而且形式多样。它们经常依据印象作出，建立在支离破碎的论据的基础上，它们还常常受到意识形态、政党的自我利益和其他价值标准的影响。

另一种政策评价则针对特定政策的过程。这些问题可能包括：计划是否的确得到执行？它在财政上付出了多大的代价？谁受益于这一计划？为什么而受益？它是否与别的政策存在着不必要的重叠和重复？这种评价主要是关于执行政策的准确度和效率一方面的情况。

但是，这种评价并不能完全反映关于某一政策最终结果的可靠信息。例如，对于特定的评价者来说，某一福利计划在政治上和意识形态上是令人满意的，就像它已经被认真而又慎重地执行一样。假如我们事先拥有这种印象，则很可能难以得知政策对社会产生的实际影响以及它的社会利益代价比率，或者它是否真正实现了预先的目标。

第三种政策评价是通过对政策进行系统而又客观的评价，来衡量它的社会效果和实施预定目标的程度。这种评价直接关注某一政策在解决问题时的效果：该政策是否实现了它的目标？政策的利益和代价如何？谁是受益者？系统评价使政策制定者和公众认识到某些政策的实际效果，并为政策研究提供现实的背景。政策评价被用来对现行政策和计划进行修正，并有助于未来政策的制定。

政策评价的关键是试图确定政策对现实情况的作用效果。政策评价要求了解某一既定政策希望实现的目标（政策目标），怎样采取行动（计划），以及在目标的实现上取得了什么样的成就（政策效果和结果）。同时，在衡量政策成就时，我们不仅需要确定在现实中发生的变化，如失业率的下降，教育水平的提高，而且还需要确定它是否由政策行动而非其他因素引起的。

由于确定现实中的政策效果具有很大的难度，因此以下一些因素应当在政策评价的过程中加以考虑：

①意在解决公共问题以及有关人员所起的作用。必须确定政策影响到的对象是谁，确定他们是失业者、小企业、生活条件差的学龄儿童，还是其他什么人。然后必须加以确定的是所希望的政策作用。例如，如果这是一个再就业计划，那么，它的目的是为了提高失业者的收入，增加他们的就业机会，还是改变他们对就业的态度和行为？

此外，某一政策既可能会产生预期的效果，也可能会产生不曾预料的效果，或者甚至两者兼而有之。例如某一公共住房计划可能会改善城市居民的住房条件。但是它也可能导致住房方面的社会环境的隔离。

②政策可能会对那些并非它们原先所要针对的对象起作用，这类作用是外在的或附带的作用，公共政策的许多结果可以从外在作用中得到很多好的理解。例如，许多城市快速交通的建设意在解决城市交通拥挤的状况，但另一方面它又鼓励了城市向农村地区的迅速蔓延。

③政策在对现行条件发生作用的同时，也可能对未来的条件发生作用。某一正在意图改善现行的、短期的环境政策，它的后果可能会是长远的，而且将延伸数年和数十年之久。一个城市环境治理的政策是促使近期城市卫生状况的改善，还是试图使城市的环境能长期保持良好状态？

④衡量政策的代价是政策评价的另一要素。计算某一特定政策或计划的金钱代价是相当容易的，只要看花费的一个计划上的实际数

目，它在整个政府开支的比例，或者它在国民生产总值中的比例就可以了。而其他的政策代价可能更难发现和计算。例如，工厂根据环境污染政策的要求花费在污染控制上的开支，开发区的建设造成的对城郊生态环境的破坏的代价。衡量这种代价绝非轻而易举的事情。

⑤政策还有间接的代价。这种代价通常不在政策评价的考虑之列，或部分原因是由于它们无法量化进行统计分析。怎样去衡量由于城市更新工程而带来的交通不便、环境混乱和社会混乱？怎样去衡量建造一条通过风景区的高速公路对美丽的景色产生的破坏？同时，衡量公共政策给社区带来的间接利益也是困难的，例如某个街头绿带广场会使附近用地商业价值升高。

4.2.5.2 政策评价经常面临的问题

从理想状态来看，为了使自己的立场找到事实依据，最有益的政策评价莫过于确定因果关系和严格衡量政策效果的系统评价。但是，从数量上准确地衡量公共政策（尤其是社会政策）的效果常常是不可能的。在这一前提下，“准确衡量”只是意味着尽可能仔细和客观地评价政策结果。一般在政策评价过程中会存在众多的不利因素和障碍，使得公共政策评价变得较为困难，这些因素包括：

①政策目标的不确定性。当某一政策目标不明、含糊和分散时，那么，确定政策目标是否得到实现就变得十分困难。为了获取政策的通过，决策者往往需要得到多数人的支持，需要吸收拥有不同利益和价值观的个人和团体。这样，为各种团体所能接受的各种政策目标就有可能同时包含在政策方案中，以便争取他们的投票支持。由于不可能对各种目标排列优先秩序，因此，确定某一政策的真实目标往往是一件困难的工作，在政策体系中处于不同地位的官员，如立法者和行政管理人员，中央和地方的官员，对政策目标有着不同的见解，并采取不同的行动，对政策结果得出不同的结论。

②因果关系。政策评价要求证明现实中的变化是否是由政策行动引起的。但是政策所采取的措施与预期得到的结果之间往往并不存在一种必然的因果关系，或很难存在一种因果关系。例如，一个城市的交通秩序井然，这是否意味着该城市的交通政策十分有效？如果该城市的交通量很小，那么这并不是一种因果关系。如果该城市的交通状

况原来很混杂，那么就有可能是新的交通政策所带来的结果。确立行动之间的因果关系是一项复杂的任务，这在复杂的社会和经济事务上尤其如此。

③多重的政策效果。政策行动的影响范围可能并不限定于政策预定的对象。某一福利计划不仅影响到实施对象，而且还影响的其他人，如纳税人、公共官员和没有得到福利的低收入者。对这些政策预料之外对象的影响有可能是具体性的，也有可能是符号性的。

④度量的困难。这是政策评价中常见的难点，准确而相关的统计数据及其他信息的缺乏，可能会妨碍政策评价的准确进行。从自然科学的实验意义上来讲，严格的比较分析在事实上是不可能的。主要原因在于人们的行为模式受到众多外部的社会经济和政治因素的影响。

⑤人为的障碍。在政治领域中，政策的评价涉及到对政策功绩的评判。即使是单纯的研究人员，也常常为了某种意义上的研究成果，而歪曲真实的评价。行政管理机构和负责制定政策的官员关注评价可能带来的政治后果，倘若评价结果与他们的立场不一致，而且这种评价的结果又引起决策者的某种看法，那么，他们的计划、权威性甚至职务都可能会出现危机。结果，负责计划的官员常常就会反对任何贬低评价结果，拒绝提供材料，或使评价处于不完整状态。

4.2.6　公共政策的有限性

在实践中，一项政策经常会没有实现它所宣布的目标，或者对它正在解决的问题没有发生作用。这里可能会存在多种因素来妨碍政策目标的实现：

①解决某一问题的资金不足，例如，许多落后地区所面临的环境问题，并不是因为缺乏政策动机来保护环境，而是在于可用来进行环境保护的资金严重短缺。

②公共问题通常是由多种因素引起的，而政策却可能只是针对其中的一个或数个问题。工作培训计划会帮助那些缺少适当工作技能的失业者，却帮助不了那些缺乏工作动机的失业者；对城郊农村用地进行控制，制止城市蔓延，但城市扩张的问题并不仅仅是土地滥用的问题。

③人们对公共政策作出反应和适应常常是相反方向的，对于有利可图的事务，政策的限制作用往往非常有限。

④政策本身可能会包含有相互不容的目标，并彼此发生冲突。例如，许多城市的发展政策都是在促进城市经济发展的同时，加强城市环境的建设。而这两者常常是相互矛盾的。加快经济发展势必会给城市环境带来巨大的负面作用，而对环境的强调又往往制约着经济的发展。

⑤解决某些问题所花的代价大于可得的利益。如果我们付出大得多的代价去加强市容管理，卫生监督等诸如此类的活动，那么就有可能实现良好的卫生状况，但是相对于所取得的成果，成本的代价是巨大的。

⑥许多公共问题是不能解决的，或至少不能彻底解决。在强调经济快速发展的年代中，环境问题、资源问题无疑将在一定程度上继续存在下去。从道理上讲应当对此作出变革，但是这些矛盾在短时期内，仍然不会得到解决。

⑦当政策形成和应用时，政策意在解决的问题的性质可能已经发生改变。例如英国的新城运动意在解决城市中心拥挤的问题，但随后又出现了内城衰退的现象，导致新城运动的终止。

⑧新的问题产生可能会把政府的注意力和行动从原有问题上吸引开。“能源问题”把注意力从“环境污染问题”上吸引过来。同样，鼓励汽车工业的发展，促进新的经济增长点的政策使政府把城市交通拥挤问题放于次要的地位。

在现实中，政策行动很少彻底解决公共问题，许多公共问题只是部分得到解决和改善。就业问题仍然会继续存在，但其程度却与没有工作培训、地区发展、失业救济和其他计划是不一样的。环境问题也会继续存在下去，但总比没有环境政策好很多。

4.3 现代城市公共政策的决策方式

由于城市公共政策制定的环境是复杂的、动态的，而人为因素又为决策过程带来了更多的不确定因素。在这种环境下，人们一般如何制定政策，并努力使决策正确而又有效？

一种看法认为，以常规方式制定政策可以是高度合理的，即使是复杂的社会问题。只要必需的资料能够取得，这些资料能予以分析研究，为政策制定者在进行选择时提供详细的参考，政策的每一个潜在的后果能予以探究，选择的标准能予以确定，就能进行明确的分析。虽然政府和其他机构必须在有限的时间、财力和人员的条件下来进行工作，但只要条件许可，所有这些工作都能予以完成。

另一种看法认为，即使是最优的决策，也不能接近上述的情况。对于复杂的问题，人们不可能获得足以在分析方面拥有充足的根据的解决办法。而且，在解决极为复杂的问题时，用来进行分析的资料经常是分量太多，使得决策者在有限的时间和精力的情况下，不可能对所得到的资料都进行仔细的研究，更不用说在缺乏这些资料的情况下，作出良好的判断。

因此，有限的时间、人员和财力，不仅妨碍了对每一种可能的选择的后果进行认真的研究，而且也妨碍了对一切可供选择的重要方案进行详细检查。另外，精确的评价标准也是不可得的。

许多政治科学家和社会科学家为分析决策及决策过程的组成部分创立了许多模型、研究方法、概念和体系。尽管理论与实践相比，常常显得过于抽象而理想，然而，理论中的概念和模型在指导政策分析时，依然是必不可少，并且是十分有益的。它们有助于我们明确决策过程的特征，并引导着我们对决策过程进行探究，对政策行动的种种可能性进行合理的解释。

下面，我们将考察若干研究公共政策的概念和模型，这并不是从中探讨一种最佳的模式。由于不同的环境特征、组织构成会导致不同的决策模式，因此，这里的重点在于这些模式的特征上。

4.3.1 决策方法若干模式

4.3.1.1 综合理性的决策模式

最著名，并被更多人所接受的决策模式，是综合理性的决策模式。这一模式将产生一个理性的决策，并将最有效地实现既定的目标。

用来描述、解决城市规划过程中所涉及的复杂问题的科学决策的综合理性方法，强调统计学决策理论和系统分析理论的研究。它的作用过程的特征主要体现为价值目标的分类、评价的清晰度、高度综合性的视野以及可通过数学分析的价值量化过程。

但是在实践过程中面临复杂问题时，综合理性方法虽然可以形成一定的成果，却仅能适用于相对简单的问题或规范化的形式过程，与人们原先的期望相去甚远。其主要原因是由于这种方法假设了规划人员对于不确定因素的分析能力和无限的信息来源，尤其是当时间和经费都很有限时，这种全面周到、详尽分析的方法缺乏应用能力。

自20世纪60年代以来，综合理性的决策模式遭到了大量的批评。林德布罗姆指出："决定者所面临的并不是具体而明确界定的问题。相反，决定者只有首先找到和说明问题所在，然后才能作出决定。"①

比如，当城市交通拥挤问题越来越严重时，市民要求政府对交通问题作出反应，问题的症状在什么地方呢？是市民生活方式的变化，交通需求量增大，还是城市道路供给方面的不足？是汽车产业政策的推波助澜，还是由于交通管理不力引起的？或者上述原因皆而有之。因此，城市交通拥挤的原因是很复杂的，明确问题的症状所在常常是决策者面临的主要难题。

同时，综合理性的决策模式对决策者所做的要求是不现实的。该模式假设，决策者掌握了足够的关于解决问题的选择方案的信息，能够精确地预测各种选择方案将产生的后果，还能对各种方案实施后的成本和收益作出正确的比较。

在对上面提出的交通拥挤问题采取适当的行动时，如果需要对采取行动所需的信息和情报来源立即作出反应，就会发现在采取上述假定中的理性行动时，会出现的障碍，即决策者缺乏足够的时间、决策信息和预测将来时会遇到的困难，以及计算的复杂性。即使大量应用计算机技术，也不足以减轻上述问题的严重性。

另外，在该理论的思想基础方面，许多批评者认为，政府的决策

① Charles E. Lindblom. The Science of "Muddling Through". A Reader in Planning Theory. Pergamon Press, 1973. 158

者常常面临的情况是价值冲突而非价值一致，比较和衡量相互冲突的价值绝非轻而易举的事情。而且，决策者可能将其个人的价值观与社会的价值观混同起来。事实和价值观在决策过程中常常是分不开的。一些人赞成在某条河流上筑堤，认为这是防洪所必要的；而另一些人则从环境和生态学的角度反对筑堤，而宁愿让河水放任自流。在解决此类冲突时，求助于“事实”是无济于事的。

因此，尽管综合理性的决策模式长期以来是正统理论研究的代表，但是在实践中的作用却是很有限的。

4.3.1.2　渐进主义的决策模式

与综合理性模式所提出的过程相比，人们在日常规划过程中的决策行为常常是以一种较为含混的过程进行的[①]。决策者往往代之以一种依赖于以往的经验，用较小的政策措施来预见较为近期的过程。这样在进一步的选择过程中，只希望部分地实现所制定的目标，并随着环境条件以及观念的变化和预见准确性的提高，不断地重复这一过程。

林德布罗姆称这种过程为一种“糊弄型”（Muddling Through）[②] 的过程，并将这种日常方法与综合理性方法相比较，提出了一种持续有限比较（Successive Limited Comparisons）[③] 的决策模式。我们可以将这种决策模式看作是一种渐进主义的决策模式。

渐进主义的决策模式并没有严格的方法体系，但是它更接近了日常决策行为。在这种模式中，由于进行决策的前提是有限的资源和有限的理性，因而强调有限的目标确定和有限的实施。同时，目标的确定和行为手段的选择是同时进行的，并没有严格的顺序之分，也就是在确定目标时，就同时考虑相应的手段，而行为手段的选择对目标的确定作出不断的调整。

---

① 按照综合理性方法，决策者首先应该列举出所有可能的价值目标，接着根据满足这些价值目标的有效性来列举出所有可能的行为手段，最后运用系统分析来比较出最能有效地实现目标的方法，选择出最佳方案。

② Muddling Through 的字面意义为糊弄过关，在决策类型的研究中，代表缺乏远见、只顾眼前的行为方式。Lindblom 认为该种模式常常成为政治决策行为的实际操作过程。

③ Charles E. Lindblom. The Science of “Muddling Through”. A Reader in Planning Theory. Pergamon Press, 1973. 162

因此，渐进主义模式强调选择较小的目标和较现实的手段，以保证手段和目标的选择同步进行，使之有更多的适应性。例如，在旧城改建中，渐进方法并不强调对城市要先具备一个完善的改造目标和方案，采取全面、统一的行动，而是以较小的范围，逐渐进行，随时进行规划目标和实现手段的调整。

渐进主义，作为一种决策理论的思想基础，它避免了综合理性的决策模式存在着许多问题。同时，这一理论更多地描述了决策者实际作出决定时所采取的方式。

决策过程中的渐进主义可以表现为以下的特征：

①目标的选择：对为实现目标所采取的行动进行经验的分析，两者是互相交织、密不可分的关系；

②决策者只考虑解决问题的种种可供选择的方案的一部分，这些方案同现行政策只有量上的差异；

③对每一个可供选择的方案来说，决策者只能对其产生的某些“重要”后果进行评价。

④决策者所面临的问题经常被重新界定，渐进主义允许对目的—手段和手段—目的进行无限的调整，从而使问题比较容易得到处理；

⑤处理问题的决定和解决问题的“正确”方法并不是惟一的，考察一个决定的优劣并不要求各种各样的分析者一致认为这一决定是否达成既定目标的最有效的手段，而是看他们是否直截了当地一致同意这一决定；

⑥渐进决策的形成，本质上来说，是补救性的，它更多的是为了改革当今具体的社会弊病，而不是为了提出未来社会的目标。

林德布罗姆认为，渐进主义是多元化社会中决策形成过程的典型特征。各种决定和政策是众多的参与者（支持者）相互商定的结果。渐进主义在政治上是极为便利的。这是因为，如果在不同集团之间发生争议的事情只是对现行计划的一种修补，而非决定重大政策问题，那么，各个不同的集团更容易达成一致的意见。既然决定者是在对行动的未来后果不能肯定的情况下作出决定，因而渐进的决定能减少由于这一不肯定所带来的风险和代价。

林德布罗姆认为，综合理性模式一般是在以下才能有效进行：

①决策者面临的是一个特定的问题。这一个问题同其他问题之间存在明显的区别，或至少同其他问题相比，它是重要的。

②引导决策者作出决定的各种目标、价值是明确的；而且，可以按照它们的重要性不同而依次排列。

③处理问题的各种可供选择的方案可以为决策者一一进行考虑。

④决策者对可供选择的每一个方案可能出现的结果（代价和利益）进行了详尽的调查研究。

⑤每一个选择方案以及可能出现的结果都能与其他选择方案相比较。

⑥决策者将会采用其结果能够最大限度的实现价值和目标的那个方案。

同时，渐进主义也是比较现实的，它以决策者缺乏足够的时间、情报和其他资源为前提，并不一定寻求彻底解决某一个问题，而是选择“较优”的方法。通过渐进主义方式作出的是有限的、注重实效的、并容易被人接受的决定。①

制定政策是一项艰巨的工作，无论是社会科学家、政治家、公共管理者都不可能完全真正了解社会的全部内容，来避免在政策中可能犯的错误。因此渐进模式强调比较的持续性，建议决策者应当期望他的政策逐步地实现，并设法避免一些无法预料的结果。如果他采用循序渐进的政策变化，用较小的步骤来实现目标，可以避免许多缺乏认识的情况，可以从过程中得出经验，以备在以后相同的情况下使用，可以检验以往的政策预测的准确性，并可以很快地更正错误。

虽然渐进比较方法从理论的角度上并非是一种完美的方式，它缺乏一种全局的观念，缺乏一种传统意义上认可的正统性，但是它毕竟更加贴近于城市规划过程的实际情况。在面临复杂情况时，同时进行理论分析和日常经验分析，比抽象的综合理性模式更易于理解和掌握，但也对决策者的素质提出了更高的要求。

4.3.1.3 混合扫描的决策模式

综合理性模式假设了决策者对决策环境的一种绝对控制，而渐进主义则完全相反，采取一种含混的方式，对环境采取较少的控制。为

---

① 这也是赫伯特·西蒙的“比较满意”原则。

此，艾米特依·埃特奥尼（Amitai Etzioni）提出了混合扫描（Mixed Scanning）的决策模式。这种决策模式是折衷的，既不是完全乌托邦的形式，也不完全是自由放任的。

埃特奥尼在对理性决策理论进行批判的同时，也指出了渐进的决定形成理论的某些缺陷。例如，渐进主义者作出的决定只是反映了社会中实力强大、组织化强的一部分人的利益，而处于社会下层，政治上又无组织的那部分人的利益并没有考虑进去。此外，由于渐进主义把注意力集中在短期目标上，这是改变现行政策的某些方面，因此往往忽视基本的社会变革。综合理性的决策虽然在现实中作用有限，但是却十分重要的，它们往往为无数个渐进的决定提供了背景。

埃特奥尼把混合扫描理论作为研究决定形成的一种方法。该理论把根本性的决定和渐进的决定均应考虑到了。它既包括了决定了行动的基本方向的高级的、基本的决策过程，而且也包含了为根本性的决策作准备的渐进的决定形成过程，并在根本性的决定作出后加以实施。

埃特奥尼通过一个气象学的案例对混合扫描理论进行了如下描述：

“假如我们准备利用气象卫星建立一个全球性的气象观测网。若采用理性主义的方法，那么，我们将利用能进行细微观察的摄像机，尽可能安排对所有空间的考察，以便对气象情况作穷尽一切的探索。这种做法会产生多得不计其数的细节，分析代价高，而且还有可能为我们的活动能力所不及。而渐进主义则要求把注意力集中在过去我们对其气候状况就比较熟悉的地区，或许还包括邻近地区。这种做法则会使我们忽略产生在未曾想到的地区、而本应该引起我们注意的气象现象。

混合扫描则运用了两种摄像机而包括了上述两种方法的基本内容。第一种是多角度摄像机，它能观察全部空间，只是观察不了细节；第二种摄像机能对空间作深入细致的观察，但不观察已为多角度摄像机所观察的地区。尽管混合扫描有可能忽略只有用第二种摄像机才能找出问题的地区。但比起渐进主义方法，它不太容易忽略情况不熟悉地区出现的很明显的问题。

混合扫描理论要求决策者在不同的情况下运用理性全面的决策理论和渐进的决策理论。在某些情况下，渐进主义是合适的，而另一些情况下，更多的需要采用综合理性的模式。混合扫描理论还考虑到决定者能力上的不同。总的来说，决策者能用来实施他们决策的力量越大，进行更多的扫描是现实的。而扫描的范围越广，决策也就更为有效。

决策的混合扫描理论，是渐进主义和理性主义相结合的方法。然而，这一方法在实际中如何运用，在埃特奥尼讨论中并不是那么清楚。但这可以使决策者更加了解不同环境下的决策行为：就决定的重要性（范围和影响）来说，各个决策是有差异的，不同的决策过程应当对应地适用于不同性质的决策行为。

4.3.1.4　现实中的表现

以上三种决策模式并不是针对决策方法的系统总结，而是关于在不同环境中，决策行为表现出来的不同特征的一种分析。现实中不同决策行为的模式，以不同思想基础为背景的决策者，在不同的环境中，可能会表现出这些不同的决策模式，而且很可能是不同模式之间的不同组合。相比较而言，综合理性模式在现代城市规划中最为持久而正规，即使在强调物质环境设计的时期（更不用说系统工程学、综合理性方法），决策者（或规划师）往往都以全面、准确地解决面临的现实问题为目标。

然而在现实操作时，更多的政府决策者、规划师实际所采取的行为是渐进主义的，他们往往不可能在采取行为之前就能把握全局，作出合理的判断，因而“走一步、看一步”。这种现象的存在也往往被总结为“理论与实践的脱节”。

而混合扫描的模式在英国1968年法的两级规划体系（结构规划与地方规划）中表现得最为明显。结构规划提供了整体性的背景，而地方规划则针对具体的问题。这种体系的建构在许多城市规划系统中都有所体现。

4.3.2　城市公共政策过程特征

如果说综合理性与渐进主义是现代城市公共政策决策模式的两个极端，那么大部分决策的模式是处在两者之间的。公共政策的决定，在时间期限、参与模式、体系关系、精确程度上，都或多或少地体现出来自这两种基本模式的影响。

4.3.2.1 终极性与持续性

就制定政策的时间期限而言，布朗克（Branch）在对理性规划程式进行比较分析之后，提出了持续性规划（Continous Planning）的概念。持续性规划的概念是在面对复杂的环境，价值目标取向不确定的情况下，采用渐进主义的方式来逐步取代宏观总体规划的终极性概念。

持续性城市规划的分析方法与终极性规划模式相反。持续性规划不企图包括所有事务，并以此形成关于未来准确的计划，它是从平实的细节开始的。在持续性规划中，城市的长期、中期和短期要素以及其他要素都得到了考虑，它的成果不是一种文件，也不是一种庞大昂贵的过程，它不强调终极性的结论。一个持续性规划始终都是针对现实问题的，它根据决策者所制定、并力图实现的目标，对现实行为进行持续性的调整[①]。

如果一个决策行为的目标范围、要素或内容可以事先完全限定，并且可以相对精确并可靠地进行分析，那么就可以采用比较精确的方式来进行。但是许多规划是在一种充满了不确定要素的环境中进行的，城市的各个组成部分都处于不断的变化当中。而且，即使不同的功能包含了可以进行精确操作的不同的子系统，但是当它们组合到一起时就相对不精确了。

交通、住房、就业等子系统很容易单独进行规划，但如果把它们综合起来，形成协调的旧城改造政策则困难得多。同样，将污水、生活垃圾、建筑废料、污染源综合形成废物处理系统则比单独处理这些问题困难得多。如果规划中包含的子系统越多，规划就越难在整体上进行有效的把握。

同时，人们关于城市中的各个不同系统、它们可以限定的范围、以及它们可能的发展趋势的理解是不同的。新技术的不断涌现，也会对物质系统和设施的预测和计划产生重要的影响。当供水系统由于循环水技术变得可行，并在心理上得到接受，就可以取代原先的供水系统，或者当一个新型交通方式产生之后，一个城市公共交通系统就会遭到改变。

① Melville C. Branch. Continuous City Planning. A Wiley-Interscience Publication, 1981. 56

另外，一些相关系统得到调整是与其他城市系统的变化相关的。例如税收政策或金融政策，一般属于城市的经济－财政系统，但是通过土地征税等措施，它们对城市商业建筑、开敞空间总量、以及居住密度产生重要影响[①]。因此，众多不同的市政系统不能按照终极规划的要求来进行统一对待。

因此，城市公共政策的制定必然是一种持续性的行为，它必须广泛地分析现实中的信息、情况，并作出决定。政策过程必须反映从历史引导而来的行为要素和预测结果，并立足于现在，持续于将来。

但是，一种持续的、处于动态之中的决策行为也必须在一定的总体框架中来进行，这个总体框架则是综合性的，它必须包含针对每个独立的城市要素，并将它们融合成一个整体的行动目标，用来实现城市整体性的、最高效益的计划。它在某种情况下，保持一定的稳定性和规律性；在某种情况下，它是终极性的。例如城市发展的目标原则，战略步骤等，在短期内不太可能频繁变更。

但是，这种总体框架不可能为市政部门的财政、规则、程序以及社会福利等工作制定详细计划。日常决策行为与规制它们的总体框架构成了一个整体。城市总体性规划是用来综合操作、预算以及对于各个市政部门的单独计划进行协调，组成一个整体。

4.3.2.2 中央性与分散性

就制定公共政策的参与模式而言，存在着中央性与分散性的两种情况。政府部门在制定城市公共政策过程中所担负的主导责任，是从一个宏观综合的角度来为社会行为精确定位，并保证政策的连续性和连贯性。它们在转译政府的宏观政策目标时起着主要作用。政府部门在制定和实施整个城市政策时具有中央性的地位。

然而，非正式的参与者在现代城市规划过程中的比重也越来越大，现代城市规划越来越体现出自下而上的特征，政府的中央性地位逐渐减弱，它的作用有时只表现为检验地方政府规划的目标，通过规划许可，提出建议等，而不是作出中央总体性的政策。在政策制定过

① 抵押贷款、信贷措施的实行，对居民购房产生重要影响，从而可能彻底改变一个城市的居住面貌

程中，中央性与分散性之间的关系传统而又微妙。

对于这种关系的理解，最直接地表现为有关城市土地使用行为有多少是政府性的，或者政府针对哪一些问题采取哪一些行为。例如在城市衰退地区进行再开发是一项非常重要的政府行为。由于政府在全部新投资中占有重要的一部分，城市规划工作很重要的一点就是密切关注在什么地方，什么时候采取这些政府行为，来满足公众要求。另外，城市规划必须提供一种政策框架，在其中，私人开发可以得以顺利进行。

社会公平的要求，使城市公共政策在制定过程中应当透明性地公开，并争取满足社会中存在的各种有争议的政治、社会价值观。在制定社会目标时需要民主性，这就意味着需要适宜地控制中央性政策所施加的影响，保证各种政策参与者的基本选择权利，在掌握城市功能特征的基础上，选择用来改善城市环境的最适合的行为手段。

在中央性的综合决策中，往往由某个具体机构来（这个机构一般是城市规划委员会及其部门）制定总体政策。如果决策过程需要在社会经济和政治方面体现出民主性，那么也应当允许政策的反对方也制定其自己的规划。“理性”城市规划理论要求规划机构考虑不同的行为过程，也就是所有可以用来实现目标的手段都应当得到检验。然而如果只要求规划机构来考虑政策的选择项，使规划师负有构筑政治过程的责任，并负责提出他所认为的选择项，这样规划师由于面临过重的负担，而不能考虑到那些最终影响到规划结果的利益集团想提出的选择项。

涉及到城市公共政策制定过程中的正式组织的参与者一般有：

①政党。虽然很多地方政治组织极少有兴趣、能力和注意力，来为他们的社区制定发展计划，但是他们对城市公共政策的影响是重大的；

②代表特殊利益的组织，例如商会、房地产协会、工会、市民权利组织等。这类组织经常参与到规划当中，但极少提出自己的方案；

③与现行政策持反对意见的组织，他们虽然提出了规划建议，但是建议很少得到采用。他们可能反对一个城市更新规划，一个区划调整，或一个公共设施选择。这些组织倾向于提出另一种规划方案，因为这种规划更能符合他们的利益。

另外，城市规划过程通常也会包含一些关心社区规划的市民组织，他们要求有“市民参与”的有效程序，并将其带入与之有关的社区规划当中。市民在城市规划中的参与行为一般更多地表现为对机构行为作出反应，而不是提出他们自己对目标和未来行为的看法。

市民组织在规划制定过程中，一般不会扮演积极的角色，其原因一方面在于决策过程过分夸大了政府在社会中的角色，另一方面在于市民政治的历史弱点。因此，许多规划理论为了避免在规划行为中的集权、武断的特征，而趋向于将多数公共问题放置于技术手段中来进行选择，从而回避复杂的价值判断与选择。

但是，“适宜的规划行为不可能从一种价值中立的立场中得出，因为规划的形成是建立在所向往的目标的基础上的。”[①] 价值观是任何一个理性决策过程所不能回避的一个要素。城市公共政策过程若要反映公共利益的要求，必须建立一个有效的城市民主环境，在决定公共政策的过程中，市民以及各种参与者可以积极地参与其中。戴维多夫认为，适当的政策应当是从政治辩论中得出的，真正的政策行为过程应当是一种选择，而不是由事实推导而来的。

因此，城市公共政策必须在地位不断提高的中央政府控制与同样在不断加强的地方特殊要求之间保持平衡，大多数人的福利和少数人的利益都需要得到考虑。在一个包含众多不同利益者的规划行为中，用什么来确定公共利益？这永远是一个具有争议的问题。公平地注意和聆听、提供评价材料、交叉检验、理性选择是用来实现一个合理的决策的手段。如果一个规划过程需要促进城市政策中的民主性，那么公共政策的制定应当是吸纳而不是排斥公共参与。同时“吸纳”不仅仅是允许大众来旁听，而且还要让他们了解规划决策的目的，理解专业规划师的技术语言。

这样，政策所涉及的参与者都应当参与到决策过程中来，使决策过程走向分散化。戴维多夫认为，在各种政府中发生的政治斗争是健康的。从有效的、理性的规划角度来看，需要在城市范围的层次上开展大众参与性的规划。在早期新城建设中，关于分权与集权的争论，中央规划机构与邻里组织的争论，对于城市规划是有益的，它可以有效地使公

① Paul Davidoff. Advocacy and Pluralism in Planning. A Reader in Planning Theory. Pergamon Press, 1973. 358

众参与政策过程，并使大众权利与个人权利和少数人权利结合起来。

加强规划过程的公共参与性，首先应当重视来自于不同方面的政策选择项，这些选择项应当代表参与者的基本价值。在许多城市规划实践中，不同的选择项的提供者没有得到平等的对待，而仅仅作为规划过程用来扩大选择范围的一种手段，同时，也应当充分认识到公共参与对规划过程的促进作用。因此，公共参与可以加强公共机构之间的竞争，提高工作质量和工作效率。公共参与也可以促进政府部门更为积极主动地去完善政策，而不是仅仅对受批评的部分进行局部的修改。

4.3.2.3 发展性与适应性

社会是一个不断变化着的环境，流动的生活不可能等待规划师给它制定方向，规划师必须用灵活的思想工具来对社会和经济过程采取措施，使社会朝向预期目标发展。

为了使城市公共政策研究在概念上更加具有秩序性，在这里，城市公共政策行为一方面被看作是对社会系统中的变革进行指导，另一方面也意味着一种自我调整的过程。它可以促进子系统中成分的不同发展，激励系统结构（政治、经济、社会）的变革，并在变化过程中保持系统的结构与范围。

这样，在政策过程中，应当有意图地控制预料中的情况。当预期目标得不到实现时，实施控制来实现意图，通过观察预定变化路线中的变化，然后在观察到重要变化时，不断循环这个过程。同时，城市公共政策过程也可以被看作是一个不断作出自我调整修正的系统，它可以被看作是通过干预某个决策的结构和过程，对持续性的行为网络采取合理的措施。这里所谓的干预，也就是对变化的现实进行规划。这种干预是建立在知识的基础上。实施规划，就意味着通过使用技术知识的方式和方法来实现不可能发生的社会变化。

从公共政策的自身目标来看，约翰·弗里德曼（John Friedman）认为，公共政策具有发展性（Developmental Planning）与适应性（Adaptive Planning）的两种特征①。从决策过程中规划行为的相对自主性来看，

① John Fridmann. A Conceptual Model for the Analysis of Planning Behavior. A Reader in Planning Theory. Pergamon Press, 1973. 356

发展性规划在确定目标和选择手段中有着高度的自主性，而适应性规划则高度依赖于其他外部规划系统的先决条件。

在实践中，大多数规划都是处于完全自主和完全依赖之间，而且规划系统的行为根据在两个极端之中的决策功能分布情况而变化。例如，城市政策是在城市的层次上，因而更多的是适应性的，而不是发展性的；在国家宏观政策中，公共权威可以根据其自身目标来主导控制大量的变量，这样国家比其他次级系统中的规划更具有独立性。

4.3.2.4　纲要性和战略性

从决策的精确程度来看，林德布罗姆认为决策模式可以分为“纲要性”（Synoptic）的决策模式和“战略性”（Strategic）的决策模式①。“纲要性”的决策过程要求决策者全力以赴地进行分析，准确地确定各种相关要素；而“战略性”的决策过程要求决策者通过有限的知识，适应在战略上的相对需要，在总体上进行相对完善的把握，从而避免重大的决策失误。

由于“战略性”的决策模式放弃了依靠知识来解决所有的社会问题的理想，因此需要依靠各种手段的选择来解决问题，其中包括“试错过程”（Trial and Error）和“拇指原理”（Thumb Theory），以及对各种问题范围的“习惯性反应”（Routinized and Habitual Response）。这是依靠目的和手段之间紧密的相互作用而形成的逐渐的和有序的进化过程。在这样一个战略中，决策者较少关心“正确”地解决他的问题，而更多地关心取得某些进展。他较少地关心实现预定的目标，而较多地用以往的政策，不断修补新政策中的不足之处。

如果将这两种模式运用于一项大规模道路系统规划中，纲要性方法要求，将所有计划中的道路都要预先按照坐标点来严格定位，每条公路都处于与其他所有公路的不可分割的关系之中；而战略性的决策者在制定该规划时，所接受的前提是“缺乏足够的能力来预见未来20年的发展趋势”，因此也不可能事先确定所有交通路线之间的联系。每一条路线的安排，都取决于其他各条道路的事先安排。在这种情况

---

① 查尔斯·林德布罗姆著．王逸丹译．政治与市场．世界的政治-经济制度．上海三联书店、上海人民出版社，1991．474

下，他们首先确定某些急需的道路，分析它们带来的影响，再接着确定其他的道路。

战略性的决策模式强调有限的分析。在战略性模式中，分析过程受到它的局限性和相互作用方式的影响。

战略性模式的一个重要形式便是决策的分散化，它可以类比于市场制度代替中央分析来进行资源配置和收入分配。

采用战略性的思路的决策者还通过社会的相互作用，来取得他们无法依靠分析来取得的成果，市场的相互作用、投资行为和讨价还价便是其中的一部分。

4.4 城市公共政策的专业组织特征

4.4.1 专业组织的发展

4.4.1.1 组织的形式

作为融合不同利益和观念的现代城市规划专业，包含了社会变革、设计、以及实践性的管理，它具有一个复杂的起因和历史。

如前所述，现代城市具有非常严重的城市物质环境的问题，这是工业革命所带来的，并由于接踵而来的城市拥挤和衰退而更加恶化。现代城市规划的起因就是由于对提高环境质量的公共关注，现代城市规划带有一种改良主义的特征，它的理想就是使城市发展更加健康。在采取这种措施来保护公共利益的政府行为中，政府获得了公众的信任，并被赋予了许多职权。人们坚信政府会完全按照公众利益来采取政策措施。

城市公共政策的制定是在政府的框架中进行的，它反映了政府管理中的最高责任和表达，成为政府部门的机构职能。现代城市规划中的各种专业行为也保持它们在处理各种问题时的专业性作用：为政府提供用来进行政策决定的基本信息，为行政和立法机构提供它们所需要的决策分析。

4.4.1.2 专业之间的隔阂

然而在现实的大量行为中，制定城市公共政策的技术性行为，与政府性概念常常是脱节的，拉思·格拉斯（Ruth Glass）认为造成这种印象的原因在于“迅速形成并定型的规划职业。”由于城市规划专业发展得过于容易、迅速，两者内部都缺乏自身本质作用、地位、角色的自我反思。

由于城市规划体系在本世纪快速而又有效地形成，导致在短时期内，对规划技术人员的大量需求。他们不仅包括从属于政府部门的，而且包括独立于政府部门的，其后果造成了在规划系统和规划专业中的临时拼凑的特征。由于分别作为机构和专业行为，两者都需要相互支持，来维持自身的稳定。

城市规划作为一门较为独立的专业是20世纪初以来的事情。当城市规划师逐渐成为一种专门职业时，规划师对于自身仍存在着两个较为含糊的认识：一个是规划师作为一种职业身份的清楚的界定；另一个是规划师在处理与行政人员的关系、以及在社会活动中所应该保持的心态。

实际上，快速形成的城市规划专业是由几个原有专业拼合而成的，20世纪40年代英国的城乡规划体系的建立，导致的对规划师大量需求，这些规划师一般来自于三方面——建筑师、工程师、和社会工作者——他们长期以来各自具有高度的专业标准和专业组织，但这并不意味着能够迅速形成城市规划专业的标准与组织。

为了协调社会关系，通过协商并引入各方面的意见来保证城市规划行为的民主性，城市规划专业逐渐引入越来越广泛的专业范围，并且构成了城市规划行为的结构特征。除了开始容纳的建筑学、社会调查学和工程学以外，法律、地理学、经济学等社会科学也不断参与进来，这些学科各自有各自所强调的不同点，并初步形成了一个整体。

二战以来，规划师的职业队伍发生了本质性的变化，其主要成分逐渐从“城市美学”（city beautiful）时代的注册建筑师和风景园林设计师，转变为从属于政府部门的经济、管理、统计、政治、社会等各种学科的专家。保罗·苏克（Paul Zucker）通过对美国加州海湾地区159个规划师的调查表明，大部分年长的规划师所接受的职业教育主要是建筑学和风景园林，另外还有少量的法律专业，而年轻的一代规划师所受的教育主要是政治学、经济学、社会学。同时城市规划研究专业本身也发生了很大的变化，其性质从原来带有一定的艺术气质和优越感的特征逐步转变为更加现实、具体、功利、杂烩的性质。[①]

从各种专业而来的规划师们习惯于遵从它们原有的标准，原来的专业之间的差异仍然存在（例如技术与管理之间的差异、以及建筑师与社会工作者之间的差异）。这在某种程度上是由于习惯造成的，每一个专业都具有各自的方法和技能，并导致各自为政的现象，和专业之间的矛盾性。这些规划师们都自认为是城市管理中的专家，尤其是在各自的领域内，他们都保持各自专业观念，与其他专业并不能有机地相融。他们常常缺乏专业边界的概念，例如：只考虑为某些人建造的房屋应当如何建造的技术问题，而不考虑为什么要这样做的社会问题。因此，这些拼凑在一起的各种专业之间并没有形成更融洽的新型关系，也没有对自身的角色作出反思，导致经常存在的不可捉摸的直觉，与不容违背的客观性之间的矛盾[②]。

因此，在总体上，综合性的规划概念，[③]可能导致一种含糊的折衷主义。在很多国家的城市规划体系中都存在这个问题：专业中的成员保持各自的独立，它们所涉及的问题是专业中的技术性问题，或是艺术性的，而社会学的思考则仍然排除在外。综合性规划依据规划中的各种专业来进行分工（社会、经济和物质的），这样规划师既并没有限定于一个具体的专业中，而且整个学科也没有形成一种严肃的、科学的态度。同时，城市规划的专业教育也常常缺乏一种综合性的态度，而且不够广泛来修正以往的思维观念。

4.4.2 专业层次特征

4.4.2.1 决策角度的差异性

由于城市公共政策的形成是社会运动的一种表现，因此，即使不存在制定城市公共政策的正式组织，在某种程度上，城市公共政策所包含的内容同样也会在社会运动中得以实现。这并不是贬低城市规划

① John W. Dyckman, What Makes Planners Plan? A Reader in Planning Theory, Pergamon Press, 1973, P248

② 尤其是在建筑学中，主观的口味和判断就会起作用，缺乏了这些主观性，设计就会缺乏创造性

③ 规划师作为一种超人，有足够的能力、时间、智慧和美德来使这些不同的专业组合到一起

正式组织的重要性，而是在于如果城市规划专业能够清楚地认识到这一点，不仅能够更好地发挥自己应起的作用，而且可以使社会效率得以提高。

社会运动与专业行为的差异性一般体现在即时性的日常行为与长期计划的关系上。如何使长期的综合理性的思考体现于城市的日常工作，这是城市规划专业在方法上面临的首要问题。

从日常行为的角度来看，对城市发展决策产生影响的参与者很多，一般有：市长、城市管理者、市政部门官员、建造商、商人、企业家、市民领袖等等。这些决策是市民的日常决策的前提——他对在什么地方居住，他的工作类型，他和他的家庭所能参加的活动作出决定。但是，无论是哪一层次上的政策参与者，往往都缺乏一种框架来指导他们进行理性的决策。

如果从实际的角度来看待城市规划专业，许多政府官员、开发商、市民领袖等等，虽然尊重技术性的成果，但很少意识到长期综合性规划的重要性，他们的主要注意力往往集中于规划师和专业人员所完成的具体项目规划，往往热衷于高速公路的计划、新区规划、大型公共建筑的设计、公园绿地的保护发展，或者一个旧城区域的改善。由于人们大部分的精力被投入于项目规划，而较少精力被投入到长期综合性规划，因此这些综合性规划很难被人们理解，更不用说积极的支持了。

图4-6 社会参与讨论

如果从城市规划专业的角度出发，专业人员的职责不仅要对城市当前的发展状态负责，而且也要为今后十几年中的社会发展负责，这不仅需要通过具体项目来为社会资源的配置提供静态效果，更重要的是形成一种制度框架，使社会发展实现一种动态效率。

4.4.2.2 多层次之间的交融

在现实中用来规范个人和公共行为，为社会发展作出重要决策的框架，通常并不是由项目规划形成的，这些项目规划的紧迫性也不可能由长期综合规划来满足。因此，在两者之间，需要一个中间环节来进行沟通。

中间环节的规划功能应当是以一种持续的、连续的方式，来为那些关心具体项目建设的开发商、项目管理者提供一个框架，同时也为那些针对社会经济问题的政策研究提供一种框架，使之了解在某地区所实行的就业计划在空间上会产生一种什么样的结果，某个公共项目在该地区会对土地使用带来什么样的变化，吸引了什么样的企业，以及在城市更新中采取的大拆大建行为所带来的后果。

这样，城市公共政策具有各种层次特征，在微观层次上，它应当通过对市场运行情况进行分析，提供信息，来协助住房、商业、工业和其他社会活动的市场操作。通过公布关于经济变化、人口移动以及其他社会变化的预警信号，来为各种社会行为的决策提供支持。在宏观层次上，它归类总结各种政府的发展目标，融合城市开发中的私人行为和公共项目，使之成为长期的综合行为过程，并仔细检验实施项目和计划行为的后果，为将来的行为提供指导，使之趋向公共利益。

因此，规划组织在不同层次上发挥的资源是不同的，在宏观层面上，它基本上平行于国家政策体系，例如提供区域之间的产业平衡来促进就业与投资的平衡。在具体操作的层面上，通过强有力的信息体系来对市场中不平衡的现象进行调节。

梅耶森（Martin Meyerson）认为城市规划的层次性作用应当具有五个方面的职能，它使具体目标的计划与宏观政策方向联系到一起。

①中央性智能功能（The Central Intelligence Function）

在形成城市的物质环境与社会结构方面，市场的作用力往往比政府的作用力起着更大的作用。例如越来越多的人选择了在郊区购房，通过个人选择来满足对个人价值和个人环境的要求。正是这种个人选择的累加，形成了城市形态的总体变迁。

然而，在市场环境中，生产者和消费者极少拥有足够、准确的信息来进行理性的决策。建造商、投资者、商务和企业对很多城市要素缺乏知识，这对于建设投资来说无异于冒险。而消费者则通过猜测来行为，对于选择项并不完全了解。

代表政府的城市规划组织，最有能力来为这些市场行为提供形势分析，通过持续不断地提供信息收集和处理，定期地发布市场信息，它们可以表现为关于住房市场、关于房地产投资、关于消费者的收入与开支、关于土地和建筑费用的专题报告。这些市场分析不仅是处理这些社会问题的核心所在，而且对于当前规划功能至关重要。

关于城市、区域、次区域范围的详细的市场分析报告，可以使生产者和消费者能够更明智地选择区位和投资方向，选择合适的工业、商业、住房和其他设施的土地使用及行为。由于市场是分配资源的主要方法，如果城市规划机构定期检验当地市场状况，它就能促进城市发展，并通过辅助个体行为来实现主要城市规划目标。

②紧急措施功能（The Pulse-Taking Function）

在这里，城市规划部门是市场预警的机制。城市发展的大部分决策是通过市场机制而不是通过政府规划机制来完成的。而城市规划之所以成为一种政府干预行为，并得到广泛接受，其原因就在于市场经济经常性的波动，导致社会目标得不到实现。由于市场常常不能够按照有效的价值体系来分配土地使用，因此，就需要通过政府的土地使用管理和其他控制来弥补市场的失败。

但是，政府行为常常只是作为市场失败的一种补救措施，而不是在错误发生之前就能发现并纠正。在这种情况下，城市规划部门就有必要向公众定期提供报告，来预警市场可能出现波动的危险征兆：为什么社区会显出加快的衰退趋势？某些交通线路是否失去了原有的大部分的乘客？某些工业是否正在进入或离开某地区？企业经营失败、拥挤程度增加、土地使用的初期交换，对服务的新需求等征兆，在发生之前就可以预测到，而完成这项工作也是城市规划行为的一部分。

③政策归类功能（The Policy Clarification Function）

规划组织可以辅助政府部门制定和定期修正发展目标。规划机构负责监控社会发展中的不良征兆，并制定相应政策来制止这种不良变化。规划机构在制定政策中起很大作用，并在需要时，鼓励引导个人行为，或直接采取公共措施。

大部分社会政策的决策是通过政治过程来进行的。在一个存在许多价值冲突的社会中，许多政策目标也是相互冲突的。这种冲突的表达和解决很大程度上需要通过政治手段来解决。

政治家需要了解关于用来实现目标的行为手段的有利和不利的方面，规划师则起着重要的说服作用。虽然规划机构不能够取代政治性的决策，但它可以阐明不同选择可能带来的不同后果，从而使决策更有意义。另外规划机构可以通过以往政策及其结果的分析，来提醒决策者相同决策的不同环境基础，促进阶段特征的社会发展政策。

④详细规划功能（The Detailed Development Plan Function）

城市规划部门将长期综合性规划转译为将要采取的具体行动或短期规划，来弥补政府管理行为与社会发展的长期总体规划之间的鸿沟，将针对当前问题的措施与用来实现社会目标的长期计划结合到一起。

综合性规划一般是反映社会所希望实现的理想状态，但是很少确定用来实现这些理想状态的行为手段。而详细规划则相反，它用来指导具体土地使用计划中的特殊变化，指导将要建设的公共设施，以及所需要的个人投资，所要征集的公共资源的数额与来源，用来激励个人行为参与到社会行动中来。

详细规划是紧急问题的处理与长期行为过程的中间环节，它可以用来加强宏观政策的紧凑性与有效性。这种类型规划的制定要求详细、有针对性，采用详细预算以及特殊的管理和法规措施，它将政府政策、计划落实于私人和公共行为中。

⑤反馈回顾功能（The Feed-back Review Function）

在规划系统中，应当具有一种持续性地监控规划实施后果的信息反馈系统。如果在一个商务中心区新开发一幢新写字楼或大型商场、文化活动中心，规划系统应当提供现有规划对原有的商务中心及其周围地带所产生的后果，为新的开发行为提供参考，使之顺利进行。

然而许多规划系统缺乏用来分析规划手段或行为计划的后果的系统方法。例如很少有人对区划的后果进行分析，也很少有人研究过采取的同一种措施的土地使用管理，在不同地区所产生的后果。①

4.4.2.3 组织体系构成

在实际工作中，人们对于城市规划价值目标的分析判断需要一种全面系统性的理论指导，从而形成总体认识，作出合理决策。但是，又似乎无需任何一种正统理论，城市规划决策也能有条不紊地进行。正统理论与日常经验比照的同时又反映出另外一种矛盾，即城市规划的决策者是由“规划专家”、“政治精英”组成？还是由来自于各方面，代表不同价值观的公共参与者组成？

精英式的决策可以从较高的层次上，运用正统理论，把握全局，作出宏观判断，但是有时不免百密一疏，只从局部的利益着手，而疏漏了众多涉及者的利益；公共参与的决策方式可以较为全面地包容各方面的利益，较全面地反映社会问题，但是这涉及到参与者的素质水平高低的问题，同时规划由于各方面的利益的介入，参与者众多，容易形不成统一的意见，陷入无休止的争论之中。

对于这两种现实状况的认识，并不是要求我们去争论一种正确有效的方法，而是在于一种观念上的理解。随着人类社会不断地趋向复杂化和多元化，人们逐渐认识到社会并不存在一种终极的、惟一的价值目标。因此，用来评价、实现这些价值目标的手段同样也是多元的、复杂的，不存在一个统一的标准。

所以，城市规划决策行为也不可能存在一种固定模式或者普遍适用的模式出现，在不同的规划环境中，规划决策的方法与规划的作用是不同的，因而也应当具有不同的形式。

根据规划的性质、范围、作用的不同，根据决策参与者的组织不同，约翰·弗里德曼（John Friedmann）认为规划形式应当包括以下几种类型：

---

① Martin Meyerson. Building the Middle-range Bridge for Comprehensive Planning. Andreas Faludi. A Reader in Planning Theory. Pergamon Press, 1973. 131

①中央性规划

在规划过程中需要强有力的权威来指导，并以这种权威来协调包含于规划系统内部许多组成部分的行为关系。中央性或指令性规划形式的决策者由作为寻求最佳方案的专家的权威性规划师构成，这种形式需要规划师熟练掌握正统理论和方法，并对城市系统有很好的了解。在考虑所有其他相关的选择、并评价它们可能产生的多种后果的前提下，选择相应的规划目标及其行为手段。

②政策性规划

在这种情况下，规划过程即为政策分析，规划中各个部门分别平行地考虑它们各自的政策，为中央性规划提供候选方案，及其可能带来的后果的分析。规划师的任务就是通过详细深化规划来为决策者提供必要的信息，提供候选政策，来帮助决策者作出决策。

③协作性规划

规划中所涉及的相对独立的不同组织，分别根据他们不同的利益来决定他们希望采取的规划政策。在这种情况下，规划师的任务是作为各种组织的中介者。这种形式类似于马克斯·韦伯的“一种不寻求统一规划或政策的规划形式，来促进各个组织去发展各自的目标。”在这种情况下，规划不依赖于有关中央性规划机构或中央指令来进行，而且各个组织为了各自的目标发展各自的规划，通过非正式的形式，导致有效的讨价还价和谈判的规划方式，使各个组织的利益都能在规划中得到考虑，从而保证决策的合理性。

④参与性规划

在这种意义上规划所涉及到的所有对象都应当直接参与规划决策过程。规划师的任务就是通过提供信息和技术帮助来辅助规划过程，通过发展规划来解决在政策构成中参与形式的矛盾。在这种形式规划中，规划师不必提供“正确的”答案，而是使各组织达成可接受的协议。这种形式的规划保证各种社会组织的利益都能得到反映。

传统的综合理性方法最适用于第一种中央性规划和第二种政策性规划，因为这两者默认了中央指令性结构，或者是为中央决策者提供信息系统。其他两种协作性规划和参与性规划主要是用来协调解决社会冲突的工具，它们要求确认规划过程中主要行为者和他们的主要要求。这种要求反映了各组织的价值倾向，并为进一步的谈判打下基础，通过行为者之间的不断对话来解决他们之间价值目标的冲突。

4.4.3 规划部门的行为特征

城市公共政策如何作为一种政府性工作来组织进行，这个问题已争论多年。一种观点认为城市公共政策的制定十分重要，因而不能完全由捉摸不定而又主观随意的政府官员来进行政治性的操作。制定城市公共政策的任务必须通过很强的技术形式，来反映那些建造并形成了现代城市的公共和个人企业的利益。由于许多政府决策者的不负责任的行为，许多决策者缺乏专业技能，偏重于自己特殊的兴趣、主观随意性强，缺乏责任感。

另一种观点认为城市规划是政府部门的主要责任。专业规划人员应当从属于政府部门，并直接向它负责。然而在现实中，很多政府部门并没有把城市规划看作是它们主要责任和任务，这应当是专业人员的事情。

这种争议的焦点在于城市规划的部门特征上。一般来说，部门会采取机会性决策（Opportunistic Decision-Making）而不是理性决策：它们不是列举出所有的目标和所有可以用来实现目标的行为手段，进行综合性的分析，而是缺乏远见地随时应付各种可能出现的情况①。而政府部门的计划工作则可能更不完善，它并不是考虑不同行为所带来的不同后果，大多数重要的决策是偶然的，而不是刻意的。它们是无意识的社会过程的结果，而不是有意识的推导和计算的结果。

E·班菲尔德（Edward C. Banfield）针对一个大型的公共组织——芝加哥住房委员会（Chicago Housing Authority）进行了长期的关于规划部门行为研究，观察它是如何进行决策的。由于住房组织是美国管理得较完善的机构，因此，班菲尔德认为只要观察得当，就可以分析大型正规部门是如何安排不同的行为过程，评价它们的后果，并实现理性决策的。虽然在这里并不希望能够观察看到严格标准的决策过程，

① Edward C. Banfield. Ends and Means in Planning. A.Faludi. A Reader in Planning Theory. Pergamon Press，1973. 140

但近似的过程应该是可以辨析的。

然而现实的观察与期望的结果很不相同，住房委员会只是按照一般常规的方式来完成其工作的。例如，给予借贷使低收入的人得以在市场上购买房屋，建造小型房屋来出售，或模仿英国方法，在大城市外围建设新城。而其他一些期望中的严密行为或计划安排则没有考虑。行为过程的制定按照一种呆板、固定的程序进行。行为过程的决定主要来源于几方面：议会、立法、城市委员会等。“除非住房委员会坚持劝说这些组织来改变他们的思路，工作只能按照既定的模式进行。这样，几个部门之间用不着相互考虑对方的思路，整个决策过程类似于每个参与者都向一句话中添入一个单词。”用来表达住房委员会目标的法规是如此一般性，使之基本上毫无意义，也使得在总体政策的参与者从不询问他们需要完成什么任务，他们的目标是什么。即使需要这样去做，也是含糊的，因为在组织规程中没有表达关于什么地方，以什么方式，去制定什么目标，由什么机构来执行等事宜。

虽然该机构有一个目标系统，但是它的目标也是含糊的、不明晰的和零碎的。每个成员（天主教、犹太人、黑人、商人和工人领袖）都有各自的想法。这些目标中存在很多矛盾。有些冲突是基本的，例如：委员会希望尽量为低收入的人建造住房，但是它又希望进一步避免种族隔离，这两个目标是冲突的，而且无法说出哪一个是次要的。

在许多有关城市发展的重大决策中，涉及到选址和项目形式的决定往往是“政治的”，而非“技术的”。“技术的”和“政治的”行为所依托的思想基础是不同的，“技术的”是一种理性选择模式，而“政治的”则依托一种政治的模式。

①在理性选择模式中，行为者的目标在于尽可能有效地实现组织的目的，每个成员的利益补充组织的利益；在政治模式中，行为者也有目的，但是他们关心的是为自己获取权力，政治体系每个成员的利益不一定补充组织的利益。

②理性模式中组织拥有单一目标，组织中的每个成员的目标同其他任何人完全一样；而政治模式中个人的目标与组织目标之间缺乏一致性，组织有多重目标，各个目标常常可能相互冲突，在支持各种各样目标的成员中取得一致意见是政治行动的首要目的。

③政治模式不需要逻辑一贯性的假设，在政治性过程的讨价还价中，任何决策都可能是一种冲突过程的随机结果。而理性模式具有强烈的逻辑连贯性，从大目标到小目标，逐层次地实现。

技术要求得到基本满足之后，其他的因素就不会得到深入的考虑。虽然参与在城市公共政策制定过程中的各种组织（无论是大型的还是小型的、公共的还是私人的、单个目标还是多重目标的）的组织方式及目标各不相同，但是基本的行为特征却是一样的，有些总体特征是可以得到的。总而言之，城市规划组织的日常行为特征往往并不是以一种理想中的“确定目标，选择手段”的程序过程来进行的，而往往表现出一些随机的、非理性的特征。

导致这种现象的原因一般在于：

①行为过程的复杂性

组织不能进行理性的行为过程，这是由于未来是极其不确定的。人们基本上不可能为超过5年以上期限的社会发展作出准确的预测。城市规划师对于他们所处理的一些主要社会因素缺乏足够的知识。城市规划实践经常显示人口预测常常是不可靠的，人们也不可能在战争之前就预见到战后的问题。许多情况并不是能够预测到的。

公共组织的目标系统比个人领域的要复杂得多，个人组织无需考虑高层建筑对出生率和家庭生活的影响。但公共组织则必须进行综合考虑，公共组织目标系统越复杂，就越难设计出具体的行为过程

②政治上的考虑

当一个组织面临一个不确定的环境，同时又可能面对反对意见时，政治上的要素就会变得尤其重要。面对反对意见，组织行为会产生与之相对应的措施。在这种情况下，组织一般是不可能进行理性规划，而是按照组织目标，对其他组织（尤其是涉及“竞争”性质的）作出不断的反应，这样，决策过程就会成为“政治性”的。

如果组织需要事先对行为过程作出决定，应该十分谨慎的。因为事先公布行为计划，将招致反对意见，并给反对者以利用条件。

③组织内部目标

如果组织拥有足够的预见能力，它所进行的变革也可能是渐进的。政治上的时间贴现，使组织倾向于满足当前的需要，而不是未来

长远的结果。在某种情况下，公共组织倾向于延缓目标的实现，或者不断设计出激励措施来促进行为的继续。任何激励手段在本质上都不稳定的，它不时地按需进行调整。

组织往往并不是最大化实现它们的目标或最有效地使用资源，它的目标还在于维持组织的继续存在。如果以精确的和现实的方式来研究组织目标，就可能对组织的存在是一种威胁。为了维护组织的自身存在，组织需要的是当前利益而不一定是长远利益。组织的目标往往并不是关于未来的、美好的、紧凑的蓝图，它是模糊的，它的功能是着眼于它的成员及其环境进行不断调整。

④代价的权衡

理想中的科学决策过程需要辨明目标，排列行为选择和评价选择项，这是一个代价昂贵的过程，需要花费大量的时间和金钱。如果组织缺乏强有力的领导能力与成员的积极参与，这种过程就不可能实施。

即使在明确认识到某种行为的缺陷时，组织也可能会继续该行为，因为保留一个旧的行为过程比重新开始一个新的廉价许多。

4.4.4　组织内部成员关系特征

城市规划是一种社会行为，因此，规划师在参与规划政策制定的过程中，不可能是以一种实验室的方式，在封闭的环境中来进行的，必然要考虑到社会政治环境的影响，也必然要与同样参与到决策过程中的众多参与者发生相互作用，或者是和谐的，或者是冲突的。在这里，我们需要对这些参与者在这一过程中各自所处的地位与作用进行一些比较分析。

从现代城市规划发展趋势来看，城市系统不再是可以由个人或某种机构在其中进行主观行为的对象。为了保证规划的公平性，应当由许多决策者共同对于城市发展过程中所出现的问题作出政策判定。而规划师与政府官员在其中担当一种领导角色，但是侧重点却是大不相同的。

4.4.4.1　不同角色的角度

对于政府官员来说，他们的主要任务就是融合相反或敌对者之间的利益冲突，通过促使个人利益与群体利益的融合来解决社会问题，促进城市的发展。在这里，他们的角色可以定义成为“中间调停者”(broke-mediator)[①]。

从公共利益的角度来讲，一般政府行为的作用主要就是以社会整体利益为目标，干涉、调和、并注意分析政策过程中不协调的地方。政府官员的任务就是通过融合各种专家的意见和人民的意愿来进行困难的决策工作；如果从个体利益角度来讲，一个政府组织的一个重要目标就是获取连续执政的机会，这需要它一方面要取得足够的政绩，另一方面要以一种能够与公众利益相一致的方式来满足来自不同方面的要求，并且能够掌握并调节这些处于持续变化中的要求，使自己与公众的关系达成一种和谐。

对于规划师来说，主要任务就是通过综合公共和个人利益，来调整各种规划参与者的相同或不同的价值目标。每一个独立的规划都按照更高层次的系统规划所制定的标准来进行调整，从而形成对于未来发展的更全面、更系统的认识。

与政府官员相比，规划师更多是以一种技术角度来考虑问题，考虑规划目标实现的技术可能性，考虑物质功能的合理性，考虑空间环境的适宜性，考虑经济布局的战略性。但是由于规划师侧重于专业技术方面，对于社会价值矛盾冲突缺乏领导协调能力，因而希望从技术角度来解决社会问题。

4.4.4.2　两者之间的关系

由于政府官员在执政过程中的领袖作用和规划师在专业知识方面的优势，两者常常都认为自己有能力通过在社会经济中所起的作用来融合各方面的利益，独立进行决策，并在城市规划过程中发挥领导作用。

虽然规划师掌握着广泛的专业知识，但是在与政府官员相互作用的过程中，仍然是处于次要地位的。这主要是因为他们的工作不可避免地要卷入政治过程中去。在政府行为中，大量的规划政策即使具备强有力的理论依据，仍然需要通过政治性的比重权衡才能作出。甚至有一种观

① N. Beckman 语

点认为，如果规划无需制定成文件，以便实施者贯彻执行，根本没有必要制定出具体的规划，只需凭借日常经验来进行就可以了。

因此，即使规划师不情愿涉及政治过程，希望保持规划的独立性，但是由于规划成果必须通过政府部门才能执行，并且直接面对大量的公众，这意味着规划不仅要涉及政治过程，而且要受到政治过程的制约。

这种关系导致了在现实生活中，政府部门似乎成为规划师的直接业主，政府部门雇佣规划师来为它的决策过程提供必要的信息，进行分析与研究，从而制定出有效的政策。而规划师的身份似乎成了一种政策顾问和绘图员，两者之间的关系形成了规划的决策过程。这个过程包含了决策者和提供科学依据的顾问，通过将科学专业的意见带入行政的决策过程中来完成的。

规划师成为一种顾问的地位和角色，这种关系本身对于决策的有效性并无直接性的影响。对于顾问来说，问题在于他与决策者之间所形成的决策是否有效，或者他们之间的关系是否会扭曲这一过程：决策者是否重视顾问所提供的信息？决策者是否给予顾问所要解决问题足够明确的方向性指导？对于决策者来说，他用来制定政策的理由是否充足？

规划师虽然在决策过程中处于比较次要的位置，但由于与政治家在控制城市发展过程中毕竟有着相同的目标。如果政府官员离开规划师所提供的科学、专业的意见，也会变得无所适从，无法为其所制定的规划政策找到有力的根据。同时，由于政治家在城市规划决策中的领导地位，如果规划师离开政府官员的合作，他的设想往往也会成为一种空想，得不到具体实现。

因此，一个开明的政治环境能够给予规划师适当的条件来进行必要的技术指导，如果规划师在这个过程中想要有什么作为，必须积极地融合、参与进去，而不是消极地逃避。为了发挥自己的才能来促使规划政策更加有效，规划师应当对自己的专业和职能有一个清楚的认识，从而采取适当的行为。

在一个组织中能够发展并保持与其他成员之间良好的关系是一种政治才能，只有当规划师在其职业概念中包含政治行为，才可能既在本职专业中获得成就，又能使制定的规划目标得以实现。

小　结

一般而言，公共政策的研究分为两个方面：公共政策的政策研究和过程研究。作为静态的政策研究，涉及公共政策的类型与层次，它的环境要素及其参与者；而动态性的过程研究则包含了政策分析、政策决定、政策实施以及政策评价等一系列的过程。

作为一般性的论述，我们需要全面而又粗略地了解并分析公共政策及其制定实施过程的总体特征，许多内容已经得到了广泛的接受。但是在实践中，公共分析与研究仍然需要注意以下几方面的问题。

①在现代多元的政治体系中，公共决策通常是一个非常复杂的过程。众多的参与者介入其中，众多的因素可能会影响政策的结果。如果对某一政策为什么得以通过或遭到否定作出简单的解释，常常会犯过分简单化的错误。因此，我们在解释政治环境中的政策行为时，需要尽可能把有关的因素都考虑进去。本章中所提到的公共政策过程只是一般特征，并不能反映具体公共政策过程的真实状况。

②关于政治系统和政治过程及其性质与运作方面的研究，有助于我们将注意力从对细节微观的政治现象的关注，转向关注它们在广泛的政治过程中的作用。对于政策过程的研究，能够使政策研究发挥某种整合和粘合的功能，并提供在分析政治现象时的有关标准。

③绝大多数政策过程（尤其是重大问题上的决策过程）是连续不断的。某一政策被正式通过和实施后，评价和反馈便会发生，政策的变化和调整就会随后而来。接着，更多的实施活动得以进行，评价和反馈再次发生，依次类推，在这一过程中，政策旨在解决的问题可能会重新确定，政策的内容和方向就会发生重大的变化。

④尽管最近几十年中公共政策研究领域有了重大的发展，但是，就决策者和公共政策的制定来说，仍然有许多未知而又难以解释的东西，需要进一步的研究。因此，在进行政策研究时，不仅需要传统的理性分析，同时还要关心公共政策在现实中所产生的直接效果。

总体而言，公共决策可以理解为三种决策模式：综合理性、渐进主义和混合扫描，在不同的环境背景及不同的针对目标中，这三种模式都有不同的体现，并且也决定了政策过程中，在时间期限、参与模式、精确程度、体系关系等不同方面的特征。然而，三种模式的分析并不意味着哪一种模式或特征应当成为主导，而是意在说明在不同的现实环境中，现代城市公共政策过程的不同表现。

同时，我们也需要针对现代城市公共政策的组织特征进行分析，从专业组织的发展，到它的组织体系构成、不同的层次特征及内部成员关系进行研究，这样可以有利于从政府的视角出发，反观城市规划组织的角色及其特征。

5

现代城市规划的背景特征及政府意图

5.1 现代城市规划的背景特征

为了深入了解现代城市规划的根本任务及其思想基础，首先需要了解的是，现代城市规划（也就是更加偏重于公共政策的城市规划）与传统城市规划（也就是更加强调工程设计）之间的区别是什么，从而使之成为“现代的”。从这一点出发，也才能解释现代城市规划的本质是什么，它的根本性的作用和目标是什么。

为了充分理解现代城市与传统城市、现代城市管理与传统城市管理的不同点，我们应当对现代社会的起因与发展的社会背景，以及其中所包含的一些基本问题有所了解，才能对现代城市城市规划进行深入的分析与研究，这是因为，现代的社会经济背景是现代城市规划产生与发展的环境与动因。

5.1.1 现代城市与传统城市

众所周知，现代城市与传统城市有着迥然不同的特征，它的发展意味着一场突变。

在工业革命前的几千年人类社会中，城市的发展一般都是极为缓慢的。全世界范围内，城市作为人类社会的聚居点，除了个别案例之外，大多数的规模都很小。在传统社会里，它们被限定于防御围墙内，受到环境的严格制约。城市功能的基础设施简单，社会结构和自然环境长期保持稳定。

从欧洲兴起的工业革命给人类社会带来了前所未有的科学技术和社会经济的发展力量，使许多城市短时间内在空间上有了极大的转变。由城墙所围绕的传统城市在政治、军事、宗教等方面的功能开始退化，城堡被完全破坏，城郊地区开始发展，农村人口迅速向城市集聚，城市人口骤然增长。

随着人口增长，土地使用扩张，新的城市特征开始出现，新的设施得以发明建造，城市内部发生了重大变化，旧的结构遭到替代。当城市外围围合不再需要用来保护人民的安全，新的交通方式开始发展，城市逐渐扩张到周围的乡村中去。

自从19世纪末以来，工业化国家的城市发生了巨大的变化。新的要素不断加入进来，新的技术不断涌现，如铁路、汽车、公路、垂直交通，汽车、收音机、电源、电视、电力、燃气、核能、净化水、废物处理、污水处理等。所有形式的就业都高度专业化，而且高度独立，健康、娱乐和其他服务行业不断发展并复杂化。

现代城市与传统城市在外部表现上存在很大的区别，在发展过程及其动因上也与传统城市也存在不同。刘易斯·孟福德在形容现代城市发展时指出：

“在古代的城市时代和现今的城市时代之间，毕竟还存在一个突出的差别。现今的城市时代是一个产生了大量的技术进步的时代，这些技术进步未经社会的引导，除了与科学，技术的发展进步相关之外，与其他目的并不相关。我们事实上是生活在一个由机械学和电子学的无数发明所构成的迅速扩张的宇宙之中，这个宇宙的组成部分正以一个极快的步伐越来越远离了它的人类中心，离开人类的一切理性、自主的生存目的。技术方面的这种爆炸性发展，也引发了城市本身及其类似的爆炸：城市开始炸裂开来，并将其繁杂的机构，组织的散布到整个大地上。由城墙封闭形成的城市容器，的确不仅仅被冲破，而且它的吸引力还在很大程度上被消减，结果，我们目睹了城市的优势在某种意义上退化成为一种杂乱无章的和不可预知的状态。简单地说，我们时代的文明正在失去人类的控制，正在被文明自身的过分丰富的创造力所淹没，也正在被其自身的源泉和时机所淹没。无情地实行专制控制的集权主义国家制度，已由于他们的制动器不灵而成为新时代的牺牲品，正如貌似自由实则正在跌落的经济由于乘上失控的车辆而成为牺牲品一样。”①

现代城市发展的表现一方面来自于城市本身的变化，另一方面的表现则是城市的区域化、全球化。城市之间、城市带、区域和国家之间相互依赖，如今很少城市能够独立于其他世界的经济、社会政治和环境的影响而存在。空中交通、电视、国际金融体系将世界比以往更

① 刘易斯·孟福德著．倪文彦、宋俊岭译．城市发展史——起源、演变和前景．中国建筑工业出版社，1989．26

紧密地联系到一起。从这个意义上讲，这种全球化的影响已经超出了以往城市规划范畴的分析能力的范围。

由于医疗技术的提高而带来了普遍的长寿，世界人口不断增长，导致现代社会的人口压力比以往任何时候都要巨大。在世界范围内，人口大规模从乡村迁往城市，城市化已经成为一种普遍现象。而近年来大众媒介的迅猛发展使得人们可以通过电视、电话、英特网等媒体与全世界的生活方式和物质财富联系到一起，空间距离的改变，对人们生活、工作方式产生了深远的影响。这样城市不仅规模变大了，而且其影响、作用的范围也大了，现代城市规划变得更加复杂。

5.1.2 现代城市发展的技术动因

关于现代城市的发展起因，存在着众多的解释。从 19 世纪中期开始，促进城市化运动发展的动力，既有经济性的、也有社会性和技术性的因素。

从社会经济因素来看，一方面是社会经济的发展促进了产业革命，从而使人类的生产、生活方式在空间上的分布出现了重大变化，另一方面，世界的初级产品价格普遍下跌，这意味着建设方面的劳动力和建筑材料变得更加廉价，有益于进行大规模的建设。同时，越来越多的工人成为从事办公、商业或者其他非体力性职业的白领职员，他们的经济实力逐渐提高，现代的金融体制允许人们普遍依靠抵押贷款来购买一所自己的住宅，造成对城市空间、基础设施的需求不断扩大。从技术方面来看，现代交通运输技术的发展，提高和保证有效的通行距离，促进了城市的扩张。从古典经济学的角度来讲，现代城市的产生与发展是社会财富积累到一定程度，在物质空间上的一种表现。经济发展带动产业变化，产业变化又影响到城乡空间格局的变迁。

然而实际上，产业革命在开始时并没有对城市发展造成显著的后果，1700 年到 1780 年间，英国纺织和制铁工业兴起的初期，人们往往宁可把工业从城市疏散到广大的农村去，以便逃避城市内部的集权控制，并更加接近于生产资源。其典型的工业景观是由遍布在农业地

图 5－1　19 世纪英国工业城镇

区内的小型工业村。[①]

P·霍尔认为煤炭的应用导致了这种情况。自从煤成为工业发展的主要动力，造成了工业向便于提供各种物资的地方集中的趋势。在接近煤矿的地区，新的工业城市在几年之内几乎从无到有，或者从一个偏僻的小村庄发展起来。[②]

但是，总体上来说，以上这些只是城市在现代化过程中的表现，还不能算作变革的根源，为了更加有说服力地阐明现代城市发展的动因，需要对在整体性的社会经济结构变迁的背景下，才能更清楚地理解这一变化过程。

5.1.3　现代城市发展的深层原因

5.1.3.1　现代化的含义

所谓“现代化”，在西方学术圈子里，是一个专用名词，用来描绘自中世纪以来人类状况急剧变化的进程。“现代化”一词，作为一种广义概念，目的在于把握、描述和评估自 16 世纪至今，人类社会发展的种种深刻的质变和量变。这些变化开创了人类历史的一个新时代。

---

① P·霍尔．邹德慈、金经元译．城市和区域规划．中国建筑工业出版社，1985．17

② 同①

C·E·布莱克教授把现代化进程放到整个人类文明史中予以考察时，认为："现代化进程是人类所经历的三次最伟大的革命性变革之一。第一次，是在大约一百万年前，从灵长类的千万年的进化中诞生了人类：这次变革，发生在距今七千年至四千年左右，在两河流域、印度河谷、黄河流域、克里特岛、中美洲、安第斯河谷，相对独立地发生了从原始社会向文明社会的历史性越迁；而我们今天，正面临着一个新的革命时代的发展，特别是近几个世纪来自西欧起步而波及全球的从传统农业文明向现代工业文明的迈进。"①

"现代化概念力图描绘人类社会的一个过渡时期，经过这个时期，人类进入一个取代技艺的现代理性阶段，达到主宰自然的新水平，从而将自己的社会环境建立在富足和合理的基础之上。"②

许多史学家们认为始于1750年到1830年之间的持续经济增长从根本上改变了西方的生活方式和生活水平。在这样一个相对短暂的历史跨度内，人类状况发生了巨大的变化。

这种变化可以概括如下：

①人口以前所未有的速度增长。人口统计学家估计1750年世界人口大约8亿，到现在则超过了60亿。

②西方世界达到了前所未有的生活水平。普通公民享受的奢侈品即使以往社会最富有的人也未曾能得到，而且，发达国家的人均寿命几乎翻了一番。

③农业在西方世界经济活动中的统治地位已经结束，工业和服务业代之起支配作用。这种变化因

图5-2　20世纪初美国纽约

① C·E·布莱克编．比较现代化．杨豫、陈祖州译．上海译文出版社，1996

② A·R·德赛．重新评价"现代化"概念．塞缪尔·亨廷顿等著．罗荣渠主编．现代化理论与历史经验的再探讨．上海译文出版社，1993．25

农业生产率的巨大提高而成为可能。在美国，5%的农业人口能养活95%的非农业人口，并且还有富余。

④以上这些变化的结果，使西方变成了一个城市社会，其中所有的事务都与专业化的提高、劳动分工、互相依存和不可避免的外部性相联系。

⑤出现持续性的技术更新，新能源不断涌现，人工体力劳动已被机械劳动取代，新材料和新物质不断被创造出来并用于满足人类的需要。

现代化既是过程又是产物。它同城市化、工业化、西方化、欧化相比，现代化描述了一个更为复杂的过程，现代化的过程不局限于社会现实的一个领域，而是包括社会生活的一切基本方面。一般认为，产生于西方各国经济、技术领域里的“产业革命”，政治领域里的“市民社会”，文化领域里的“现代思想”的形成，是现代化在世界史上的起始点。

从更深层次地来看，现代化所导致的社会变革是结构性的、全方位的。总体而言，在经济领域，现代化是指工业和服务业在社会中占有绝对的优势并起到主导的作用，它可以用人均国民收入来衡量，也可以用三种产业占国民中收入中所占的比重来衡量。

在社会领域，现代化是指社会结构变化。现代化是对“个人行动与制度结构的高度分化和专门化”，“将个人充当不同角色——尤其是将职业角色和政治角色加以区分，并将它们与家属、亲属之间所充当的角色加以区分”，角色区分是指“专业化”而不是指分散化，而角色的征求也不是按固定不变血统、地缘、种姓和等级的归属来确定，而是以个人的成就为基础的“自由流动”。

结构功能主义者认为，现代社会与传统社会之间的根本差别在于社会分层化和整合的程度。他们把社会发展过程看作结构的进一步分化和功能的专门化的过程。现代化意味着社会系统中维持系统的潜在功能，处理紧张关系的功能，选择目标的功能，适应和整合的功能得到增强。

在知识领域，现代化表现为有可能对自然和社会现象寻求合理解释。这种态度认为，自然的、社会的以及心理的现象都受到法则的支配，有规律可循，具有同一性和因果关系，并可以人们认识，因此，可以由人类的理性来调节和支配。这种理性的态度便是现代化的实质过程。

在政治领域，现代化主要表现为四个方面：

①国家政治权利的合法性不是来自于超自然的神意，而是来自世俗的人民的批准，是建立在对公民承担责任的基础上的。功利、计算和科学的真理压倒了感情、神圣和非理性的思想，社会和政治的基本单位不是集体而是个人，人们在生活和工作中的相互关系不是依据出身身份而是相互之间的选择。

②政治权力不断扩展到更广大的社会集团——最后扩及全体成年公民，将它们结合进一个意见一致的道义体系之中。政府也不再是超人的权利的象征，普通人不但可以进入，而且可以参与，政府对公众负责成为一种原则。

③地理范围逐渐扩大，地方纽带和地方性的观点让位于全球观念和普世态度，尤其由于社会的中央权力的增强以及社会的法律、行政和政治机构职能的加强。

④现代社会的统治者，无论他们是什么性质——集权的、官僚的、寡头的还是民主的，都不同于传统社会的统治者，“他们将自己的臣民作为制定政策的目标，受益者和授权者”。工作在新的行政组织中进行，而不是在家庭、住所或社区中进行。

所有以上各方面的变化，导致了人类社会在空间形态上，现代化以不断前进的城市化程度为特征。世界上大部分的人口不断向各种城市集中，逐渐远离自然环境，人居环境在一百多年间得到了巨大的改变，人们对于自己生活工作环境的控制能力越来越强。

5.1.4 现代社会变革的动因

如果现代城市的发展是现代社会形成的产物，那么现代城市也是一系列现代性制度所带来的结果，而这一些又都体现于具体的现代城市规划技术之中。

5.1.4.1 现代社会发展的本质表现

对于现代化动因的分析，我们把重点放在人口与资源之间的压力这个经济史的核心问题上。与现代社会相比较，传统社会长期处于一种静态的状态之中，这可以从传统的人口压力和资源状况的关系中看出，而这又体现于传统城市长久保持稳定而小简单规模的状态之中。自从托马斯·马尔萨斯于1798年出版他第一篇关于人口的论文以来，人口压力和有限资源的问题一直就成为社会研究的中心焦点。

人口扩张是过去百万年来普遍存在的长期趋势，它是导致马尔萨斯危机理论的根源。①从人口历史增长的角度来看，在史前与史后的整个时期，人口增长的幅度是变化着的，其特征是长期的静态平衡后突然出现超常性发展。

在工业社会以前，社会发展总体上呈现出一种静态特征："经济增长"（总生产量的增加）往往伴随着个人生活水平下降而来的。这是由于人口因素在起作用：经济的繁荣导致人口的增长，而人口增长又往往超过生产的发展，使每个居民的生活水平下降。

马尔萨斯采用了本杰明·富兰克林的观察：在资源丰富的美洲殖民地，人口大约每隔25年增长1倍。马尔萨斯因此推论，除非受食物供给的抑制，人口的普遍趋势将是按指数增长，而资源的存量是受到限制的。由于自然界提供的土地数量是固定的，收益递减规律发生作用，粮食生产不能按几何级数与人口保持同步增长。马尔萨斯作出结论：随着人口的加倍和再加倍地发展，粮食和基本生活资料将会下降到生存所必需的水平以下。因此，为了使人类能够生存下去，必须对人口的增长进行控制。为了克服这种压力，可以通过生理和社会的相应调整来实现（如战争、动乱），也可以通过能够改变资源基数的经济制度效率的改进来实现。

这种现象在欧洲中世纪晚期的世界尤其明显，社会发展呈现出一种循环特征，紧随着前两个世纪的人口增长，接踵而来的便是在1300年和1350~1475年之间的饥荒、瘟疫和经济收缩；1475~1600年之间第二轮扩张之后是17世纪的经济收缩。②

然而，自从17世纪社会危机横扫欧洲，从此之后，西欧的国家逐渐走向现代社会，基本上扭转了这一循环趋势，实现了现代意义上的增长，也就是人口与生活水平的同步增长。

---

① 以马尔萨斯为代表的古典模型之所以得出悲观的结论，是因为在这里存在一种固定要素——土地和资源，当这些固定要素与一直持续着的人口扩张相对应时，社会福利便呈现长期静态趋势

② 这种特征在中国同样也表现得十分强烈，封建王朝在经历开始时期的天平盛世之后，就紧接着二三百年的战乱和王朝替换

美国经济学家道格拉斯·诺斯（Douglass North）以及一些新经济史学家认为，经济增长是始于17世纪的现象，现代意义上的增长现象最早出现17世纪的荷兰和英国。当时欧洲人口和经济第一次出现了差别，在法国和西班牙，人口减少了，生活水平却停滞不前，甚至出现了倒退。而在英国和荷兰，由于社会产出快于人口增长，而逃脱了马尔萨斯危机。虽然人口持续增加（英国增加了25%），但实际上生活水平却提高了（大约提高了35%和50%），这是史无前例的事情。在欧洲历史上，同时也是在人类历史上，这两个国家第一次能够持续性地向不断增长的人口提供不断提高的生活水准。

5.1.4.2　现代化过程的动因

关于社会发展与经济增长[①]的原因，以往许多现代经济史学家们从古典经济学的角度出发，认为是生产积累与扩大再生产的不断交替过程所形成的。如果这样，世界的发展史应当是以一种持续平稳的速率向前发展的。但这与历史现实相悖，它无法解释在经历了长期的相对平稳以后，自18世纪以来人类社会突飞猛进的过程。

也有很多学者，如熊彼特（Joseph Schumpeter），将这种发展归因于技术更新的发展，他们普遍把产业革命视为人类历史的分水岭。17世纪后半叶由英国开始的社会与经济迅速变化，拉开了产业革命的序曲，从产业革命的角度很容易理解这种崛起。

尽管这些变化不容置疑，但产业革命是怎样发生的？起源于什么时候？产业革命意味着什么？以及产业革命所引发的城市化和社会变革的根源是什么？在众多理论中并未得到很好的解释。许多现代化的现象也并非由产业革命所引起。

例如，人口在产业革命前一直在增长，工业城镇兴起之前大城市已经存在，英国人的收入在亚当·斯密时代以前，就已经持续增长。在产业革命期间，农业工人总数也越来越多，相对新兴的工业来说，农业并不是一个衰退的产业。在产业革命之前大工厂已经存在，蒸汽

① 美国经济学家西蒙·库兹涅茨基给经济增长下了一个比较完全的定义：一个国家的经济增长，可以定义为“不断扩大的供应他的人民所需要的各种各样的经济商品的生产能力有着长期的提高，而生产能力的提高是建筑在先进基础之上，并且进行先进技术所需要的制度上和意识形态上的调整。”

图 5－3　19 世纪英国纺织工厂

机在瓦特蒸汽机之前已经在煤矿使用几十年。

诺斯认为，人们习惯于把“产业革命”当作现代工业社会的起点，这是一个错误，其实“经济增长”比产业革命出现的要早，产业革命不过是经济增长的一种表现形式，而不是它产生的原因。[①] 许多历史学家过高评价了产业革命的作用，因为许多现象仅仅是量上的变化，而没有革命性的特征。

在产业革命前，由于营养和环境的改善，传染病和死亡率降低，一些欧洲国家就已经开始人口快速增长，在 19 世纪中叶已变成人口爆炸。同样，城市在产业革命前 100 年间就有了巨大的发展，但是随着城市的发展，并没有伴随而来的运输费用的急剧下降和农业生产率的提高，经济活动也没有产生聚集效应，工业部门并没有支配发达国家劳动力的就业，服务业而不是制造业雇用了大多数现代工人。因此，与产业革命之后，特别是最近发展中国家达到的增长率相比，产业革命期间的经济增长率并没有给人留下深刻的影响。

持续扩大商品的供应是经济增长的结果，这种情况应是由利用各

① 道格拉斯·C·诺斯著．陈郁、罗化平等译．经济史中的结构与变迁．上海三联书店、上海人民出版社，1994

种先进的现代化技术实现的，而现代化技术只是潜在和必要的条件，不是充分条件。若要保证先进技术和充分发挥作用，必须有相应的制度和意识形态的调整。

诺斯通过对人类历史上经济制度变迁的研究，得出了令人信服的关于现代社会变革的解释。在一般众多的关于经济增长的新古典经济理论模型中，经济增长主要是通过各种物质生产要素的变化来解释的，其中，技术创新理论长期以来一直占据主导地位，而经济制度的因素常常是被排除在外的，制度因素是作为经济行为已知的、既定的变量。诺斯认为，正是现代制度体系的建立与完善，才是现代社会得以成立的根本原因。

通过实证研究①，诺斯对人类历史的发展作出了全新的解释，并对人类历史发展中的两次重大变革，以及变革前和两次变革之间的静止状态作出了说明。虽然产业革命是技术创新的加速器，但技术创新的根源可以追溯到传统年代（1750 ~ 1830）以来所界定的产权体系（与自由放任不同），它产生了要素和产品市场，使交换不断扩大。结果，市场的规模扩大导致了更高的专业化与劳动分工，并导致产权得到更好的界定，在提高了创新收益率的同时，促进成本得到根本性的降低。正是这样一些变化为联结科学与技术的真正革命（第二次经济革命）铺平了道路。也正是19世纪后半叶的这种变化，使得新知识的供给曲线富有弹性，从而达到一个短期内超越前人积累了前所未有的发展。

诺斯认为，在这些社会变革中，最为重要的是产权制度的变革②。

---

① 诺斯为此所举的历史上的实例：在1600 ~ 1850年间，世界海洋运输业中并没有发生用轮船代替帆船之类的重大技术进步，但这期间海洋运输的生产率却有了很大的提高。诺斯发现，尽管这一时期海洋运输技术并没有太大发展，但由于海洋运输变得更加安全和市场经济变得更加完全，因此，船运制度和市场制度发生了变化，从而降低了海洋运输成本，最终使得海洋运输的生产率大大提高。诺斯的贡献在于指出在技术没有发生变化的情形下，通过制度变革亦能提高生产率和实现经济增长。

② 从经济学角度来看，无限制地使用一种资源，会导致无效率。当对资源的需求增加时，这种无效率会导致资源的枯竭。如果是再生资源，这种枯竭就会使资源的存量减少到维持获取量所需的水平以下。因此，只要所有资源是公有财产，技术的改进只能导致加速摧毁自然资源的基础。如果资源被过分使用，会使个人甚至群落的生存都受到威胁。

诺斯认为，解决史前人类所面临的公有财产困境的办法就是建立排他性的公有产权。有效产权制度的建立，能够限制开发资源的速度，并提高资源的使用效率。

欧洲各国在17世纪所表现出来的不同增长率的原因可以从每个国家建立的产权制度中得到解释。由于国家的收入大部分来自于税收的征收，因此征收的方式是十分重要的，它对国家经济的发展产生了深刻的影响：是不顾一切地去获取所有可得的税收，使臣民长期处于贫困之中？还是使臣民保留一部分自己的财富，从而创造出更多的财富？

现实中，结论是很明显的。在英国和美国这两个较早开始现代化进程的国家里，有效、合理的产权制度的建立，激励人们更有效地使用资源，并把资源投入发明与创新活动之中。而在一些后进的国家里，政府的横征暴敛在社会进化中起着相反的作用。

图5-4 美国在铁路公司的引领下向西部进发

现代产权制度的建立，也导致了其他一些社会制度以及经济技术发生了深刻的变化。[①] 在这种制度下，产生了一种人所皆知的资本主义社会的原则：个人运用私人财产来发财致富不受任何限制。这样就导致通过市场这一途径，不断地为社会发展积累财富并带来福利。

亚当·斯密对这类经济发展的机制进行分析时认为，经营贸易的发展可以扩大市场，促进劳动分工更细，这直接提高了劳动效率，也有利于机器的发明和改进。社会借此也变得更加富裕，有能力提供更多的使用设备。社会总需求的增长和需求的转移，虽然有时造成某些商品供应的短缺，但也会促使生产部门不断进行改进，从而刺激人们探求新的方法。大部分具有重大经济意义的发明应当归因于社会需求不断增长的压力，而不是人类发明的本能、生产要素价格的变化。

因此，总体而言，现代社会城市的动因应当是社会制度的根本性转变，其他一些因素（如经济增长、人口增加、新技术的涌现……）

① 自中世纪以来，欧洲部分地区就出现了在其他地区尚未发生的经济进步。信贷、分配和运输设施、熟练劳动力的供应、牟利精神，在英国、德国等国家和意大利的某些地区已经可以见到。

是这种结构性转变的外在表现，而不是根本原因。从这点意义上来看，现代城市的出现与发展是人类社会制度变迁的一种结果，而不是仅仅作为生产力发展到一定阶段的必然产物。[①]

从这个角度出发，我们才能对现代城市规划的“现代”含义作出更加确切的理解，从更加基本的层次上把握现代城市规划的本质及其作用。这也就意味着，我们必须从现代社会的基本组织结构出发，认识社会制度的作用方式，才能对现代城市规划作出全新的理解。

5.1.4.3 作为现代社会的一种制度的现代城市

在预言社会未来发展方向时，虽然马克思的理论与亚当·斯密背道而驰，但在分析现代社会起因方面，却是一脉相承的。马克思把促进储蓄和投资的社会条件的出现看成是市场经济发展的关键，而这些条件的出现，是同私有财产逐步从基督教会的规范中分化出来相辅而行的。

出现于中世纪晚期，并最终导致资产阶级世界与工业化的兴起的社会变革，是一种社会的缓慢分化，由此导致了追求利润的自由经济活动，并导致了私有领域的合法化。经济活动从此不再受到封建制度在能力上、宗教上和政治上的种种约束的阻碍。

马克思承继黑格尔的说法，把这一领域称作“市民社会”。从社会和历史角度看，随着城市自治运动的兴起。经济活动领域不受公共生活中其他各种领域的束缚，这场运动通常被历史学家称为“城市公社运动”，旨在使城市从对主教、贵族以及其他封建领主的依附地位中解放出来。

自12世纪中叶起，这一过程席卷了整个西欧，各个城市及其新兴的市民阶级，极力使自己摆脱世俗和宗教的领主，摆脱他们的领主强权加在私有经济之上的种种约束。独立自主的城市群体的发展，是和相应的社会行为准则的明确化分不开的，新的行为准则使市民能够通过更改传统上发展商业的宗教伦理，而最大限度地实现其经济目标。

他们由于挣脱了封建的和基督教的传统习俗所强加于他们头上的伦理和宗教的枷锁，从而能够放开手脚从事经济活动。由于经济活动

---

① 我国唐、宋时期的社会经济、城市规模就已经达到了一个很高的水平，但这并没有导致现代社会和现代城市的产生。

离开各种道德戒律而中立化，从而能应付日益增长的需求，生产出比传统的生产方式和社会伦理所允许的更多的商品。于是，与经济领域有关的惟一标准只是经济标准——效率。

马克思认为，正是这种具有个人主义伦理观的自主、自治群体的创立，才是出现“市民社会”与随之而来的现代化所必要的先决条件。因此，即使是在其他方面都非常有利的情况下，如果没有这样的城市市民文化，也产生不了现代化。

例如葡萄牙在16、17世纪就获得了丰厚的经济资源，但是它并没有出现现代化和工业化，原因就在于它没有建立在城市基础上的市民社会。葡萄牙在中世纪晚期没有经历过城市公社的革命，它的城市没有使自己摆脱王室、封建主和基督教会的自主权，缺乏变革的基础，看不到加速发展的、合理组织的以及追求利润的经济活动。

相比起西方城市的变革，印度及亚洲的城市长期以来只不过是王室的营地而已，它的兴起与衰败完全取决于一代君主或一个王朝的命运，因此有其盛衰变化，而与其经济进步绝无关系。这类城市完全没有以个人为主体的“市民社会”的构成因素。马克思认为：“那些东方帝国总是表现为社会内部结构的停滞不变，而那些追逐政治上层建筑的功能和部族却不停的更替。”他所论述的东方社会的主要特征在于：

①不存在土地私有；

②国家为土地的最终占有权，在地方一级，土地为村民公有，因此村社是“东方专制主义的牢固基础”；

③地租和赋税是一回事情；

④农业和制造业被纳入一种乡村自主经济的封闭体系；

⑤一个完全不依赖于各种社会经济因素的中央集权国家承担各种公共工程的建筑，主要是兴修水利和修筑道路；

⑥这种高度整合的自给自足地方主义与中央集权的官僚制度相结合的体制，是东方社会性质停滞不前和缺少变化的原因。

因此，现代化产生的原因不简单地作为社会财产积累到一定程度的必然产物，它是由一系列社会制度的变革引起的。自此，“社会有能力发展起一种制度结构，它能适应不断变化的问题和要求”。

现代城市的出现与发展，在于城市中经济行为的普及所带来的社会结构的变革，而最为直接的原因，应当是土地使用的商品化，以及土地交易的市场化。

在封建制度体系下，土地的价值并不体现于经济方面，其重要性体现于军事和社会的意义上。封建领主在其仆人们的簇拥下，用暴力手段使其近邻屈服，并相互争夺土地上的实物产出。

到了15世纪以后，大规模的土地租赁开始出现，并且比土地的直接产出更为重要。土地价值观上的这种变化，标志着中世纪的土地观念（即把它视为政治功能和职权的基础）向现代的土地观念（即把它视为产生利润的投资）的转变。简而言之，土地经营开始商品化了。

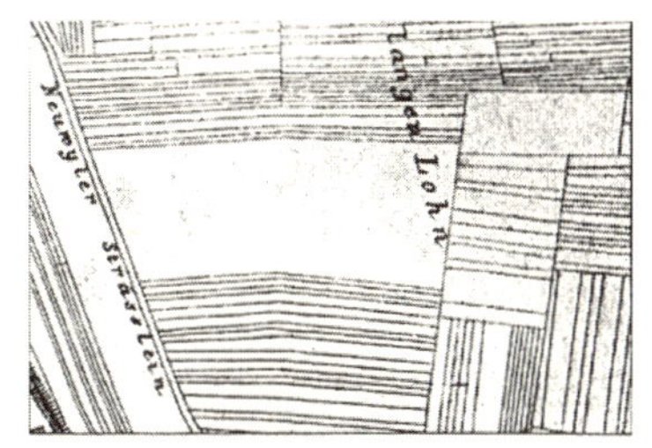

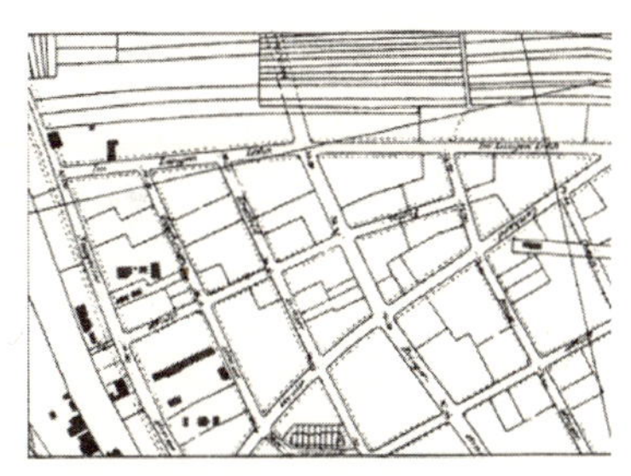

图5-5 瑞士巴塞尔地区农村土地转为城市土地过程，1985~1920~1940

在这种社会趋势的背景下，人们根据对维护社会政权所作出的贡献来评价经济活动的观念开始动摇，对土地的看法也发生了变化，他们不再琢磨如何利用土地来谋生，而把它看作是资本投资的一种途径。越来越多的土地可以进行买卖，成为可以转让的东西。简而言之，它被当作现代资产者的私人财产来看待，作为一种商品来进行自由交换。

虽然在封建制度下，也存在土地个人所有的情况，但是在世界上的任何一个封建主义制度下，土地所有权的获得总是被一系列与他人相联系的义务及职责所压抑和妨碍。但这种障碍很快被迅速成长起来的经济意识所驱散，许多从商的民间团体，开始接受如下这些观念，即：维护自身利益和经济自由是人类社会的自然法则。这种经济自由主义主要产生于资产阶级中。

商业在城市中的发展是一个缓慢的过程，因为它遇到了中世纪城镇结构和习惯上的阻力。虽然巴洛克规划的整齐均匀有益于商业城市的发展，但是它的铺张浪费和富丽堂皇的炫耀，对城市商业并没有什么促进。资本主义唯利是图的本性使之在城市各处设立市场，哪里有钱赚，哪里就会改变为市场。

中世纪城镇中具体的市场逐渐被抽象的、超越地区范围限制的市场所代替，这种抽象的市场，只要哪里有有利可图的交易，就会在哪里孳生繁荣。为了开辟一个自由天地，资本主义对现有城市结构采取了两种手法：一是到郊区去，避开政治上的一切束缚和限制；二是彻底破坏旧的城市结构，使城市密度增加到远比当初设计的还要高。现代城市开始发展的主要标志之一是城市的破坏和更新，就是拆和建，城市这个容器破坏得越快，循环得越快，资本就流动周转得越快。

17世纪，资本主义已经改变了社会整个政治力量的平衡。从那以后，城市扩张的动力主要来自城市商人、财政金融家以及为他们提供服务的地主们。19世纪，城市扩张受技术方面因素的影响，才由于机器的发明和大规模的工业生产，而大大增强。

新商业中心的出现，人口日益增加，促进了土地的高度利用，哪里可获得的土地越少，哪里的租金就越高，哪里把土地降级使用和用于反社会用途，哪里盈利的机会也就越多。①

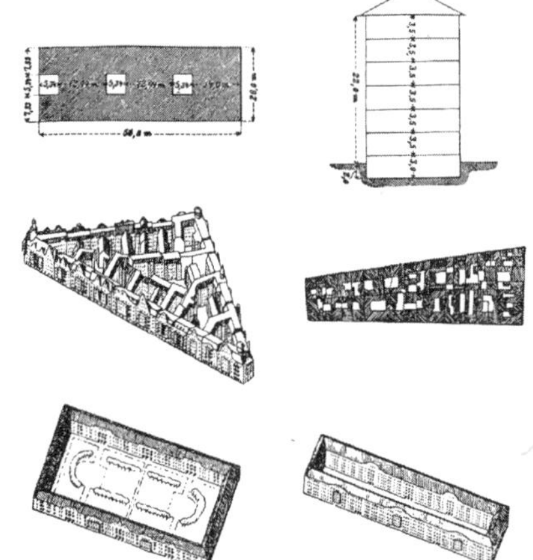

图5-6　柏林典型居住街坊

对于商人来说，理想的城市应该设计的可以迅速分成可以买和卖的标准的货币单位。这类可以买卖的基本单位，不再是宜人的居住邻里，而是一块一块的建筑地块，它的价值按照临街的单位长度衡量。这种方法，对长边形沿街宽度狭而进深深的地块，最有利可图。虽然在这类地块上建起的住房，阳光最少，空气也不流通。但是，这种地

① 刘易斯·孟福德著．倪文彦、宋俊岭译．城市发展史——起源、演变和前景．中国建筑工业出版社，1989

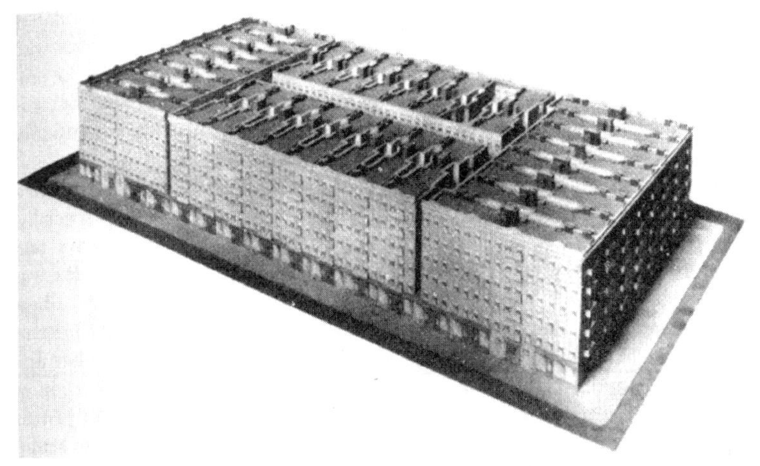

图 5-7 美国纽约当贝尔住房

块单位对土地测量员、房地产投机商、建房承包商和一些土地买卖契约的律师来说，是最方便有利的。

“采用标准化的、类同的、可替换的部件，来设计一个城市，这类规划不需要技巧。所谓规划也只是迅速把土地划分成小块加以分配，迅速地把农场的农田和房屋转变为房地产卖出去。这种规划毫不考虑如何适应地形和景观或人类的目的和需要。尽管这种城市规划是盲目性和无设计性的，但它使土地交换更方便地进行，城市土地如同劳动力一样，演变成了一种商品。它的市场价值表示它惟一的价值。城镇被设想成只是纯粹出租房屋的物质团块，从这种思路出发所作出的城镇规划，向四面八方蔓延出去，而不受限制。每条街道都有可能成为车辆交通街道，每个区都有可能成为商业区。”①

人们住得越紧密拥挤，房地产主的收益也就越大。而房地产主的收益越大，土地的资本价值也就越高，导致人均居住面积更小。如此恶性循环下去，许多城市在很长一个时期内，遭受到这种恶性循环所带来的后果。

即使在城市郊区，这一进程也是十分显著的，周边地区的农庄土地也逐渐被分割成许多建筑地块，城市也就开始被分割成一片一片

① 刘易斯·孟福德著．倪文彦、宋俊岭译．城市发展史——起源、演变和前景．中国建筑工业出版社，1989

的。在19世纪，对城市来说，自由放任就意味着“让那些投机提高土地价格和租金的人放手去干。”①随着起军事防御作用的城墙被拆除，城市失去具体边界的控制，向周边无限制地发展下去。交通运输速度的加快，首先是私人车辆的车速加快，然后是公共交通车辆的车速加快，这些都增加了周转和流通，加快了城市改造的步伐。商业投机，社会分化，城市解体，三者几乎同步进行，不断促进现代城市数量增多，城市规模扩大。

从商业的观点来看，允许土地利用逐渐强化，并相应地增加房屋和土地的租金和价格，是一种新的城市体制，在这里，商业压倒其他一切活动。总而言之，现代城市发展的动因应当是：(1) 存在土地私有制。(2) 在这一条件的基础上出现土地商品化；(3) 存在着一种个人本位的城市“市民”文化。

5.2 现代社会的组织方式及其根本矛盾

5.2.1 政府进行干预的目标及价值取向

如前所述，现代社会是市场机制普及并完善的一种结果，那么，现代城市应当也是市场机制运行的一种结果。无数的土地交易买卖促使土地按照价值最大化来进行安排，由市场编织起来的不断扩大的社会关系网，使城市社区散落开来。接触频繁的供需关系扩大了市场的规模，激发了新技术的不断产生，从而造就了与传统城市完全不同的现代城市及城市群落。

市场体制在给现代社会带来整体性繁荣的同时，也存在着许多负面作用。现代城市规划作为一种公共政策干预行为，其主要理由在于市场结果的经常的、无数的缺点。然而，对于公共政策或政府干预来说，这种理由仅仅是必要条件，而不是充分条件。

英国经济学家亨利·西格维克（Herry Siegwick）曾在19世纪就认为：“并非在任何时候，自由放任的不足都是能够由政府干涉来弥补

---

① 刘易斯·孟福德著．倪文彦、宋俊岭译．城市发展史——起源、演变和前景．中国建筑工业出版社，1989

的，因为在任何特定的情况中，后者的不可避免的弊端都可能比私人企业的缺点显然更加糟糕。”[①]

因此，采用公共政策对市场行为进行干预并不是一件简单的、或者正确与否的事情。从公共政策在实践中经常体现出来的复杂性与矛盾性来看，如果要对城市公共政策进行更加深入的研究，需要从更深层次的社会组织理论中进行理解，置于更广泛的背景之下进行考察。

制定公共政策首先需要认识到市场可能存在的缺点，同时也必须认识到政府干预可能所存在的问题，并将两者进行比较。对市场缺陷所作出的诊断，可以为政府进行治疗提供有益的帮助；而对于政府干预中可能存在问题的认识与理解，则有助于在制定政策时具有更强的现实性。

公共政策常常被认为是计划性的代名词，但事实上，现代公共政策可分为两种类型：(1) 行政管理或权威主义的政策体系。(2) 市场性的政策体系。

决定政府是否进行干预，以及采用何种方式进行干预的原则，简而言之，是社会产出的效率和社会分配的公平。

由城市规划师负责指导城市用地空间的安排，实质上就是这两方面类型行为的具体体现。因此，城市规划师的责任就是寻求那些能够有效提高土地使用效率，增强各地区的可达性来提高社会产出；同时，通过空间安排，解决各种土地使用过程中的纠纷，实现最广泛的社会公平。

5.2.1.1 效率因素

所谓社会产出的“有效率”，是指已经不能用更低的成本来取得与已经获得的总利润相等的利润，换一种说法，就是在相同水平的成本下，不能获得更大的利润。[②]

政策的效率目标就需要在不同方法之间作出比较：假如市场能够较其他机制在较低成本下完成这项工作，或者能够在相同成本的情况下，做得更好，那么市场就是相对有效率的；反过来说，如果其他机制能够在较低成本下完成这项工作，或者能够在相同成本下做得更

① 转引自查尔斯·沃尔夫．谢旭译．市场或政府或者——权衡两种不完善的选择．兰德公司的一项研究．中国发展出版社，1994 年 2 月：15

② 查尔斯·沃尔夫．谢旭译．市场或政府或者——权衡两种不完善的选择．兰德公司的一项研究．中国发展出版社，1994 年 2 月：15

好，那么在这种情况下，市场就是相对低效率的。

效率可以分为动态效率和静态效率。静态效率是指投入－产出的一种比较关系，动态效率着重于某个组织产生和维持自身发展的能力(即长期维持较高的经济增长率)，这种能力是通过发展新技术，降低成本，改善产品质量，或创造新的有市场前途的产品来获得的。①

从静态效率和动态效率这两个方面看，市场作为一种主要的资源配置机制，起到了比政府更好的作用。在短期内，市场机制使资源的利用更加有效，而长期来看，它也更具有创新力，更广泛和更有活力。②

5.2.1.2　公平因素

大多数公共政策通常更多地与分配问题有关（即谁得到利益，以及由谁来负责代价），而不是效率问题（即收益和成本的权衡）。

对公平的追求一般集中于两个从属目标：(1）减少绝对贫困，减少处于某一具体规定的物质生活最低水平之下的人口比例；(2）减少不平等，减少居民群体相互间收入与财产的差别。自 20 世纪 70 年代初以来，许多国家的公共政策目标从早期过分强调效率因素，转变到效率与公平并重的方向上来。

从公平或公正的立场上来看，虽然市场机制也具有一定的、在机会均等意义上的公平特征，但无法保持普遍的公平。由于市场能体现那种非人为的、相对客观的过程，对于具有不同条件的人们，在面临对市场无情的筛选过程中，具有不同起点和天赋，以及不同的运气和机会，因而产生了不公平。

在纠正市场产生的不公平的过程中，虽然政府干预也经常产生不同类型和范围的不公平，但是，政府干预在一定程度上，对减轻由于无约束的市场力量所带来的机会与结果方面的不公平是必需的。在许多公共政策中，分配问题通常较效率问题对于政府干预的成功与失败的判断产生更大的影响。

然而，观点偏激的人常常认为，市场可能既不会产生经济上令人满

---

① 动态效率又可以表现为技术效率和 X 效率。技术效率是指组织寻找和使用那种目前可能是最好的、能够使产出成本降低或质量提高的技术的能力。而 X 效率着重于在任何给定的技术条件下，通过组织管理，降低成本，来提高生产力的能力。

② 沃尔夫认为总体而言，从效率角度来看，政府干预的缺陷的类型和来源要比市场多。

意的效率，也不会产生社会上理想的公平结果；而持另一种观点的人也会认为，政府在解决市场问题，实现这两个目标时，常常也是无力的，有时也会起到相反的效果。总而言之，任何公共政策都是在这两个目标之间的平衡，绝对的效率和绝对的公平都是可望而不可及的。

5.2.2　政府进行社会控制的基本方式

5.2.2.1　社会控制的三种要素

现代社会的一个基本特征就是空间变小，社会变大。然而，世界上形形色色、怀着不同目的人们是如何组织在一起，自觉地或不自觉地为了同一个目的而努力工作的？对此，帕森斯（Talcott Parsons）认为："现代社会大型正式组织的两个最有影响的功能领域，是经济和政治。"[①]

政府与市场是现代社会主要的两个概念，它们之间的关系也是社会政治领域里的中心话题。尽管政府指导的制度同市场制度之间存在许多差异，但是人们往往将两者之间的关系对立起来，并过分夸大这种差异。在许多政策研究中，"用市场取代政府，还是用政府取代市场"，成为一种广泛争论的话题。[②]

为了更好地对社会组织行为进行根本性的分析，我们应当从社会控制的基本要素机制开始。林德布罗姆列举了三种要素，它们是：交换、权威和说服。[③]这三种要素对社会组织行为具有重要的意义。

交换在社会行为中是无处不在的，每个人彼此之间进行交换，以获得各自所需要的东西，并融洽共处。交换是市场制度赖以建立的基本关系。

权威是一个古老的控制机制，权威关系是在政治组织中，标明其成员身份特征的基本关系。政府是一种正式的组织，所以，权威关系

---

① 查尔斯·沃尔夫．谢旭译．市场或政府或者——权衡两种不完善的选择．兰德公司的一项研究．中国发展出版社，1994年2月

② 这种争论常常导致极端化的结论。事实上，市场制度即使是对于中央计划制度来说，也是必不可少的。1917年苏联革命的最早的雄心勃勃的目标之一，是在废除货币和价格的同时，废弃市场制度，单纯地通过行政行为来征募和分配劳动者从事各种工作。这造成了接踵而来的极度的社会困难。几乎所有国家的制度都需要通过市场，使用货币和价格来组织社会化生产，将多数消费品分配给有意的买主。

③ 查尔斯·林德布罗姆著．王逸丹译．政治与市场．世界的政治—经济制度．上海三联书店、上海人民出版社，1991．14

是支撑政府的基石。

说服在所有社会制度中也是一个中心而基本的要素，它借助意识形态工具和宣传方式来对大众实行控制。[①]

5.2.2.2 权威与政府

政府以权威关系为基础。然而，权威究竟是什么？政府如何依赖它？

简要地说，权威就是采用得到约定的处罚来获取指挥和控制的地位[②]。一个人可以使用各种各样的控制方法来控制另一个人，既可以用直接的、又可以用间接的途径，威逼、引诱他人把权威授予操纵者，并对权威进行顺从。这种控制一旦建立起来，只要没有撤销，就可以尽可能充分地行使[③]。

权威使普通人服从于组织官员，使不同职能的官员互相服从。许多权威关系，它能使组织的一个成员与其他人联系起来，把每个成员个人纳入了一个合作的整体，形成一个由权威组成的网络，这就是政府。

在政府部门中，最常见的权威模式是一个官员行使对其下属的权威，下属的每一个人又行使着对各自部下的权威，这样一直到达阶梯的底部。为了取得协调分工和职能专门化的效率，政府部门常常形成等级制的或金字塔形的结构体系。金字塔形的权威或等级制度通常被认为是官僚制度的特征，这种等级制和官僚制有着古老的起源。在当今世界上，人们也被官僚制度用前所未有的方式组织起来。

5.2.2.3 交换与市场

历史上看，能够代替国家政府统治的制度选择，就是市场。如同等级制、官僚制和政府体系来源于权威关系一样，市场制度来源于简单的交换关系。在现代社会中，人们不再生活在一种孤立的环境中，市场是能够组织起千百万人进行合作的一种制度。

---

① 意识形态的作用在于：它以世界观的形式出现，从而简化决策程序。它是个人与其环境达成协议的一种节约费用的工具，换言之，好的意识形态能降低社会运行的费用。它所内在的、与公平、公正相关的道德和伦理标准，有助于缩减人们在相互对立的理性之间，进行非此即彼的选择时所耗用的时间和成本。

② 查尔斯·林德布罗姆著．王逸丹译．政治与市场．世界的政治—经济制度．上海三联书店、上海人民出版社，1991．21

③ 权威作为社会控制的一个主要方法，其特点是；当花费时间来运用这种控制时，它是低成本的，但是为了获得这种控制，常常是高成本的。

市场赖以建立的交换关系，是一种审慎的控制。它是两个人（也可以是更多的人）之间的关系，每个人为他人提供好处，并期望以此得到一个回报，好处的提供取决于所获得的回报。

在两个人之间最简单的交换中，他们各自拥有对方所需要的某样东西，或者可以做的某件事情。这样，其中一个人找到一个能够提供给别人的好处，来引导别人作出自己希望的事情。交换不仅是变换占有物的一个方法，它也是控制行为方式和组织人们进行协作的一个办法。

经济思想的核心就是交换这一概念，它表示一种经济关系，即在市场模型中的人和人的基本关系。交换基于双方之间明确的补偿，即每个人都可以从交换中获得好处，而且没有人从中受损，它是互惠的。

简单的交换关系造就了非凡的社会效果。14~16世纪，欧洲的一些城市商人，尤其是意大利北部放高利贷的商人，使用这种由交换关系形成的环链，头一次使西欧连成一个整体化的经济，实现了甚至连政府都望尘莫及的一种社会的协调。

在寻找原材料和产品的顾客的过程中，市场制度下的企业造就了连接整个世界的市场环境。18~19世纪，世界在人类历史上首次完成了一元化的整体——这不是指政府和文化方面，而是在劳动协作和世界资源利用的整体化。在每一块可居住的大陆上，数以百万计的人为其他大陆的人提供了服务，然后又从后者那里得到了好处。在19世纪末，世界上数以百万计的居民（主要是从西欧人和北美人开始），抛掉了文盲、瘟疫和饥荒的恶梦，步入了现代化社会的殿堂。①

无数的价值交换与转换，是社会构成的基础。从亚当·斯密的理论中可以看到这种经济行为的作用："人们的许多目标的实现，乃是他们追求其他目标的行为的附带现象的副产品，分配收入、配置资源和经济增长都是由微小的个人买卖所决定的副产品。"②

从根本上来说，城市公共政策也不例外地涉及到权威组织与市场组织的两种方式。如果可以将现代城市规划的传统区分为"计划性"与"控制性"的，那么从本质上讲，计划性反映了一种"权威机制"，

① 查尔斯·林德布罗姆著．王逸丹译．政治与市场．世界的政治—经济制度．上海三联书店、上海人民出版社，1991

② 亚当·斯密．国民财富的性质和原因的研究．郭大力、王亚南译．商务印书馆，1996．96

它通过政府权力和组织，使社会按照一定理想模式，有目标地进行发展；而“控制性”的传统则反映了一种“市场机制”，它为被管理者提供了选择的框架。在这里，除了被禁止的行为外，被管理者对他们的行为进行“成本——收益”的权衡，而社会整体则从这种分散的权衡中得到了综合性的提高。

5.2.3 权威机制与市场机制的比较

权威机制与市场机制之间的对比是经常而又微妙的。古典经济学家称颂完善的市场机制，而市场明显的不足也使许多人抨击市场的缺陷，许多公共政策的选择是介于政府或市场之间的，沃尔夫称这种选择是在不完善的市场和不完善的政府以及两者之间不尽完善的组合间的选择。[①]

自20世纪30年代世界性的经济萧条之后，公众对市场缺陷的意识急剧增加，人们逐渐认识到，市场在获得理想的社会结果方面是失败的(例如环境污染的增长，人口密度的增加及其造成的城市拥挤……)

实际的市场缺陷以及公众对这些缺陷的认识的增加，在许多利益组织所参与的政治活动中得到反映，并深刻地影响着产生的政策的结果。尤其是在20世纪60、70年代，许多国家的公众一直迫切要求政府运用立法、规制及其他手段来修正市场的缺陷，以实现他们所期望的社会要求。

5.2.3.1 市场的缺陷

加尔布雷思（John Galbraith）认为，市场的缺陷常常表现为宏观的不稳定和微观的无效率，以及社会的不公平。他认为政府的干预对于经济稳定，提高效率和维持社会公平是必不可少的。一个信息灵通、高效的、人道的政府能够认识并修正市场的缺陷[②]。

假设在一个缺乏政府管制，完全自由化的私有财产的社会里，由于任何个人能够通过交换来满足自己的需求，所以似乎在适合的环境

---

① 查尔斯·沃尔夫．谢旭译．市场或政府或者——权衡两种不完善的选择．兰德公司的一项研究．中国发展出版社，1994年2月：132

② 查尔斯·沃尔夫．谢旭译．市场或政府或者——权衡两种不完善的选择．兰德公司的一项研究．中国发展出版社，1994年2月：2

中，人与人之间可以无损害地进行互有优势的交换，自由市场能够获得社会的最佳状态。但是，市场的缺陷使这种理想状况几乎无法实现，也就是不可能实现一种任何人都毫无损害的最佳状态。一般来说，市场主要存在以下一些缺陷：

（1）外部性

在任何一种经济事务中，都有可能出现外部性现象，所谓外部性，“是指当一个行为个体的行动不是通过影响价格而影响到另一个行为个体的环境时，就存在着外部性。”①

外部性实质上是指这样一种行为，某个人或某些人将可察觉的损失（或利益）强加于另外一些人，而这些人并没有完全参与或赞同该行为的决定。②

例如，当一个开发商所建造的高层建筑遮挡住其他建筑的采光通风时，并没有考虑其他建筑因此所付出的成本（因阳光的遮挡而导致房价的降低）。因此，该开发商之所以能够盈利，很大程度上是由于没有将全部成本计算在内。他的某些成本被转嫁到别人那里去了。因此，除非采取政府行为，依靠政府权威，才能将未统计的因素计入成本。例如，通过征税，使工厂承担污染空气和河流的价值，使高层板楼承担遮挡阳光所带来的损失。

当某个人的行动所引起的个人成本不等于社会成本，个人收益不等于社会收益时，就存在外部性。外部性的存在，将会导致市场缺乏效率③。如果存在外部性问题，一个人的行动所引起的成本或收益就不完全由他自己承担；反过来，他也可能在不行动时，承担他人的行动引起的成本或收益。外部性的存在则是政府干预的一个重要理由，它可以通过津贴或直接采用公共部门生产，为市场发展填平补齐。

---

① Varian. Hal R. Microeconomic Analysis. 2^{nd}ed. W.W. Norton & Company. 1984. 259. 引自58

② Meade. Jemes E. The Theory of Economic Externalities. Institute Universitaire De Hautes Etudes Internationales, 1973. 15. 引自58

③ 工业活动所造成的对环境污染，是一种消极的外部性，它对环境污染的成本并未计入其生产成本之内。而另一种类型的外部性则可能是积极的。这是因为生产者的利益并未完全由生产者获得，其他一些人与生产者共享了这些利益，但无须为此付出成本。例如许多知识产权问题就是这样一种典型，创新的技术遭到别人的无偿使用，创新者并没有获得由创新所带来的所有回报，这样将导致创新者积极性的降低。

（2）公共物品的提供

公共物品就是人人可以使用的一种物品。保罗·萨缪尔森将公共物品定义为："每个人对该产品的消费不会造成其他人消费的减少。""一个个人消费这些物品和服务，不会有损其他任何人的消费。"①

公共物品的特征在于：个人消费这些物品和享受这种服务不会有损其他任何人的消费。不具有排他性和收费困难的物品往往就是公共物品。在当今世界上，纯粹的公共物品几乎都由政府提供，由政府提供公共物品并不表明政府提供公共品的效率高，而是因为如果由私人提供，则无法收费，或者说无法克服搭便车问题。在市场经济国家，一些公共物品的提供，是通过政府收费（收税），然后把这些公共物品的生产承包给私营企业，或从私营企业那里购买，再将公共物品提供给个人使用。

公共物品实质上也是一种外部性的现象，在这里，每个人共同消费某个物品，可是这些人却不用购买该物品，因为公共物品的属性就是，不管他是否支付了价款，每个人都可以从中获得利益。

在私人物品中，与生产相关的大多数收益和费用，分别由生产者获得和支付；而公共物品意味着生产者与受益者的分离，使生产者不愿进行该种物品的生产，这种问题在市场条件下，是无法解决的。

例如城市道路、环境整治、基础设施的建设，投资者与受益者是分离的，或者说投资、收益的边界是得不到充分限定的。在市场的条件下，这就不太可能存在私人投资，而使公众受益的情况。因此，这就意味着需要政府作为公众的代理人，向使用者征收费用，否则公共物品在自由市场环境中将无人生产。

（3）垄断

市场经济所产生的一个最为人们所熟知的缺陷是垄断，在这种状况下，生产者可以通过限制产量，提高价格来获取更高的利润，这样，市场不能产生有效的结果。

从静态的角度看，与根据生产成本所决定的产量和价格相比，垄

① 保罗·A·萨缪尔森、威廉·D·诺德豪斯著．杜月升等译．经济学．中国发展出版社，1992．1182

断者的生产数量会更低，而利润最大，价格会更高，因而导致无效率的社会结果。从动态的角度看，对于一个安全的、没有受到竞争威胁的垄断者来说，创新的积极性将会受到削弱。

(4) 市场的有限性

在某些市场环境中，价格、信息和流动性等特征可能会严重地背离实际市场中的特性。由于这样或那样的原因，价格和利率不能指向相对不足和机会成本的地方，在消费者方面，没有适当的渠道，使他们获得有关产品和市场信息；在生产者方面，生产要素没有能力根据信息的反应流向需要的地方，这样市场配置是低效的，经济生产将低于它的能力。

由于没有一个消费者有能力掌握他的购买物品的全部情况，而生产者也不可能了解每个潜在消费者的具体情况，因此，理想中的交换是不存在的。

5.2.3.2　政府的缺陷

市场机制在某些涉及全局性的、理想的以及其他一些有益的事物等方面常常是失败的。市场在分配方面的不足，以及它在现实中或潜在的效率上的不足，常常导致政府对市场进行干预，以此来得到更加公平和更有效率的结果。

虽然政府干预可能规制和弥补市场的缺陷，政府权威在某些方面可以有效地完成市场所不能做到的事情，并且可能获得更加有效的竞争规律，但是其结果可能导致无效率。一个通过权威而不是市场来组织的社会结构，在某些方面可能会是臃肿笨拙的。

政府的缺陷常常在于缺少一种合理的政府运行机制，它能够使决策者把个人的和组织的成本与效益，同整个社会的成本与效益分析进行调整和计算。设计一个合适的政府机制去避免政府缺陷，并不比创造一个完整的、合适的市场，以克服市场缺陷的前景好多少。弗里德曼认为：庞大的政府，无论在何处，都可能错误地执行任务。[①]

在查尔斯·沃尔夫的眼里，政府的缺陷主要表现在以下几方面：

① 查尔斯·沃尔夫．谢旭译．市场或政府或者——权衡两种不完善的选择．兰德公司的一项研究．中国发展出版社，1994．2

（1）政府的有限性

由于无所不在的资源稀缺的缘故，致使作出任何一个选择都需要牺牲另一个选择的好处。因此，理性选择问题成为权威制度中的一个难点。

在市场条件下，消费者、供应者、商人只是决定是否较多地或较少地购买某种既定的商品和劳务，人们不需要任何权威来确定优先权，或就什么是最重要的生产问题作出判断，市场制度把复杂的决策问题彻底变为简单的个人决策问题。相比起市场机制，政府制度常常是臃肿笨拙的。在政府制度条件下，人们常常面对应当生产哪些产品，国民总产值有多少用于投资等一些复杂而又难以判断的问题。

同时，在政府权威常见的问题中，信息传递失灵就是其中之一①。由于不可能了解每个局部的具体情况，中央性的政府只好从现实中并不存在的一个平衡点条件出发。另外一方面，如果信息是详细的，那么，对于任何一个决策者来说，又会导致信息负荷过重。

由政府通过干预来修整市场缺陷，可能会产生无法预料的副作用。由于政府经常通过使用那些笨重工具型的大型组织来运行，而其结果既难达到又难预测。公共政策的后果可能远离目标。

例如，英国在20世纪50、60年代实施新城计划时，意图解决大城市内部的拥挤、就业等问题，但是却没有料到接踵而来的内城衰退和社会隔离等问题。

政府权威的问题常常也表现为内部控制的失败。追求自身利益的下属机构逃避他们上级的权威，或者与其他下属机构发生冲突。同时，在政府组织中，组织信息容易“转变成影响力和权力”，因此，可能产生人为的信息获得和控制，从而对社会生产造成副作用。

（2）成本和收益之间的分离

市场与政府之间的基本区别在于，市场组织的收入来自于市场上出售产品的价格。在那里购买者决定他们要买什么和是否要买。无论是市场是怎样得不完善，它都是与生产成本和引导收入的活动联系在一起的，联系是由价格所决定的，这种价格取决于对市场产出的支付以及能够决定是否购买和买什么的消费者。

---

① 一位苏联作者指出，计划性管理中的基本缺陷是，每一个细节都是由中央决定的。

然而维持政府行为的资金来自于政府的税收、捐赠或其他非价格性收入来源，这些收入是直接提供给政府的。这样，由于缺乏一种投资-收益的关系，使得政府产出的价值同生产它的成本割裂开来。它们之间的分离也意味着资源的错误配置程度大大增加。这种情况在大量的市政投资、基础设施投资的决策失误中可以见到。

市场机制通常刺激扩大生产和降低成本，这是由于市场总是存在实际的和潜在的竞争以及获取额外利润的机会。相反，政府生产的结果则可能促使成本增加（如冗员）和无计划的产量增加，通常导致人们热衷于扩大政府项目，而不是限制这些项目。其结果，即使某些政府项目是低效率的，额外成本则可能导致政府产出超出实际所需要的水平，也就是供大于求。

(3) 政府的机构特点

对于政府的行为，进行监督的不一定是产品的消费者，消费者的行为不管是有意的受益者还是无意的受害者，都不会对政府生产者实施任何约束。因此，那些来自于竞争对手和扩大效益的压力也就不存在了，对于政府行为的成本和质量的最终控制是乏力的和间接的。

政府组织的标准常常表现为成本支出的合理性而不是减少成本。由于缺乏把利润作为推动和评估其行为的标准，这种特征常常导致政府预算的盲目增长。

同时，政治角色的高时间贴现率产生于政府官员较短任期和紧迫的再次竞选的压力。由于这种报酬结构和选举官员短期任职，其结果通常是在政治角色的短期行为和长远利益之间产生明显的脱节。

另外，政府组织中生产者的动机常常是满足其自身特殊利益，而不是为公众领域中所要达到的最终目标进行努力。这种内在性的和私人目标，经常使政策远离公共利益的方向。

(4) 政府中的人为因素

公共政策措施，不管是打算纠正分配不公、规制社会行为、生产公共物品，还是纠正市场的不完善，都是由一部分人将手中的权力强加到其他人的头上。无论权力是通过社会工作者、福利事业管理者，还是公共事业调节者，权利总是有意识地交给一些人而不给予另一些人。

因此，政府干预不管是试图克服市场分配的不平等还是补偿其他市场活动的不充分性，都很可能使其自身就产生了分配的不平等。在任何情况下，这种权力的再分配都给不公正和滥用职权提供了机会。腐败就是一种滥用职权的结果。搭便车和寻租行为就是其中两种重要形式。①

从市场的缺陷中，我们可以看到公共政策干预的必要性，但是从政府的缺陷中，我们可以看到公共政策的有限性。对这两方面的理解，是合理制定公共政策的前提，同时，也使我们更加有必要来理解现代公共政策的本质。

5.3 现代城市规划的经济角度理解

在一个现代社会中，人们几乎所有的行为都是以经济为取向的。传统社会中的以家族政治、宗教信仰为指示的行为，都让位于经济利益的权衡。投入－收益的分析是现代社会的行为基础，任何一种行为，包括暴力的行为（例如战争），都可能以经济为取向。马克斯·韦伯认为：任何合理的政策，在手段上都可以是经济的取向，而且任何政策都可以服务于经济的目的。

虽然在理论上，并非所有经济形式都是如此，但是现代经济，需要通过国家的法律来强制保证支配权。也就是说，通过可能采用权威的威胁某种形式上合法的支配权来保证政策。

但是，许多社会政治研究把经济手段和政治手段相对立起来，却没有真正理解两者之间的区别。经济与政治在行为的基础思想上有着明显的区别。

---

① 所谓搭便车是指某些人或某些团体在不付出任何代价（成本）的情况下而从别人和社会获得好处（收益）的行为。

经济意义上的租金是由于某种物品的自然稀缺而产生的，租金使得该物品的占有者可以在不付出努力的情况下而获利。而寻租则是指通过人为设置障碍，使某项物品或服务的价格与其真实的成本之间存在差额，产生租金，设置障碍的人则可以从中获利，而不用付出劳动。

由于政府部门的某些成员拥有追求个人经济利益的动机，便会将本来用于保证基本社会福利的租金，部分或全部地转向给予他们回报的寻租者，自己作为供租者而与寻租者共享从这些物品和服务中产生的额外好处。在寻租活动中，个人目的使价值极大化是行为的目的，它所导致的结果是社会浪费而不是社会收益。

由于政府行为的责任通常被赋予某个具体的公共机构来执行，既然政府活动被赋予独占的“特许权”，寻租活动在这种环境中就可能出现。

在政策研究中，当前所广泛采取的是一种经济方式的观点。这是因为越来越多的理论奉行的研究观点，在于以“不存在惟一的、绝对的、正确的或普遍的城市公共政策”为前提，即使针对同一个城市问题，也存在不同的方法、手段来加以解决。制定一项城市公共政策，就是在多重选择项中，选择行为的目标和手段。而这种选择的标准，是以一种效率因素来衡量的，也就是它能使社会整体的效益尽可能地最大化。因此，这是一种经济效率意义上的观点。

5.3.1　产权理论

城市公共政策作为一种公共干预行为，其方法取向应当是中央计划性的，还是市场性的？这个问题长期以来一直是人们争论的焦点，其结论也是众说纷纭的。但是不可否认的是，政府采取公共干预行为，起因是针对私人领域之间所存在的问题。如果不考虑私人领域，否认私人领域存在，那么也就无所谓公共领域。

在现代社会中，城市发展并不是通过政府部门精心策划、统筹安排的。城市中各种独立的自由的开发者、投资者所进行的各种开发行为，影响着城市发展的方向。而这些开发者之间在开发过程中形成的矛盾，以及他们的行为对公共利益产生的影响，是现代城市问题的主要根源。这就需要通过公共干预来解决这些问题。

至于采取什么方式来进行公共干预，首先必须对所要进行干预的对象、性质特征有所了解。新制度经济学的产权理论为此作出了重要的解释。产权理论从经济学的角度使我们进一步认识政府的作用及其特征。在这里，首先需要阐明的是产权的含义。

5.3.1.1　产权的含义

一般来说，个人使用资源的权利就叫“产权”（Property Rights），产权系统就是“分配权力的方法，该方法涉及如何向特定个体分配从特定物品种种合法用途中进行任意选择的权利”。[①] “产权是一种权利，”H·登姆塞茨（Harold Demsetz）指出：“产权的所有者拥有他的同事同意他以特定的方式行事的权利。一个所有者期望共同体能阻止其

① A·阿尔钦. Some Economics of Property Rights，1965. 816～829

他人对他的行为的干扰，假定他的权利的界定中这些行动是不受禁止的。”“产权包括一个人或其他人受益或受损的权利。”[①]

产权的限定及其形成的结果是人类社会的一种得到普遍建立、并正规化的制度体系，那么，社会为什么会出现产权制度的现象？这仅仅用人们占用财富的欲望是无法解释清楚的。

在产权经济学看来，一般财产关系制度的变迁必然会影响到人们的行为方式。通过这一效应，产权安排会影响资源的配置、产出的构成和收入的分配。在某种意义上，市场交换是分配财富的最有效的机构，但是要使它运转起来，交易者还必须对所要交换的物品有明确的、专一的和可以自由转让的所有权。否则，这种交换行为很难进行。

产权包含着三种类型的权利：（1）使用一项资产的权利，即使用权，它规定某个人对资产的潜在使用是合法的，包括改变甚至销毁这份资产的权利。（2）从资产中获取收入，以及与其他人订立契约的权利。（3）永久转让有关资产所有权的权利，即让渡或出卖一种资产。[②]

在某种意义上，商品交换实质上就是产权的交换[③]。当某个交易在市场上达成时，就发生了两个权利之间的交换，权利通常是附着在一种有形的物品或服务上的，权利的价值决定了所交换的物品的价值。

5.3.1.2 产权问题与资源稀缺的关系

人类对产权制度的需求是与资源稀缺程度及其要素相对价格的变化有着内在联系。产权问题是与人类社会普遍面临的资源稀缺性是密切相关的[④]。如果资源是充足的，那么也就不会存在产权制度，也就无所谓公

---

① R·科思等．财产权利与制度变迁——产权学派与新制度经济学派译文集．上海三联书店，1991．97

② 丹尼尔·W·布罗姆利．陈郁、郭宇峰、汪春译．经济利益与经济制度——公共政策的理论基础．上海三联书店、上海人民出版社，1996年8月：16

③ 在许多论述资源配置的理论中，越来越多的经济学家将这种行为看作是产权在经济参与者之间的分配。在一般人的印象中，财产通常是指产品本身，然而这种看法却导致人们对这一概念产生误解。实质上，财产权是操纵某一项事物的排他性权利（Exclusive Right）。财产是一种权利，这意味着财产是人类之间的一种基本关系。因此，产权不是指人与物之间单纯的关系，还包括关于它们的使用所引起的人们之间相互认可的行为关系。

④ 在产权问题上，许多社会政治学所强调的是，所有制作为最基本的制度对社会的性质及其社会公平的影响。而产权经济学却强调产权的经济效率的功能，即产权的界定、转让以及产权结构的差异对资源配置的影响。实施产权的作用在于它能够限制开发资源的速度，提高资源的使用效率，从而导致社会整体效益的提高。

共干预行为①。如果城市的土地资源是充足的，那么个人土地使用就用不着存在边界范围，也就用不着采取公共政策进行干预，因为如果相邻土地使用对其他用地造成侵害，那么他就可以换到另一块不受侵害的土地上去。社会也就不存在矛盾，政府干预也就没有必要了。

竞争和资源稀缺是等价的两件事，如果资源不稀缺，也就不存在竞争或没有必要去竞争。而产权和行为约束则是交互作用着的人们的行为在竞争资源的过程中达成的某种均衡的状态时的行为规范，所以，它们是竞争的结果。但是如果竞争在没有规则约束的条件下进行(例如城市的任何土地都可以无约束地进行使用)，那么，竞争的结果是资源的过度使用或低效使用。如果城市土地资源是充足的，或者土地的获取价格是低廉的，那么，对土地使用的竞争就不会激烈。

传统城市规划在关注于效率与公平的问题时，往往以传统的经济学为基础，而把现实中的复杂关系给抽象掉了，资源的稀源性是不存在，常常被假设为充足的②，而人的本性也是互惠互利的。

然而在现实中，资源的稀缺性是无所不在的，这导致了社会对于稀缺性资源的争夺。在人类发展史中，资源的稀缺程度及其变化一直影响着人类社会的进化与发展，也影响着产权结构和产权制度的变迁。产权的实施能够限制开发资源的速度，提高资源使用的效率③。

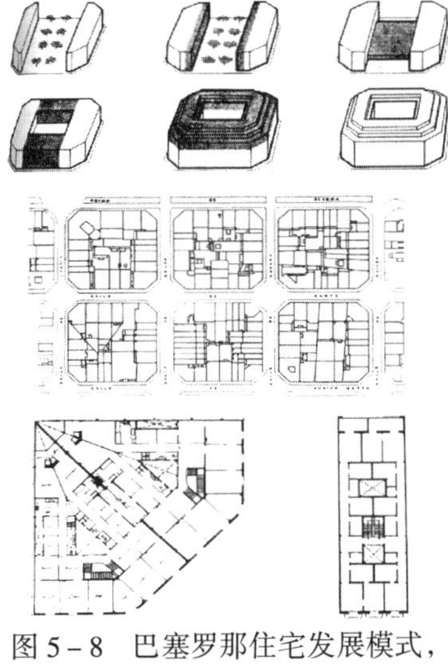

图 5-8 巴塞罗那住宅发展模式，街区住房密度不断加大

① 从历史上来看，产权的演变过程包括，首先是不准外来者享用资源，然后是制订规则限制内部人员开发资源的程度。只有当产权界定的收益大于产权界定的成本时，人们才有动力去制订规则和界定产权。

② 这常常表现在宏伟壮观的城市设计，而不关心是否有充足的资源使它建造起来。

③ 阿尔钦认为："……在本质上，经济学是对稀缺资源产权的研究……一个社会中的稀缺资源的配置就是对使用资源权利的安排经济学中的问题，或价格如何决定的问题，实质上是产权应如何决定与交换，以及应采取怎样的形式的问题"。产权经济学则认为，经济学要研究的是资源稀缺对个人的利益的影响，以及由此带来的人与人之间的利益冲突。产权经济学要处理和解决的就是人对利益环境的反应规则和经济组织的行为规则。

如果我们以一个居住区的停车场地为例，当居住区的居住者拥有的小汽车数量很小，而居住区中可供停车的空地相对十分丰富的时候，就不太可能会有个人或公共组织有意识地去建立停车制度。因为停车者在任何空地停车，基本上都不会对他人以及居住环境造成影响。并且，建立这种停车制度需要相应的成本支出（例如制定相应的法规、雇佣管理人员，购置停车设备等）。

但是，如果居住者的车辆数量激增，居住区中的空地不敷需求时，停车者之间就会为了争夺停车位而产生矛盾，并对居住环境造成影响。在这种情况下，所有的居住者都会可能赞成制定公共制度来对停车问题进行公共管理。由于大家都可以从中获益（对乱停车的整治，也就是对环境质量的维护），也就值得付出代价来建立这种制度①。这种制度体系的建立反过来也会影响购车人的心理，并促使人们更加高效地使用停车场地。

5.3.1.3　产权制度的作用

（1）提高社会效率

社会发展的关键在于能否形成一种动态效率，也就是激励每一个人积极努力地去从事对社会整体有益处的活动。从产权理论的角度来说，市场机制能够有效率地运行的条件是：“追求财富最大化的个人主体是自由的，他能对激励作出反应，并能以他们个人的自我利益管理有价值的财产。”②

从效率角度来讲，产权一旦明确化，个人就可以进行排他地使用和获益，并立即关心自己的产权不受他人的侵犯，导致界定个人产权和保障产权的制度的形成。个人的产权一旦界定，产权就可以根据市场价格进行自由交换，资源便因此流向出价最高者，流向效率最高的使用者。

“经济效率的基本激励来自于分配给社会成员的对于特定资源的排他性使用的排他性权利。如果每一片土地都分别为某个个人所有，在此意义上个人总是排斥其他所有的人进入任何一片给定的土地，那

① 这种制度体系或者由居住者自发形成，或者由外部的公共组织来建立。

② 丹尼尔·W·布罗姆利. 陈郁、郭宇峰、汪春译. 经济利益与经济制度——公共政策的理论基础. 上海三联书店、上海人民出版社，1996. 17

么个人就将会通过种植或其他方式，使土地价值最大化。”①

产权制度的作用不仅为社会发展带来了效率，而且也被一些理论认为是人类社会进化发展的一个重要的促进因素。“当存在的是资源的公共产权时，对于获得高水平的技术和知识几乎就没有激励。相形之下，排他性的产权将激励所有者去提高效率和生产率，或者，在更根本的意义上讲，去获得更多的知识和新技术。”②

(2) 解决社会矛盾

从公平的角度来讲，产权的目的是要解决由于使用稀缺资源而发生的利益冲突。由于产权的实施给人的行为设定了范围，从而减少了人们相互之间的矛盾，因此，社会有必要采取产权规则来解决人们为竞争使用资源而产生的冲突。

从产权的角度进行研究，实质上是关于资源稀缺对人的利益的影响，以及由此带来的人与人之间的利益冲突。这里所要处理和解决的就是人对利益环境的反应规则和经济组织的行为规则。确定这些行为规则(即产权)来解决利益冲突，也就是产权如何影响资源配置的效率，社会利益格局如何受到产权设定的影响，经济和社会如何增长和发展。

5.3.1.4 产权细化对现代城市发展的促进

实施有效的产权制度，在某种程度上有利于对稀缺资源进行保护，并有利于高效地使用这些资源。相反，在缺乏周密的产权制度的环境中，如果每个居民都具有使用公共资源的同等权力，那么，公共资源就会被过度使用。这样就有必要制定规则来对这种现象进行控制。产权制度可以限制个人对资源的滥用。

从产权制度与资源稀缺的关系来看，只有当某种资源稀缺到一定程度时，社会才会有动力来实施产权制度。公共干预并不是无条件地进行着的，这里存在着投入与产出的权衡。社会对于有限的土地、房屋实施产权，但不会对无限的空气、阳光实施产权划分。

在12世纪的西欧，由于人口增长而使相关要素的稀缺性发生了

---

① 丹尼尔·W·布罗姆利．陈郁、郭宇峰、汪春译．经济利益与经济制度——公共政策的理论基础．上海三联书店、上海人民出版社，1996．17

② 道格拉斯·C·诺斯著．陈郁、罗化平等译．经济史中的结构与变迁．上海三联书店、上海人民出版社，1994．72

变化：原来稀缺的劳动力的价值下降，而土地的价值上升。土地价值的上升导致人们开始形成排他性的所有制和可转让性的权利，这给以后西欧资本主义的迅猛发展，埋下了一个重要的潜在因素。

13世纪在英格兰出现的圈地运动，实质上就是土地使用产权明确化的过程。该运动导致土地法的广泛发展，最终导致土地自由让渡成为现实。随后在西欧其他国家也出现了类似的发展，土地价值的上升表明了土地资源的稀缺程度，更加激发人们去变更产权制度，使得日益稀缺的土地资源能得到有效的利用。

随着土地使用制度的日益完善并且可以自由转让，原来属于封建领主或者是公有性土地的产权都逐渐地细分化、明确化。根据伯诺利（Hans Bernoulli）的观察，不论是乡村还是城市的土地所有权这时都有细分化的倾向[①]。

伯诺利认为“任何的革新都会对古代已经界定好的土地所有权界线造成纠纷；由犁耙所划出的界线虽然不等于城市里的地界，不过并不一定缺乏固定性也不是那么容易就会变动的。这些土地不仅以石块围绕起来，同时也被石头所建造的房子所占据。虽然大家都晓得，在狭窄巷道连系残破不堪的破房子的这种地区，如果能开辟新道路和建造新房子会比现在的情况好很多，不过在势必会造成土地所有权的冲突未能解决之前，什么办法都是行不通的，长期的冲突所需要的耐心与钱财往往使得最先的意图受到扭曲。”

在法国，城市土地分割细化的过程，最主要是受法国大革命所影响。1789年之后，土地可以自由交易，贵族和教会的庞大土地被卖给资产阶级和农民。法国大革命之后，自治公社也像贵族一样损失了土地所有权，同样广泛的公有土地也分割解体。土地垄断转变成私有权，土地变成了商品。“土地在不知不觉中从教会的手里溜走而落入刻俭的农民和机灵的市民手中，很快成为投机的对象……城市重新面临了发展上关键性的时期，土地所有权在日后建造新房子时地点的抉择，扮演举足轻重的角色。新的时代来临了，突然之间，唤醒了一种

① Aldo Rossi. L’architecture De La Ville, 1982. 143

新兴的工业活动，使土地所有权人尽其所能地提高自己土地的价值。"① 这些现象非常清楚地说明了现代城市的情境是在什么样的历史契机下造成的。

图 5－9　19 世纪柏林郊区土地细分与城市化

在德国的一些地区，也有同样的现象发生，并造成同样的结果：在 1808 年，由于执行亚当·斯密的方针，从此准许政府以土地偿还国家的债务，土地成为私人所有的财产，自此一发不可收拾。这种情形使土地成为一种商品，成为经济垄断的对象。

然而，这种土地产权明确化的过程也给城市的发展带来了许多问题。伯诺利认为土地所有权和土地过度细分是现代城市主要的弊病，因为城市和城市土地之间具有根本而不可分离的联系，土地所有权是城市发展的制约因素，他指出土地所有权负面的特征，也包括土地过度细分所造成的不良后果。

5.3.2　公共领域问题

5.3.2.1　公共领域中的问题

从产权的形式来看，存在着两个相斥的极端：自由进入的公有财产和排他性的私有财产。

公有权是指社会所有成员共同行使的权利。在城市公共用地上行走或游憩权利通常是公有的，公有权意味着社会否认国家或私人去干

① Has Bernolli. La Population et les trace de voies. 转引自 Aldo Rossi. L'architecture De La Ville, 1982. 143

涉任何人行使其权利。私有权则意味着社会承认所有者的产权，并制止他人行使该财产。[①]

由于公有产权不存在边界，因此，公有产权与产权不清有一定相似性。产权界定不清有很多方面的含义，一是指尚未确定的公共财产、资源等，如人类社会初期的土地、森林等；二是指社团产权，即人人都有，而人人都没有的财产，它的使用不具有排他性，例如城市中的公共用地。产权不清导致资源使用中的搭便车消费者，表现为免费使用资源、免费使用别人创新的成果，甚至把自己经济生活中的代价、成本转嫁给产权界定不清的部门和地方。（例如：化工厂向产权不清的河流、湖泊排污，居民向城市公共用地倾倒垃圾……）

如前所述，当许多人共同使用一种稀缺资源的任何时候，都会导致这种资源的迅速衰竭。加雷特·哈丁（Garrett Hardin）设想一个"向一切人开放"的牧场，然后，他从理性的牧羊人的角度考察了这个公共开放牧场的结构。每个牧羊人都期望从他的畜牧中获得直接利益，并且当他或其他的牧羊人过度放牧时，就承担公用地退化所引起的延迟成本。因为牧羊人从其牲畜那里获得直接利益，而只承担由于过度放牧所产生的成本的一部分，所以这就促使他增加更多的牲畜。如果每一个牧羊人都采取同样的做法，那么就会导致牧场的迅速衰竭。因此，一些理论认为，"公有财产"对于森林资源的耗竭、滥捕滥杀、空气污染、世界人口爆炸、地表水匮乏、放牧过度以及滥砍滥伐等问题负有主要的责任。

如果以此来假设一块公有土地，任何人都可以在上面建房的情况，那么每个人必然都会极力建造最大面积的住房，而不顾对别人的影响。其结果不仅导致了整体环境质量的急剧下降，而且也造成了复杂、紧张的人际关系。（20 世纪 60、70 年代在我国许多地方出现的大杂院就是这样一种景象。）

政府采取公共干预行为时，必然会产生公共领域，这种特征也是产生政府众多缺陷的重要原因之一。亚里士多德很久以前就认为：

① 丹尼尔·W·布罗姆利，陈郁、郭宇峰、汪春译. 经济利益与经济制度——公共政策的理论基础. 上海三联书店、上海人民出版社，1996 年 8 月：219

图 5－10 伦敦工人住区景象

“最多的人共用的东西得到的照料最少，每个人只想到自己的利益，几乎不考虑公共利益。”①

如果产权不清晰，公共区域太大，人们会发现扩大公共领域的范围可以比去进行生产活动更有利可图。由于政府对经济活动干预和介入很容易形成公共区域，从而导致产权的模糊乃至于失灵。因此，这常常成为许多理论反对政府干预的主要理由。②

5.3.2.2 解决公共领域问题的途径

解决由公共领域所引发的诸多问题，一般来说，存在两种途径：

一种理论认为，社会制度的发展方向应当是朝向完全私有财产方向演进。一般而言，公共财产注定被滥用，而私有产权代表了一种有效率的财产制度。根据这一观点，社会制度变迁的惟一有效率的形式是走向私有财产。

① 亚里士多德，政治学．乔伊特英译本

② 寻租行为产生的根本原因就是政治集团在追求自身利益最大化的过程中，经常通过人为地扩大公共领域，来谋求自身的利益。布坎南指出，当制度从有秩序的市场移向直接政治分配的几乎混乱的状态的时候，寻求租金就会作为一种重要的社会现象出现。寻求租金的活动直接同政府在经济中的活动范围和区域有关，同公营部分的相对规模有关。换言之，政府在经济活动中的范围越广，那么寻租的可能性和规模也就会相应增加。

该种理论则要求强制实行私人产权来解决问题，R·史密斯（R. Smith）认为："公共财产资源的经济分析和哈丁对公用地两难处境的处理，避免有关自然资源和野生动物的公用地灾难的惟一办法，是通过建立私人产权制度来结束公共财产制度。"①

但是事实上，私有产权制度可能同样会被不当使用，几乎所有的国家都不能实行完全的私有化，不能离开政府的干预行为。这是因为：

首先，如果要求作为原子式的财富最大化主体的个人起作用，在就是要求所有的资源在同一水平上是可分割的和可控制的，要求所有权的范围必须与有关的决策单位的范围相一致。从而，原子式的决策者有权控制原子式的资源，与此是一个意思。但事实上，并不是所有资源都是可以分割、明确化的。

其次，要求市场起作用，这就要求所有的资源具有完全的流动性，以及由彻底的私有化促成的流动性。

最后，由于社会发展寻求的是交易费用最小化，完全原子化的产权安排就应当减少所有生产者之间进行合作和协商的必要，但这几点在现实中是不可能完全做到的。

而另一种理论认为，强大的中央政府或一个强大的统治者是解决问题的根本办法，该理论假定了这个统治者是"一个聪明的并且在生态意识上的利他主义者"。②

威廉姆斯·奥富尔斯（W.Ophuls）认为："因为公用地的灾难和环境问题，不可能借助合作途径解决……具有主要强制权力的政府的原则是不可阻挡的。"他最后得出结论说："即使我们避免了公用地灾难，也只能求助于集权主义国家的悲剧性的必然。"③

哈丁认为解决公用地两难处境的惟一选择，一方面是他所谓的私人企业制度，另一方面是社会主义。"如果在拥挤不堪的世界上，要

---

① V·奥斯特罗姆．制度安排和公用地困难．V·奥斯特罗姆、D·菲尼、H·皮希特编．制度分析与发展——问题与抉择．商务印书馆，1996．89

② P.Stillman．The Tragedy of the Commons．转引自 V·奥斯特罗姆、D·菲尼、H·皮希特编．制度分析与发展——问题与抉择．商务印书馆，1996．89

③ V·奥斯特罗姆、D·菲尼、H·皮希特编．制度分析与发展——问题与抉择．商务印书馆，1996．88

避免毁灭，人们必须响应个人精神之外的强制力量。”这个力量就是集权国家主义。

这两种途径的选择，并不存在一种定式，而是需要在相互权衡的基础上作出的。诺斯指出：“如果有明确的政治规则来规制政治当事人的活动，使政治的交易成本很低，有效产权就会产生。反之，就会出现无效的产权。如果人们把大量资源投入政治交易活动中，那么生产活动就会受到压抑。因此，有效的政治规则可以降低政治的交易成本，从而使有效产权产生，进而约束政府官员和有关人员到非生产领域中去寻租。”①

划分公用地，建立个人产权，这在许多情况下可以增进效率。同样，通过中央政府机构管理某些资源，也可能避免资源在某种情况下的过度使用。中央政府管理或私人产权都可以作为避免公共领域问题的两种途径，因此，这也成为公共政策的两种表现。

5.4 制度化城市政策的作用

5.4.1 制度的定义与原理

在一般的印象中，公共政策是一种制度化了的政府行为，反过来说，制度化的政策是公共政策行为的一个重要方面。② 那么，为什么会产生制度化的政策？它的本质作用是什么？对于这些问题的理解，有助于我们在制度公共政策时，更加清晰地把握行为的目的性。同样，针对公共领域问题、外部性问题的讨论，则有助于理解公共政策的本质作用。

5.4.1.1 社会发展的源泉

天赋要素、技术和偏好长期以来是解释社会发展的三大要素。发展经济学家在解释经济增长、社会发展的动因时，大都将注意力集中在资本积累、技术引进、资金筹集、产业结构优化、改善就业、人口控制、促进出口等纯技术方面，而很少注意制度因素对于社会发展的

---

① 卢现祥著．西方新制度经济学．中国发展出版社，1996 年 2 月：25

② 布罗姆利将公共政策区分为“制度政策”和“程序政策”。

促进或阻碍作用。

随着经济研究的深入，人们越来越认识到只有这三大要素是不够的。新制度经济学家以强有力的证据向人们表明，制度是促进社会经济发展的另一个重要因素。土地、劳动和资本这些要素，只有在一定的制度条件下才得以发挥功能。制度对社会发展的影响力应该居于经济学的核心地位。社会发展的实质问题就是社会的一种投入—产出效率的问题。

为什么有的国家天然资源贫乏，但却发展得积极而又迅速？而另外一些国家则正好相反？或者在某些历史阶段这些因素发挥作用，而另一些阶段这种作用却很小？道格拉斯·诺斯认为，制度在其中起着关键性的作用。[①]

5.4.1.2　制度的效率作用

任何社会里个人使用资源的权利（即产权）被各种正式规则、社会习惯、世俗力量等因素所规范或支持着。正式的法律条例由国家强制力量来维护，而许多影响着人们行为的约束都与社会规则和社会力量有关。比如某个行为对环境的污染程度、发出噪声的大小、对某个私有产权的干预等，它不仅受以暴力工具为后盾的法律限制，也受到社会认同感、人们之间相互的作用，以及自发性的社会排斥力的限制。

以往对制度的研究常常集中于政治方面，然而制度也有其经济意义上的作用。一般而言，经济产出和效率在很大程度上取决于控制人们经济行为的社会和政治规则。亚当·斯密在他对于经济学的早期贡献就在于他力图证明一套特定的规则如何比另一套规则更有利于国民财富的增长。

斯密认为，个人的自身利益，而不是仁慈和利他主义，才是产生更多社会财富的勤劳和力量的源泉。个人对经济资产拥有排他性私人权力的结构，是他极力推举与宣扬的制度体系。

因此，许多西方国家的政治思想都强调了个人决策的重要性和神圣性。即使在今天，个人选择的神圣性仍处于经济思想和理论的中心

① 道格拉斯·C·诺斯著．陈郁、罗化平等译．经济史中的结构与变迁．上海三联书店、上海人民出版社，1994．23

地位。许多极端的观点认为政府行为意味着强制，而市场由于不存在强制，大众创业的力量可以得到充分发挥。

但是，政府的干预作用是不容忽视的，新古典经济学常常将个人或企业简单视为一个追求利益利润最大化的实体，这一假设只有在市场交易不受限制，完全信息以及完备界定的私人产权这三个条件下才能成立。只有在这些条件下，个人效用最大化努力才能够得以顺利进行。否则市场的作用不能充分发挥，就需要政府的政策干预来进行弥补。公共政策的制度性作用，其实为每个个人设置了行为框架，并对他们的行为进行规制，使之向公共目标发展。

“理性的个人追逐自身利益的强大冲动力，既是经济衰退的主要原因，也是经济增长和繁荣的主要源泉。无论这种结果是好是坏，均依赖于人为的社会制度结构，这种制度结构指限制人类行为并将他们的努力导入特定渠道的正式和非正式的规则（包括法律和各种社会规范）及其实施效果。”①

财产税收使居住和商业呈现出集中的趋势；对家庭住房的补贴，不仅改善了很多人的居住条件，也使城市发展蔓延开来；快速交通体系的建设，增加了在许多地区之间的流动性，极大地消除了城乡之间的差别；道路和立体交叉系统改变了自然地形的轮廓；由于地方政府大力鼓励发展工商业，使得工业企业遍布农村。

所有这一切，经常被认为是一种经济发展的自然作用力所产生的作用，并常常被指责为市场的无序，但是它们在很大程度上归功于政府的措施与行为。社会发展的成就，在很大程度上也要归功于政府的努力，其中包括：全球性经济的迅猛发展，生活条件和文化环境的改善，文化和公共教育事业的发展，城市面貌的更新……

5.4.1.3　制度作用的本质

为什么制度因素对于社会发展具有重要的作用？诺斯认为，许多经济学家们在构造他们的社会发展模型时，忽略了在专业化和劳动分工发展的情况下，进行生产要素交易时所产生的交易费用，而这些交

---

① 道格拉斯·C·诺斯著．陈郁、罗化平等译．经济史中的结构与变迁．上海三联书店、上海人民出版社，1994．155

易费用的存在是导致制度产生的根本原因。[①]

在前面的论述中，为什么市场机制与政府机制都无法实现一种令人满意的效果？新制度经济学认为，其根本原因在于存在着交易费用。

科斯认为："交易费用是获得准确的市场信息所需要付出的费用，以及谈判和经常性契约的费用。"威廉姆森认为："交易费用分为两部分：一是事先的交易费用，即为签订契约、规定交易双方的权利、责任等所花费的费用，二是签订契约后，为解决契约本身所存在的问题，从改变条款到退出契约所花费的费用。"他形象的将交易费用比喻为物理学中的摩擦力。阿罗的交易费用概念具有一般性："交易费用是经济制度的运行费用。"

一般来说，交易费用是个人交换他们对于经济资产的所有权和确立他们的排他性权利的费用。交易费用包括事先准备合同和事后监督及强制合同执行的费用。

交易过程一般分为两个阶段，第一个阶段是收集关于正在考虑的交易的信息的费用和出现的对权利性质的交易有关的费用，这些费用根据资源状况的不同会有所不同。新制度经济学的分析表明，在历史上，分工及专业化发展受到交易费用的提高的严重制约。

第二个阶段是实施商定的契约的费用。这样，两个阶段——建立排他性和对排它性权利的转让——都需要交易费用。

诺斯认为迄今为止，人类经历了两类交换形式：一类是简单的交换形式。在这种交换形式中，专业化和分工处于原始状态，交换是不断重复进行的，买和卖几乎同时发生，每项交易的参与者很少，当事人之间拥有对方的完全信息，因而不需要通过建立一套制度来约束人们的交易行为。这种个人的交易受市场和区域范围的局限，专业化程度不高，生产费用高。

随着专业化和分工的发展，交换的增加，市场规模的扩大，另一类交换形式出现了。在这类交换形式中，交易极其复杂，交易的参与者很多，交易者的信息并不完全对称，欺诈、违约、偷窃等行为不可

① 卢现祥著. 西方新制度经济学. 中国发展出版社，1996. 9

避免。这样个人收益与社会收益就会发生背离，如果个人收益与其投入不相对称，个人便失去了从事生产性活动的动力，社会效率也达不到最优。

亚当·斯密认为，只有当对某一产品和服务的需求随市场范围的扩大增长到一定程度时，专业化的生产者才能实际出现和存在。随着市场范围的扩大，分工和专业化程度不断提高。但是，斯密只是单方面强调了交换的专业化水平提高对生产成本的节约，却没有权衡与此同时所增加的交易费用。

交易费用的存在必然导致制度的产生，制度的运作又有利于降低交易费用。没有制度约束，亚当·斯密的看不见的手的作用带来的可能不是繁荣，而是社会经济生活的混乱。

不论是研究交易费用、产业组织和外部性问题，还是研究法律制度的效率和财产权的界定，其目的都是要从现实的角度去分析社会组织到底是如何运转的，或者约束条件和制度环境与社会生产效率之间存在什么关系这样一些问题。

科斯认为："经济学家如果不具体说明进行交易的制度环境，讨论交换过程就没有多大意义，因为这种制度环境影响者生产的动力和交易的成本。"

在减少交换过程中的交易费用过程中，制度的作用在于，规制人们之间的相互关系，减少信息成本和不确定，把阻碍合作得以进行的因素减小到最低程度。科斯认为，如果交易费用为零，无论权力如何确定，都可以通过市场交易达到资源的最佳配置。

外部性问题的难以解决，很大程度上也取决于存在的交易费用。在一个房地产公司的案例中，该公司突然发现一个拟建中的化工厂紧挨着其所拥有的出租公寓综合大楼。假如化工厂拥有向空中排污权利的话，那么，它所产生的污染将会降低公寓的出租价格。如果清洁空气的产权，无论是属于化工厂还是属于房产公司，能够进行完整的划分，并且双方可以通过交易来转让各自的产权，也就是化工厂购买房产公司的领空权，或房产公司出资给化工厂，要求它降低污染，问题都不是难以解决的。但正是由于领空权难以划分这样一些交易费用的存在，导致这种外部性问题的难以解决。

专业化和劳动分工的发展会增大交易费用，但这不会自动导致降低交易费用的制度产生。这样，逐渐增大的交易费用会阻碍专业化和劳动分工的进一步发展，甚至导致经济衰退。而制度的建立是为了减少交易成本，减少个人收益与社会效益之间的差异，激励个人和组织从事生产性活动，最终导致经济增长。

诺斯在分析西方世界兴起的原因时指出，“有效率的经济组织是增长的关键因素，西方世界兴起的原因就在于发展一种有效率的经济组织。而有效率的组织需要建立制度化的设施，并确立财产所有权，把个人的经济努力不断引向一种社会性活动，使个人的收益率不断接近社会收益率”①。

制度的作用使个人收益率接近社会收益率，防止别人搭便车和不劳而获，从而与其所得的收益真正挂上钩，这样也会更加激励人们去从事他们的生产行为。

交易费用的存在必然导致制度的产生，制度的运作又有利于降低交易费用。没有制度约束，亚当·斯密看不见的手的作用带来的可能

---

① 产权制度的实施使社会中的个体行为得以明确，根据亚当·斯密的分析，这种明确化的范围可以激励个人努力工作，实现最大产出。由于个人收益率的提高，社会作为个人的一种叠加，它的产出率也必然会得以提高。个人收益率是某个经济单位（个人或企业）从其所从事的活动中获得的纯收人，社会收益率则是社会从同一种活动所获得的纯收益总量，它等于私人收益率加上这一活动对社会其他成员所造成的影响。

个人收益率与社会收益率可能趋向一致，也可能不一致。假设某个人从事某一经济活动的收益率应该为10%，但因种种原因他只得到了8%，另外2%就转变为社会收益率。

所谓个人收益率接近社会收益率，实质上是使经济主体所付出的成本与所得的收益真正挂上钩。个人收益率不断接近社会收益率的过程，也就是社会的所有权制度和分配制度不断完善的过程。

但是在现实中，社会收益的情况往往并不是这样一种简单的叠加。一般来说，人们都希望以最低的成本获得最大的效益。降低成本可以通过多种途径来实现。一种是通过提高生产效率来降低自身的成本，另一种是把一部分成本转嫁到别人的身上，或者公共领域之中。后一种行为导致了经济行为中的外部性问题，也就是个人行为的成本与收益并不完全限定于他自己的领域之中。正外部性是私人收益率低于社会收益率，有一部分好处被别人得走了。负外部性是私人成本低于社会成本，有一部分成本转嫁给了社会和别人。

在某些情况下，个人生产成本的降低是建立在别人成本提高的基础上的，这种现象越普遍，那么整个社会的经济效率就越低。例如在一个房产开发的行为中，如果开发商通过加强内部管理，控制造价来降低自己的成本，那么这种行为在提高自己的收益同时，也能提高社会的收益率。但是如果它通过侵占城市公共绿地、逃避城市建设费用等方法来降低成本，那么实际上是把成本转嫁到公共领域之中，虽然自己提高了效率，但对于社会整体却是有害的。

不是繁荣，而是社会经济生活的混乱。

市场得以良性运行的前提是秩序、可预测性、稳定性和可靠性。然而，这些可预测性和秩序的概念并不与预定目标等同的。过程的结构化和可靠性，与结果的预定性和可靠性是大相径庭的。市场提供了过程的秩序性和稳定性，与众多自发的参与者最大化行为相结合，导致了各种不同的结果。

制度影响人类行为的选择，是通过信息和资源的可获得性，通过提供激励或阻碍，以及通过建立社会交易的基本规则而实现的。这些制度的存在本身构成的效率的概念，成本与收益之比是占主导地位的制度结构的产物，因为市场过程是判断什么是有效率的标准，又因为制度安排制定了市场过程的范围和意义。所以，制度决定了什么是有效率的。

5.4.2　制度的表现形式

现实的及历史上的一切组织制度分为两个层次，一是在自由放任经济环境中，人们在生产交易过程中所形成的各种组织形式，二是在人类自由交换生产的基础上，存在着一套约束经济交易主体选择行为的规则和规则制定的制度。与第一层次不同的是，这些规则和制度对人类组织生产活动有间接作用，即影响和约束的作用。

布罗姆利认为，制度有两种表现形式：一种是意见统一的安排或一致同意的构成行为准则的行为方式，另一种是界定个人和集体选择界限的规则和所有权[①]。社会的组织运行正是从这些规则和准则中能够结构化而得以运行的。

5.4.2.1　作为行为准则的制度

“制度是社会或组织的规则。这种规则通过帮助人们在与别人交往过程中，形成合理的预期，以此来对人际关系进行协调。它反映了在不同的社会中，有关相对于人们自己的行为和他人的行为的个人和集体行为，而演化出来的行为准则。在经济关系领域中，如在经济活

① 丹尼尔·W·布罗姆利．陈郁、郭宇峰、汪春译．经济利益与经济制度——公共政策的理论基础．上海三联书店、上海人民出版社，1996．51

动中使用资源的权利，如分割由经济活动产生的收入流，这些规则在建立有关这些活动的预期时起着十分关键的作用。制度提供了对于别人行动的保证，并在经济关系这一复杂和不确定的世界中给预期以秩序和稳定性。”①

行为准则是人类行为的规则，它给人们相互关系带来了秩序和可预测性。刘易斯（David Lewis）描述了这样一种案例情形：作为不断重复的情况S中的行为群体P，其行为的规律性R在且仅在以下情况下成为行为准则，而且在P中这是一种共识，其在任何一种S的场合下，P的成员：(1) 每个人都遵守R；(2) 每个人都希望其他人遵守R；(3) 每个人在其他人都遵守R时也心甘情愿遵守R，因为S是一个协作问题，对R的一致遵守是在S中的一个协调性问题。②

刘易斯认为，如果其中任何一个行为者单独采取与众不同的行动，不管是他本人还是其他人都不会得到好处。③

行为准则是人类行为中的一种规律性，其中每个人在预期所有其他人都遵守这种规则的同时，也心甘情愿的遵守它。一个行为准则是关于行为的一套有体系的预期，也是一套有体系的实际行为。

肖特尔将社会制度定义为一种规则，这种规则“存在于社会全体成员都认可的社会行为中，界定在特定重复出现的情况下的行为，而且它或者是自我监督的，或者是由外部权威监督的”。

例如在区划法规所提供的环境中，每个房产开发行为都会预期别的开发行为也会遵守区划法规，因而也会心甘情愿地遵守。这样就可能在城市开发过程中，把某个开发行为对其他土地使用造成的影响降至最低，避免了不必要的纷争，从而带来了社会总体收益的提高。

5.4.2.2　作为规则和所有权的制度

行为准则可以理解为行为者之间达成的一种公共契约，它所针对的是一种社会协作问题。而另一种类型的制度则是强制性的，需要外部权威（如国家）来实施。社会中每个人都希望通过法律规则来保护

① 丹尼尔·W·布罗姆利．陈郁、郭宇峰、汪春译．经济利益与经济制度——公共政策的理论基础．上海三联书店、上海人民出版社，1996．23

② David Lewis．Convention：A Philosophical Study．Oxford．Basil Blackwell 1986．58

③ 同①．14

自己的权益，但有时也会偏离法律和秩序，对他人造成危害。这时就需要一种外部权威来对这种现象进行控制。

康芒斯（John Commons）将制度定义为“限制，解放和扩张个人行为的集体行动。”他认为规则指的是：个体必须和不必须做的事(强制和义务)，他们可以做，而别的个体不会来干涉的事（准许和自由)，他们在集体力量帮助下能够做的事（能力和权力)，以及他们不能够预期集体力量为他们利益而做的事。[①] 施奈德（Cunter Schmitt）则将制度的定义为“人们之间有秩序的关系集，它定义了他们的权利，对别人的权利的特权和责任。”[②]

从某种意义上来讲，政策制度是社会中每一个人得到社会承认和批准的预期集，这些预期集是关于法律的和事实上的法律关系，而这些法律关系决定了相对于其他人选择集的个人选择集。[③]

5.4.3 制度的本质作用

正统经济学理论假设了人是理性地追求效用最大化的。而在新制度经济学看来，人理性地追求效用最大化是在一定制约条件下进行的。这些约制条件就是人们发明和创造的一系列规则、规范等。如果没有制度的约束，那么人人追求效用最大化的结果，只能是社会经济生活的混乱或者低效率。

在完全竞争的市场上，亚当·斯密看不见的手可以把个人的自私自利转化为某种社会最大的福利的情形，“几乎可以说是奇迹般的偶然性”“这种看不见手的幸运结果，不大可能在所有社会环境里出现。”[④]

布罗姆利教授认为，制度决定了个人的选择集中，个人的最大化

---

① 丹尼尔·W·布罗姆利．陈郁、郭宇峰、汪春译．经济利益与经济制度——公共政策的理论基础．上海三联书店、上海人民出版社，1996．54

② 同①

③ 实施产权意味着排除其他人使用有关稀有资源。排他性所有权意味着要消耗一定成本去度量和描述资产耗费相应成本来保证实现所有权利。排他性所有产权的价值依赖于行使权利的成本，即最终依靠强制力量来排除其他人来使用该权利。现实中常常由个人和国家来保证执行排他性权利。国家强制实施所有权，会提高个人所有的资产价值，这种国家行为构成了市场交换的一个基石。

④ 萨缪尔森语．转引自卢现祥著．西方新制度经济学．中国发展出版社，1996．38

行为仅仅是在被界定的选择集中的一种最大化选择，效率是在一定的制度安排假定下的一种人为的东西。总体上来说，制度存在以下几方面的作用：

（1）降低交易成本

在市场环境中，存在着多种因素影响着交易的顺利进行，其中包括市场的不确定性和潜在交易对手的数量，以及人类所具有的有限理性和投机取巧等特征。有效的制度能降低市场中的不确定性、抑制人的机会主义行为倾向，从而降低交易成本。

人们在多次交换中会发现，遵从某种合作制度要比通过欺诈自作聪明地获得少数几次不义之财更为有利，这时制度便会自发地产生。制度的作用在于它能使交易行为能够更加顺利地进行。

（2）减少不确定因素

时间价值和信息费用也是交易费用的组成部分。时间和信息与具体的自然资源一样，也是一种稀缺资源，理性的人们总是要合理地、有效率地分配时间，把时间更多地用于能给自己带来最大满足和效用的活动。而要保证人们的活动和选择总是理性的、有效率的，必须有足够的能消除不确定性的信息或知识。

由于信息或知识同样是稀缺的，因此，要获得信息和知识，人们必须付出代价，投入时间和精力，花费开支，甚至去冒险，人们必须搜寻、等待和加工信息。而良好的制度环境则会为人们节省因搜寻信息而投入的精力，通过帮助人们在与别人交往中，形成合理的预期来对人际关系进行协调。

（3）为合作创造条件

传统经济学强调了经济当事人之间的竞争，而忽略了合作。如果说竞争能够给人们带来活力与效率，那么合作能给人们带来和谐与效率。亚当·斯密在强调分工能够给人们带来效率的时候，忽略了分工的协调成本问题。

在这个意义上，制度就是人们在社会分工与协作过程中经过多次博弈而达成的一系列契约的总和。制度为人们在广泛的社会分工中的合作提供了一个基本框架。所以，制度的基本作用就是规范人们之间的相互关系，减少信息成本和不确定性，将阻碍合作得以进行的因素减小到最低限度。

(4) 提供激励机制

任何一种制度体系的基本任务是对个人行为形成一个激励机制，由此鼓励发明、创新和勤奋以及对别人的信赖，并与别人进行合作。通过这些激励，每个人都将受到鼓舞而去从事那些对他们是良好有益的经济活动，但更重要的是，这些活动对社会整体有益。

尽管不同的政治体制会选择和不同的方式方法来设置这些激励机制，但基本的问题是一样的，也就是说，没有一个社会能够在长期缺乏对个人发明创造进行鼓励的激励机制的条件下，长期存在下去。

如果能找到办法鼓励个人去勤奋工作，去从事生产性活动，并长期保持清醒的头脑来进行决策行为，那么社会利益就可能会因此而得到增加。同样，如果能有一种方式能促进涉及城市开发中的所有部门和个人都能积极努力地参与城市建设，并审慎地对待自己的第一项决定，那么城市发展的盲目性也就会大大降低。

反过来，个人和部门也有着他们希望实现的自己的经济利益，并且因此通过集体行为而产生制度安排，这些制度安排反过来也将有助于他们实现自己的利益。

5.5 现代城市公共政策的作用本质

5.5.1 城市公共政策实施的目的

从以上的分析出发，现在就可以重新审视一下现代城市规划本质性任务：为什么它会成为一种社会化的正式行为？（这里我们指的是规划的本质目标，而不是指具体的事务，如城市更新、协调城市土地使用关系、决定基础设施的建设……）是什么原因导致现代社会需用建立城市规划组织，努力完成这些具体事务？

总体而言，现代城市规划的本质作用主要表现在以下几方面：

(1) 促进效率与理性行为

如果按照新制度经济学的假设，在现实世界中，资源的稀缺性是普遍性。保护资源并使之有效率地得到使用，是现代城市规划的一个根本性任务。城市规划的目的可以看作是减少资源浪费（尤其是土地资源），或在一定劳动和资源下进行最有效的生产。

由于在不同的社会环境中的不同利益集团，有着不同的偏好，这样对资源的有效性使用也就是满足这些不同的特殊偏好。这种偏好在一个既定社会中是已经得到确认并被接受的，因此效率是以它所服务的目标来衡量，社会不存在一个绝对的效率标准，它是相对性的。

这样，就有必要重新理解城市规划中的理性行为。戴维多夫认为，理性是指：①使一个决策行为具有充分的理由。②对相关系统的完全知识。[1]

在第一点中，城市规划的任务就是为决策者提供完全的信息，在某些情况下，为业主和公众提供关于现状，以及处在另一种情况下的未来将是怎样的信息。有了这些信息，行为者就可以更好地采取措施。

第二点对于城市规划来说更加重要，这可以使规划师按照所有的目标辨别最好的选择，这些选择中，还隐含着最优化、最有效的行为的选择。

（2）市场的辅助或替代

在一个完全开放、完全竞争、完全有效的市场经济的社会环境中，城市规划的作用是很小的。完全化的市场意味着卖方和买方完全了解他们所寻求或拥有的卖和买的物品和服务的价值，以及他们的选择范围。这种市场要求参与者能够自由进入，而且每个参与者都完全没有受到来自政治上对市场进行独裁操纵的干扰。

正是由于现实中不存在这样一个完全性的市场，因此才使得规划和计划体现出必要性。城市规划的目标就是通过分配稀缺资源的计划，来取代不完善的市场，使社会花费较少的代价来实现其目标。从这个角度来看，城市规划就是作为一种价格与分配的全新的、精确的控制系统，成为市场的补充手段。

在这个目标中，城市规划的作用常常表现为：在进行合理决策时的收集、分析、和公布信息（如预测和对投入—收益的评估）的一种

---

① Paul Davidoff and Thomas A. Reiner，A Choice Theory of Planning. A.Faludi. A Reader in Planning Theory. Pergamon Press，1973. 15

媒介。但是这种作用的思想基础却是两方面的：一些理论将城市规划作用看作是促使市场更加有效，而不是指导市场变化的机构，它为市场提供现实性的基础，使各方面的价值选择组合到一起；另一些理论则将城市规划看作是市场的替代，认为规划应当指导市场变化，因为它将产生理性的秩序。这样，规划师的职责不仅包括检验不同价值选择项，而且包括制定具体的行为过程。

(3) 改变或扩大个人选择范围

由于普遍存在的资源稀缺性，社会与个人的选择必须根据资源配置状况来作出：在什么时候？以什么目的？以何种形式？如何配置？配置给谁？

正统的、民主的观念认为，任何个人都缺乏足够的能力或智慧，为社会或其他个人作出决策，这种选择应当是由个人或团体自己作出的。但是即使在最自由化的政治体系中，越来越多的人倾向将决策权交给政府来进行裁决，在公共领域中尤其如此。这种权力的移交虽然减少了个人的选择机会，但反过来说，政府的规划过程可以为公众扩大目标和行为的选择范围，也就是增加选择的机会。

增加选择机会与理性行为的目标也是相吻合的，要作出合理的选择，就不能缺少针对选择项的知识，选择者必须知道他的选择范围，知道选择项所包含的内容，这意味着在规划过程中，这些选择项应当得以充分的说明。而一个良好的制度体系对于这种范围的确定是十分必要的，它不仅可以使每个行为者知道自己的权利范围，而且对别人的行为也能作出合理的预期。

这样，如果重新审视一下作为空想型的城市规划传统，通过这种乌托邦式的描述，可以表达出社会在进行改善或改造之后所能实现的效果，可以表达出某种价值观或环境重建给社会所带来的根本转变的行为与目标过程。

空想型方案可以通过以下几种方式来表达：它可以用完全不同的形式来表达一个旧有的价值观念，表达出对一个或多个价值观的完全实现后的前景；它会动摇原有的社会思想，并表达由此而来的变化内容和发展方向。

其实，社会对于城市规划有效性的信任来自于设想人类有能力控制他们的未来，或者通过改变当前社会变化发展的频率和方向，可以改善人类生活状态，抵抗社会衰退。

5.5.2 外部性问题的解决

在城市规划领域中，外部性问题更具有典型意义。在城市的日常控制管理过程中，阳光遮挡、相互污染、行为干扰等现象，实质上都是外部性问题的具体表现。因此，探讨公共干预的本质，必然要对外部性问题的本质进行把握。

5.5.2.1 解决外部性问题的两种途径

外部性作为市场失灵的一种典型现象，是以私人成本和收益，与社会成本和收益的背离为特点的。在解决外部性问题方面，主要存在两种观点：一种观点是对侵害行为依法征收费用，这个费用相当于行为者对他人和社会造成的损失，这样使其成本内在化；另外一种观点是为两种竞争的行为提供一个机制，来决定谁来承担公共费用。①

第一种观点来自于福利经济学家庇古（Pigou），庇古理论主要是针对市场的外部性问题。在现代福利经济学中，外部性是一种市场失败，它是一方所承担的费用，是由另一方在无赔偿的情况下附加上的。例如，某房地产开发由于无限制地提高容积率而获得的高额利润，是将阴影、通风不畅的成本，转嫁给相邻房屋的基础上的。庇古理论认为市场仅仅对个人的投入—收益起作用，但它不能平衡边际成本和收益，这是帕累托最优（Pareto officiency）效率②所要求的。

这样就需要政府干预来纠正这种无效率。庇古理论是干预主义的，体现于政府或国家在土地市场中的积极干预态度。政府干预的解决办法要求在两个相关的行为者之外，设置一个权力机构，对交易行为过程中出现的各种纠纷进行裁决。

以庇古为首的福利经济学家认为，对于负的外部性问题的解决，应该采取的原则是：谁造成了损害，谁就应该负责赔偿，或对其征

① 丹尼尔·W·布罗姆利．陈郁、郭宇峰、汪春译．经济利益与经济制度——公共政策的理论基础．上海三联书店、上海人民出版社，1996．72

② 所谓帕累托最优是指：此时所考察的经济已不可能通过改变产品和资源的配置，在其他人（至少一个人）的效用水平至少不下降的情况下，使任何别人的效用水平有所提高

税。这样，庇古的解决办法需要一个无所不知的中心控制者，它能够把社会看成一个统一的整体，可以对其制定出把技术性外部性准确地转变为税收和补贴方案。

第二种观点的代表是科斯，科斯理论对庇古的理论体系提出反对意见，认为庇古理论忽略了政策形成以及实施过程中的交易费用，它把政策过程视为可以自动地、自然地进行。

科斯认为外部性问题存在着一种相互性质，也就是，避免对乙的损害会使甲遭受损害。这里必须解决的真正问题是，是允许甲损害乙，还是允许乙损害甲？这种两难的问题仅仅依靠政府通过行使权威来进行裁决，是不可能完全解决的。

如果一个污染严重的工厂对邻近的居住区造成了影响，并导致该居住区的价值降低，那么在该种情况下，政府的干预措施是停止工厂的生产权利，保护居民的利益，还是容许工厂继续生产，保护工厂的利益？这里将面临两难的选择，避免对乙的伤害，将导致对甲的伤害，这里真正的问题在于："是允许甲伤害乙，还是允许乙伤害甲？"科斯的答案是，从社会整体效益来看，是避免更大的伤害。[①]

政府也可以通过另一种途径来解决这种外部性问题，即用公共基金为受损者提供补偿：或者给工厂提供补偿，但它必须停产；或者为居民提供补偿，使其继续忍受工厂的污染。然而这种干预常常受到诸多因素的影响，个人对于政府干预的不满一般表现为产权所有人的利益受到妨害，但又没有得到公共补偿，这样使其认为他们的某些财产被无偿地剥夺了，这是与现代社会的民主目标相违背的。

因此，在这种两难的情况下，很难作出明确的决断。关键的问题在于避免较严重的伤害。科斯的解决办法是承认这些交易费用的两重性质，并建立一个双方都可以在其中进行讨价还价的局势，也就是受害者与施害者就谁来承担成本来进来磋商。只有在决定了作为前提的权利结构后，才可以进行这一交易。讨价还价的解决方法可以导致了这样一种情况，其中存在着一些独立于此种解决办法之外的，涉及到

① 丹尼尔·W·布罗姆利．陈郁、郭宇峰、汪春译．经济利益与经济制度——公共政策的理论基础．上海三联书店、上海人民出版社，1996．77

稀缺资源的一些关系，而且市场本身的力量不能够使之内在化。

5.5.2.2　解决问题的难度根源

如果针对城市土地使用中缺乏效率或产生负面外部性问题采取措施，传统办法和标准福利经济学是按照庇古原则，采取罚款或征税的办法。科斯认为，从根本上克服由外部性问题所带来的市场混乱，应该从造成这种混乱的原因入手，而造成这种外部性问题的原因在于产权不清。只要产权不明确，类似的问题是不可避免的。只有明确产权，才能消除或降低这种外部性所带来的危害。

科斯认为，诸如糖果制造商的机器引起的噪声和振动干扰了医生的工作，养牛者的牛闯入了农夫的麦田，一幢房子在毗邻的旅店的日光浴场、游泳池和帐篷上投下阴影等等外部侵害的案例，其共同点在于，一个人或其他人受益或受损的权利问题没有解决好，也就是产权没有界定好。

如果产权是充分限定的，而且交易费用为零，那么不管谁在使用资源，对于社会整体来说，结果都是一样的。这样，当交易费用为零时，市场将会自动解决外部性问题。①

空气质量、地下水资源、能源开发政策、城市膨胀，土地使用分配管理、公共空间的管理、具有妨害性的土地使用、地表水问题、动植物栖息地/物种的保护、矿产开采，以及对有害物质的管理，这些问题的解决都是以共同承担费用为特点的。但是，并不是所有与这些事情有关的各方面都愿意承担这些费用②。

同时，也很难将所有的公共资源的所有权和控制权的彻底私有化，如果要把某个地区的空气和公海的所有权和控制权明确的分配给个人，其困难是显而易见的。即使这是可能的，也要涉及到谁有社会认可的采取特定行为的权利，谁需要负担多余的费用，以及谁可以免除这些费用等根本问题。

5.5.2.3　外部性问题在区划中的体现

为各国所普遍实施的区划制度，实质上就是公共行为的外部性问

① 有些经济学家根据科斯的这一观点，将产权制度的主要功能看作是引导人们实现将外部性较大的内在化的渠道。产权制度及其相应的制度创新有利于将外部收益内在化。

② 有的甚至逃避，并将自己领域中的成本转嫁到公共领域中去。

题在城市规划方面的反映。因此，根本性的问题在于，为什么现代社会会选择区划控制作为城市规划中的一项基本制度？

区划制度在经济理论上的解释是庇古理论所谓的市场失败所引发的，也就是外部性的存在，导致公共利益受损。区划制的目标是增进健康、安全、道德、秩序、便捷、繁荣以及总体利益。在现代城市规划的理论中，庇古理论的基础长期以来占据着主导地位，也就是强调通过政府部门在城市土地使用活动中的积极干预、仲裁，来使城市实现一种协调发展。

目前城市规划领域中关于外部性问题的研究正在成为热点，在20世纪90年代，英国利物浦大学出版的杂志《城市规划研究》（Town Planning Review）刊登了一系列关于外部性问题与城市规划的文章。[①]它们都是从外部性的角度来研究城市规划中的一些基本问题。这些文章分别从庇古的角度和科斯的角度，针对现代城市规划中的制度进行了争论。

庇古理论具体表现为区划制度，而科斯的理论则是反区划的。它们之间的争议就是计划或市场、规划与价格体系的关系问题。随着产权学派的兴起，以及在经济学领域的反干预主义逐渐重新流行起来，许多理论与庇古理论的市场失败相对立，提出区划失败理论，区划被认为是无用的和缺乏效率的。他们提倡自由性规划和市场环境、私有化、自由化、代理等理论，例如哈里斯与摩尔（Jack C. Harris，Douglas Moore）就认为区划是无用的和无效率的。[②]

区划是一种政府的直接干预行为，它通过将某种土地使用行为限定在某个地区之中，来协调各种土地使用之间的关系。但是区划法规在使某个经济行为限定于某个区域内时，通常是无效的，土地市场力量的强大作用导致政府的区划管理作用很小。

在现实中的情况往往相反，政府不是通过区划来调整城市土地使

① 如 Daniel Felsenstein，Joseph Persky and Wim Wiewel，的“Integrating hard-to-measure externalities into the evaluation of local economic development projects”，Michael C. poulton 的“Externalities，transaction costs，public choice and the appeal of zoning”，Lawrence Lai Wai Chung 的“The economics of land-use zoning—A literature review and analysis of the work of Coase”等研究。

② Lawrence Lai Wai Chung. The economics of land-use zoning—A literature review and analysis of the work of Coase. TPR. 1994. 1. 80

用状态，而是城市土地使用状态常常使区划不断作出调整。马瑟等人（Maser et al.）观察到，在一定的时间期限内，经常采用区划来进行调整控制的土地使用格局与没有采用区划进行控制的土地使用格局，基本上没有什么差别。[①]并且，区划控制所针对解决的问题并没有想像的那么严重[②]。在这种情况下，他们呼吁取消区划控制，并节省实施这种控制的费用。

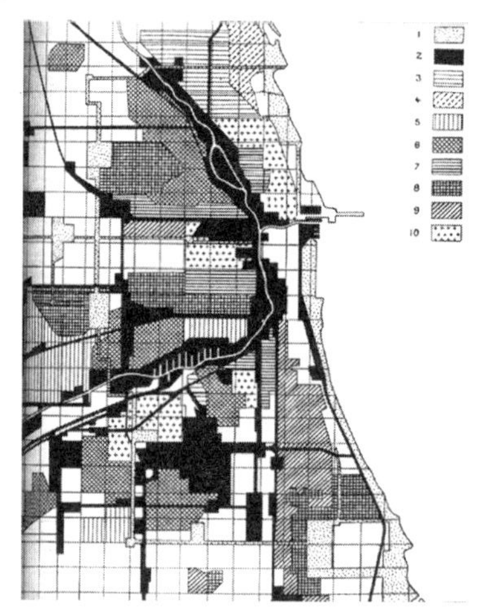

图5-11　芝加哥不同种族空间分布

马克（Mark）和戈德伯格（Goldberg）认为："区划并没有真正导致土地使用和土地价格和重新安排，没有迹象表明在居住产权市场上存在明显的外部性。"[③]马瑟认为："采用区划来消除外部性，这几乎没有效果，惟一的效果就是它会带来种族隔离。……区划是无效的。"[④]

具有市场倾向的人认为城市分区是强制性的，它歪曲了财产的真实价值，因为它阻止了土地所有者以最大程度增加它们私有财产的方式来使用土地，进一步而言，也减少了社会总财富。

如何使区划法规在现实中更加有效，需要更多地从其作用本质上进行考虑。如果某种行为产生的外部性使很多人受到妨害，并且对社会造成严重危害（如大规模污染），这种行为在市场环境下很难形成一种有效的方法来解决。这种情况表明市场运行的代价太大，需要采用政府干预来解决。而另外一些外部性则是细微的，对社会的影响不大，对此采取公共措施的投入反而很可能大大超过获得的产出。

科斯理论认为庇古理论忽视了政府干预中存在的交易费用。政府

① Lawrence Lai Wai Chung. The economics of land-use zoning—A literature review and analysis of the work of Coase. TPR. 1994. 1. 86

② Mark and Goldberg. Land Use Control: The Case of Zoning in the Vancouver Area, Areuea Journal. 1981. 418

③ 同②

④ Maser et al. The Effect of Zoning and Extenalities on the Price of Land. Journal of Law and Economics. April. 1977. 111

干预的有效性，是在交易费用为零，或者相对于市场运行费用较低的的情况下才会表现出来。而市场也存在交易费用，政府的作用在于通过分配初始权力，减少市场运行的交易费用。

由于人们限定、衡量外部性的能力是有限的，因此，整个城市规划专业是建立在一种脆弱的基础之上的，一些外部性是可预见的，持续的，而另外一些则是随机的，偶然的。外部性的存在也并不一定就意味着资源的错误配置。① 因此，解决外部性问题的手段选择，也存在着一种成本—收益的权衡。如果外部性问题的影响较大，则需要政府干预，如果影响较小，则可以通过市场来解决。公共政策的干预并不是在所有情况下都是必要的。

这样，城市规划政策的选择首先存在着一种权衡，即在市场与政府之间的权衡，这种权衡既是政治性的，更是经济性的。一个有效的区划系统应当是能够设置有效的机制，来考察大量的微观行为，使这些行为相互之间不妨害。通过增强互助互惠，促进社会流动，避免独立行为，保证社会的最大产出。

这样，城市规划政策的作用应当主要表现为以下几方面：

（1）辨别、归类和衡量城市活动中的外部性，以及它们应当引起公共关注的临界。

（2）衡量在不同制度下交易费用的大小，尤其是在庇古和科斯系统中的大小。

（3）最后制定出防止不良外部性的区划和开发控制的具体操作手段。

5.6 现代城市公共政策的作用及特征

5.6.1 现代公共政策本质的作用

5.6.1.1 公共干预的意义

现代城市规划体系由法律规则、制度和管理结构所组成，它们用

① 政府针对外部性的措施，常常也只是因为个人、企业、社区对它们的抱怨，而不是根据其本质的要求。Hence Rouley 认为：“大部分情况下，政府官员是根据自身利益来对外部性采取措施的。”

来实现并保障社会的最大产出。对于城市公共政策本质的理解，有利于我们在实践工作中更有效地运用公共政策。为什么社会需要这种公共行为？为什么会以政府作为公众合法代理人，对社会中的众多的个体行为实行干预？其根本原因在于：

政府所采取的公共措施的优势在于它是一个高度集约化的行为，它相对于每个个人行为来说是高效率的，例如铁路、邮电、公路、城市给排水等等基础设施的建设，政府行为无疑比任何一个私人部门更具效率。如果把城市管理中的各种制度也看作是政府的产出，它同样也是具有高效特征的。

如果土地使用者之间通过私下结成契约、单独通过武力或诉诸法律的手段来保障土地使用利益，那么是不可能达到规模经济的。实施城市区划等各种制度费用和代价，必定少于每个土地使用者单独保障其土地使用利益的成本总和。政府在建立规则、保护公民权利方面是最具有优势的组织。如果没有政府主动制定的规则的存在，那么社会用于维护秩序的费用将会更高。

5.6.1.2　权衡性的行为

公共政策在很大程度上是一种在市场和政府间的权衡。政策制度安排应当有益于在社会范围内对个人积极的行为进行许可和引导。这种行为包含两个方面："制度政策"和"程序政策"①。它们一个是关于建立和维护法律基础的政策目标，另一个是关于政府干预目的的政策目标。政府可以通过界定产权制度结构来影响社会的净产出量，也可以通过直接提供公共产品，例如直接进行基础设施建设来实现这一目标。

许多早期经济学家注重于制度政策，亚当·斯密和其他经济学家注重于根据自由市场机制建立和维护一个根本的制度安排。哈奇森认为，直到20世纪早期，"广泛系统的程序政策才开始得以发展。"② 这表现于政府直接制定公共目标，采用公共项目来对社会发展进行干预。

一般来说，制度性的公共政策的作用形式主要在于以下几方面：

---

① 丹尼尔·W·布罗姆利．陈郁、郭宇峰、汪春译．经济利益与经济制度——公共政策的理论基础．上海三联书店、上海人民出版社，1996．267

② 丹尼尔·W·布罗姆利．陈郁、郭宇峰、汪春译．经济利益与经济制度——公共政策的理论基础．上海三联书店、上海人民出版社，1996．267

（1）提高经济生产效率的政策；（2）有目的地改变收入分配的政策；（3）重新配置经济机会的政策；（4）重新分配经济优势的政策。

这样政策分析的主要意图在于分析一项政策是否提高了生产效率，改变了收入分配，重新配置了经济机会（并提高了社会效率），还是重新分配了经济优势。

同时，公共政策还有两个方面的任务：（1）制定社会可接受的制度安排，这些制度安排既限制又解放在操作层次上的个人行动；（2）确定个人决策与集体决策角色之间的界限。

第一个任务决定了人们希望生活在其中的社会环境，第二个任务是对不同的、可供选择的制度结构进行权衡，确定公共行为的界限。也就是，政府应当做什么，而对另外一些事务则采取不干预的态度。

政策分析的一个重点就是预测在何时、在何种条件下市场与非市场过程之间的边界会发生转变。在这种情况下，制度就是界定个人行为的规则和准则，因为市场与非市场过程之间边界的转变，就是个人互相影响方式的变化。

例如，如果某居民住房的阳光被邻居违章搭建所遮挡，他可以选择依靠城市管理法规来要求其拆除，也可以付费给邻居请他拆除；同样，邻居也可以付费给他，请求他不要诉诸法律，这样，他们的行为基础就在“市场”与“政府”之间转变。虽然最终结果是双方达成某种协议，但是其行为方式是不同的。而制度的一个重要作用就在于为这种选择提供了一种行为框架。

5.6.2　效率因素的基准

公共政策的目标是人民生活水平的提高与社会的繁荣稳定，因而更多的注意力一般集中在经济效率方面。彼得森（Petersen）认为城市的社会问题是人的问题，而不是城市空间的问题，在20世纪80年代以来的城市规划思想中，应当强调经济竞争力与可持续性，而不是简单的场所安排。

松莱（Thornley）在回顾了二战后英国的城乡规划发展过程之后，认为英国的规划体系主要是服务于三个目标：（1）提高经济效率；（2）保护环境；（3）满足社会需求。然而在战后50年的实践中，第一个目标是最为普遍重视的，第二个在局部领域中得到重视，而第三个则基本遭到忽略。这种现象使得英国城市发展控制体系逐渐由“规划引导”转变为“项目引导”或“市场引导”。①

没有一个政策目标是设定在采取无效率的行动，而且所有的政策都具有分配含义。政府采取“有效率的”政策，这是因为确信这种政策是解决社会问题的成本最低的途径。在政策研究中，长期以来人们持有这样一种信念，即效率是政策所要追求的实现的首要目标，这样才能使政策研究及政策制定具有科学客观性和价值中立的特征。

对于希望成为一名客观的决策者来讲，价值判断问题是处于合理研究活动核心之外的，他们的思维传统关心的是对政策作用和结果作出客观分析。在决策过程中，即使发现相当多社会价值的作用，他们也希望利用科学的基本原理（一种研究程式）来虚构社会价值观与客观决策之间的关系。他们希望被看成是毫无偏见的观察者，以及提供价值中立意见的不偏不倚的专家。

但是实际上效率是受社会价值左右的，对于收入和效用在社会成员之间的任何一种分配，都存在一种有效的资源配置方式，因而效率是相对性的。某个政策对于社会的某些人是有效率的，但对其他人则未必如此。效率目标需要有严格的界定。所以，许多理论也认为通过强调效率因素来避免价值判断，从而带来了政策措施局限性。

政策研究常常感兴趣的是在某一特定情形下，采取什么样的行动才是最佳的这类问题，经济权衡常常使个人和集团通过与现状比较，发现在另一种状态中会更好。两种状况之间的差异性不是通过对总体财富的衡量得出的，而是由个人对潜在收益的计算得出的。政策分析的工作经常是判断这些个人收益对别人造成损害的程度，或者是对整体的经济条件改善的程度。要准确回答这些问题，需要把更多的注意力投向引导个人和集体行动的社会偏好上去。成本和收益的计算只有在一定的制度安排中才能体现它们的含义，当社会变化的收益超过变化的成本时，就会发生经济变化，不然现状就是有效率的。

① Bryan Macgregor and Andrea Ross. Master or servant? — The changing role of the development plan in the British planning system. TPR. 1995.1. 36

社会效率的计算取决于制度安排的现状结构，这种结构决定了什么是成本，以及由谁来承担。因此，不存在单一的有效率的政策选择，而只有在某种可能的、既定的制度条件下，某种有效率的政策选择。在这种情况下，关键问题不是效率，而是对谁有效率。

对失业者的照顾就会牺牲必须为此类计划提供支出的人的利益，照顾老人、病人和残疾人的计划也同样如此。城市快速交通只有部分人可以享受，而另一些人则同样也要为此付出代价。在这种情况下，政府常常牺牲一个集团的利益而使另一个集团获利。

政策分析所面临的问题更多的是辨明来自政治过程的实际偏好，然后才是制定规划和政策，有效地实现这些目标。这样决策者制定政策并不是通过对社会目标的客观的观察，而常常是对政治过程作出妥协。

同时，一些深信市场具有更多效率特征的决策者认为，一种有效的市场机制，可以对社会偏好进行加总，在交易中标出其价值，最大程度地发挥个人的积极性，并把人们引导向正确的方向。

5.6.3 政策作用的复杂性

在现代社会中，为了协调微观行为和宏观结果，各国政府采用过中央计划经济和分权市场经济这两种极端的解决方法，但是更多的是介乎于二者之间的方法。

不过，无论是市场经济理论，还是中央计划性理论，都存在不完善的地方，自由市场所带来的无视社会的两极分化和资源的巨大浪费，将不可避免地导致暴力革命，这些后果对社会来说是有害的和可怕的——饥饿、流离失所、绝望、失业、犯罪……

与此同时，希望生活在中央性制度下的人则认为，激励因素和制度安排必须作为基本的政策变量来看待，人们必须进行有目的的选择，作出统一的安排。中央性体制似乎避免了资本主义普遍存在的个人对资源的极大浪费和误用，但是由于它对个人缺乏激励因素，因此也可能会付出一定的代价。①

---

① 查尔斯·林德布罗姆著．王逸丹译．政治与市场．世界的政治—经济制度．上海三联书店、上海人民出版社，1991．12

尽管不同的政治体制会选择不同的方式方法来设计社会激励机制，但基本的政策问题仍然是相同的。这就是通过设定有效率的激励机制来鼓励个人发明创造。这并不是说个人利益必然优于社会的总体利益，而是说，如果能够鼓励个人去勤奋工作，积极从事生产性活动，并且长期保持理性的头脑来进行决策，那么社会总体利益就可能得到增加。

政府在这里所起的作用是提供一系列的基本规则。政府干预的基本目标有两方面：（1）界定形成产权结构的竞争与合作的基本规则，即在要素和产品市场上界定所有权结构，这可以使政府的收益最大化。（2）在第一个目标框架中降低交易费用，以实现社会产出最大化，从而使国家利益增加。

但是，这两个目标之间是存在相互冲突的，也正是因为存在着这样的冲突并导致相互矛盾，乃至对抗行为的出现，政府是一种强制性的制度安排：一方面，政府权力是保护个人权利的最有效的工具，因为它具有巨大的规模经济效益，政府的出现及其形成的合理性，也正是为了保护个人权利和节省交易费用所需要的；另一方面，国家权力相对于个人权利的优势，可能对社会造成最危险的侵害，因为政府权力不仅具有扩张的性质，而且其扩张总是依靠针对个人权利的侵犯而实现的，在政府前，个人是无能为力的。

公共政策措施，无论是打算纠正分配不公、规制产业（因为外在性超过增加的利润），生产公共物品，还是纠正市场的不完善，都是将一个人手中的权力强加到其他人的头上，权利总是有意地并不可避免地被交给一些人，而不是另一些人。在任何情况中，这种权利的再分配都给社会不公正和滥用职权提供了机会。

5.6.4 政策行为的边界确定

从客观的角度来看，虽然市场与政府的缺陷都是一种明显而又可预见到的缺陷，但是在市场和政府之间进行公正的比较是相当困难的，因为它们之间的选择并不存在普遍适用的公式。对这两者进行选择的任何轻易结论，都可能会导致严重的后果。

西奥多·洛伊认为，取消公共权力对“个人”团体的危害，可能与公共权力过度集中所造成的危害一样大。然而，这两者的比较通常主要不是依赖于理性分析，而是取决于评价者的实现偏见。我们经常可以看到，在市场环境中的行为者常常一方面寻求政府对他们的帮助，另一方面又在涉及到其自身利益时，提倡市场的自由操作。

在进行这种比较时，虽然很容易看到市场和政府的缺陷对政策结果造成的影响（改善和反应），但是定量地比较这种效果的大小则困难得多。

例如，由市场活动产生的污染、噪声和拥挤这些外在性，可能是消极的，而由公共绿地、公园和公共交通所产生的外在性则可能是积极的，这都是相对容易看到的。但是估算这些外在性大小，并进行数值比较则困难得多，并且通常只能在特定的情况和背景中，依靠仔细的经验性工作才能确定。同样，对来源于不受管制的交通或附近的飞机场的噪声排放所产生的市场外部性的大小，以及对由环境规制所产生的效果大小进行精确估算，几乎是不可行的。

在这种情况下，作出精确的判断，确定政府与市场在政策中的精确比例是不现实的。即使在一种静态状况下，市场与政府抉择的比较是非常复杂的。如果在一种动态状况下，就使情况变得更加复杂，因为它不是在同一个时间的一个点上，而是在一个时间区效应。

但这并不意味着此类比较是缺乏意义的，至少这种权衡表明了政府干预并不一定总是有效的。公共政策的制定，首先应当进行这种权衡，以确定公共政策的行为边界。

市场与政府间的选择的复杂性，不仅表现在市场与政府间的选择，而且也表现在这两者的不同组合间的选择，以及资源配置的各种方式的不同程度上的选择。如果选择偏向市场一方，那么，就应当认识到市场缺陷及其广泛的影响，政府在这方面所应该发挥重要作用；如果选择倾向于通过政府进行资源配置，那么就应当注意政府的缺陷及其影响，同时使市场发挥重要的作用。

公共政策的决定往往也是一个多次权衡的过程，各种城市公共政策的决定，都应当在充分调查研究、充分获取信息的基础上，综合权衡后制定。

对于政策选择的评价，布坎南指出，评价政策效率的标准是同意的一致性。“同意”意味着政策当事人经过收益计算，认为一个实现资源配置的政策对他是有利的，或至少是无害的；“不同意”意味着他认为这一政策有损于它的利益。从社会角度看，至少有一方不同意的政策，比双方都同意的政策所产生的总效用要低。同意的一致性，就意味着政策达到了很高的效率。

小　结

现代城市公共政策的产生与发展，与现代社会在基础结构方面的根本变革分不开的。现代社会发展的本质是现代城市规划产生并发展的基础背景，可以据此来说明现代城市与传统城市的根本区别，同时也进一步辨析了现代城市公共政策行为所针对的社会环境，从而能够对它的本质作用进行探讨。

从现代社会的组织方式来看，政府权威和市场交换是两种最基本的要素，这也导致了现代城市公共政策的行为方式及考虑因素也是两方面的：政府计划性的措施和市场控制性的措施，而这两种方式在现实中都具有难以回避的缺陷。现代城市规划及政策的制定，首先就是对两种方式及其各种不同组合进行权衡和选择，其次才是考虑在各种方式中的具体操作行为。

从新制度经济学的角度，有助于对现代城市公共政策的本质进行探讨。所以，引用“产权理论”、“外部性理论”、“公共领域理论”等方面的成果，对现代城市公共政策的本质及其作用方式进行了剖析，这也有助于我们对现代城市规划及政策在实践中所表现出的特征的作用进行更好的理解。

结语

走向均衡观念的基础思想

1　超越原有思想框架的圄囹

长期以来，城市规划被认为是一种技术性的专业行为，城市规划师的主要职责就是在政府部门的指导下，对城市的物质环境和区位特征作出安排。这种观点一方面来自于物质环境决定论的思想，另一方面来自于对社会发展永恒价值观的理解，并在某种程度上造成了城市规划仅仅作为一种技术行为，而与社会政治环境脱节的问题。该问题已经引起越来越多规划理论的关注与思考。

城市是一个包含着无数的、相互联系着的要素的系统。越来越趋向于综合性的城市规划行为，对于它所包含的理论知识体系要求越来越高。

传统城市规划关注于物质环境，使它的视野常常限定于物质结构和土地使用上。如果要从根本上解决城市中的社会问题，必须要认识到，这些要素只是众多社会问题的表面因素。物质环境和空间关系如果失去与现实中社会环境的关系，就会失去意义和标准。

专业中狭隘的视野会导致在实践中显露出来的问题。造成传统城市规划存在的原因在于对城市规划行为的简单判断，似乎城市的物质环境可以独立于在物质环境中所发生的社会行为和实践，城市中众多复杂的要素可以被简化成单纯的物质空间设计与安排。

在现实中，几乎人人都认识到物质环境与社会、政治、要素之间有着密切的联系，城市更新与住房项目的选择涉及到各种社会复杂关系。许多城市规划师即使认识到其中的复杂关系，理论视野的狭隘性也会导致其常常缺乏动力来理解并解决社会经济本质的问题，探求它们的起因和解决方法。

因此，传统城市规划专业观念亟待深层次的变革。从政府的角度来看待现代城市规划也就是以一种“政策”概念来替代规划中的“计划”“设计”等概念，目的在于从一种社会政治的角度来理解这项工作的本质[①]。

---

① Lewis Mumford. The Culture of Cities. NowYork. Harcourt. Brace. 1938. 7.10

刘易斯·孟福德很早就认为“我们现在已经开始将历史自省与科学知识融入社会社会，来改造一个新的城市形式。共同变革我们时代的工具和目标。深层次的变革，将影响人口的分布和增长，影响工业的效率，以及西方文化方面的质量。这种变革现在已经开始显现了。形成对这种新趋势的准确判断并把它的发展方向纳入到社会福利的轨道中来，则是当前城市研究人员的主要工作。最后，这种研究、预测和想像必须直接针对我们时代中每个公民的生活”。

“什么时候？什么地方？谁得到了什么？如何得到?”这是每一个公共配置资源行为所需要考虑的基本政治问题。对城市的管理需要制定有目的的城市未来发展规划，如果规划缺乏指导能力和理性基础，那么它就不能真正的有效。

城市规划的理论研究方向，应当更广泛地从政府行为的角度来研究城市规划行为。作为一项政治性的工作，城市公共政策的本质不在于制定一种标准蓝图，或一种标准程序，这里的首要问题是对政府本身及其工作性质的理解。在一个现代的民主社会中，政府是公众的代理人，因此，公共政策应当关注的是公共领域中的问题，而不是从某个集团的利益或兴趣出发的。但是正是这一点又注定了公共政策内在的矛盾性与复杂性：公共利益如何确定？政府在控制城市发展过程中的作用应当是什么？政府的目标应当是什么？它的职责是什么？

《激励》杂志封面，慕尼黑，1960

对于这些问题的理解与回答，应当置于一个更为广阔的社会、政治、经济背景中来进行。由于针对城市规划工作的效率评价，在不同的评价体系中是不同的，这种相对性必须得到认识。因此，城市规划理论研究的重点并不在于创造一个新的方法论体系，而是在一种新的思想基础上，对以往城市规划的理论体系、实践方法进行反思与解释，在社会政治的基础上来定位城市规划工作的本质，从而在立足于现实的前提下，为日常工作提供行为的思想基础。

2　加强针对社会基础的研究

立足于社会现实基础上的城市公共政策，必须植根于社会基础的深刻思考。不同的社会基础，所表现及所要求的社会管理方式是不同的。

传统的城市规划观念是与传统社会结构相适应的，中央性、集权式的设计是与一种独裁、专制的政治体系相联系的，以此反映统治者的意志和力量。而在现代社会中，这一切都发生了本质的变化。

现代社会与传统社会之间存在着结构性的差异。现代化过程是一个深刻的社会变迁过程。回顾世界范围的现代化历程，机器的整合与社会的分散是同步进行的。现代化的起因来自于个体的解放所导致的有效激励机制的建立，社会分工带来了生产效率的提高，以及技术革新的巨大动力。但同时个体的解放又导致了社会的无序与混乱，以及相应的低效与衰退①。

现代政府的起因是对这种个体的无序进行管理控制，以提高社会整体福利水平的提高，这是一种充满理性主义色彩的行为。但是，以科学理性为基础思想的行为，在现代社会的环境中，存在着本质性的障碍。

现代化的发展，导致了众多的社会变革。就业的专业化、家族的解体、城市内部功能转变、对健康环境的向往、新技术的发展，是造成现代城市与规划的结构性变化的原因。人类社会的生态形式逐渐从一种稳定的结构和静态的范围散落为一种动态的结构和无边界的空间范围②。而现代城市规划的目标，是力图对这种现代社会无法驾驭的力量进行控制。因此，这导致在诸多社会要素之间，存在本质上难以调和的矛盾。这也就是造成许多难以解决的现代城市问题的根源。

因此，针对现代城市公共政策的基础理论研究，应当立足于对现

① 利益和权力的分化与冲突是现代社会的基本结构，在此分化的社会实在结构中，占据着一个确定位置的社会个体、群体、阶层、国家或民主，就分配资源、权威、财富的公平原则，不可能达到共识性裁定标准和机构。

② “社会”与“区社”的区分，是现代社会与传统社会的本质差别。

代社会结构的基础的理解之上。现代城市不可能按照以往的“蓝图设计”的方式来进行，是因为社会的构成发生了本质性的变化。现代公共政策的基础是建立在对个人的充分承认与尊重的前提上的，因此，产权、制度、公共参与等方面针对作为政府行为的现代城市规划进行分析研究，是基于这种基本理解之上的。

3 实现一种均衡思想的理解

如果将现代城市规划的发展历程置于现代社会发展的背景之中来观察，那么城市规划所难以解决的问题就可以得到很好的理解，同时也可以使我们对城市规划的作用本质，也有一个更清楚的认识。

支撑着现代城市规划体系的建立与完善的思想基础，来自于科学理性的传统。随着人类在自然科学领域中不断取得重大突破，人们没有理由不相信，他们在人类社会自身的领域中，也会取得控制权，使之按照一种理想中的、既定的模式来发展。城市的含义兼具物质环境与社会组织这两种概念。城市规划在极大地改变着城市的物质环境时，也期望着给人类社会带来更好的明天。

然而，也许正是现代社会自身所包含的内在矛盾性，也许是人类对社会有限的理解力、判断力以及方法手段上还很不完善，这种远大的目标仍然不能完全实现，并在其本质上经受着越来越多的质疑。

因此，城市规划专业在其发展历程中，在理想与现实之间始终都存在着矛盾。这种矛盾是本质性的，而且正越来越动摇着城市规划赖以存在的科学理性的思想基础。我们是否可以通过一种预定计划来控制城市的未来发展？城市中的一切问题是否可以通过一种有序的方法来全部加以解决？

自然科学的一些法则告诉我们，自然法则或自然规律之所以可能在任何地方始终有效，是因为物质世界受着在整个空间和时间之内不变的物质统一体的支配。然而，社会学规律，或社会规律则随着不同的地点和时间而有所不同。社会中的规律性不同于物质世界规律那种永恒不变的性质，它们取决于历史，取决于文化上的差异，取决于特定的历史境况。

思想基础的变革，导致了越来越多的理论对城市规划的设计模式进行了评判。这种观念的改变事实上也就是怀疑了由规划师、政府官员等“精英决策者”为社会发展设计未来蓝图的方式，“公共参与”、“决策分散”、“渐进主义”等思想逐渐得到加强。许多人常常将这些决策模式融合在一起，或者混为一谈，实际上它们之间在哲学基础上存在着根本性的差别。

从城市规划职业演进的历史过程来看，由于在基础思想方面存在着不可调和的矛盾，因此，关于城市规划的本质、使命、作用、方法等概念还远未能达成一种共识。如果从严格的立场上来说，这对于学科的发展与完善是不利的。

因此，这就需要对现代城市规划的思想基础进行深入的辨析。这里并不是寻求针对这种现象的一种解决方案，寻求一种手段方法，而是强调从实证的角度出发，研究不同的思想起因及其可能带来的后果，从而能够在不同的环境中，对可供选择的政策、目标、手段进行权衡选择。

现代社会现实的基础及其内在的不可调和的矛盾、社会发展及行为的不确定性，是造成我们在制定城市公共政策，进行政策干预时，所遇到困难的根本原因。同时也促使我们对进行公共干预的思想基础进行深刻的反思，并首先针对的是公共干预的前提。

为什么要进行公共干预，以及在何种情况下进行公共干预？这是在进行正统的政策过程之前（也就是如何使政策更加有效），首先在干预与不干预，也就是在政府与市场之间作出必要的判断与权衡。政府采取公共行为，对市场进行干预，是因为市场运行存在着大量的缺陷，同时，政府干预同样也会带来有缺陷的后果，有时甚至比不干预更加严重。是否需要进行公共干预，是建立在对干预的本质的认识上的①。

这种基本的权衡关系决定了现代城市规划过程中其他要素的权衡关系，如计划性与控制性，中央性与分散性，长期性与短期性，综合性与渐进性……这种权衡的行为模式。这使我们对于城市规划研究的

① 詹姆斯·E·安德森．公共决策．唐亮译．华夏出版社，1990．118

目标发生了根本性的转变，即从“干完了之后会有多么好”转变为“对干完了之后实际会发生什么情况的估计”，以此来对特定政策进行评价和调整，在实施政策过程中，对成本与效益分析进行一种持续性的调整。

因此，在制定城市公共政策，决定是否进行干预之前，需要将实际的社会问题与实行公共干预修正时潜在的不足之间的进行权衡。把将要修正的市场缺陷，与可以预见的、由于修正这种缺陷而由其自身所产生出来的公共干预的缺陷相比，这会在政策研究中形成一种客观的评价。这种比较可以与在市场环境下，假设一种很少或根本没有公共干预的情况，与采取政府措施来纠正市场存在的不足，所带来的缺陷进行权衡比较，并据此来决定是否干预以及如何干预。

在市场行为与政府干预之间进行权衡，不可能前置性地获得一个明确的答案。但是，尽管没有确定、完善的答案，或者甚至根本没有答案，进行这种权衡的意义在于：在特定的政策过程中能提出这些问题，并进行系统性的分析。对每一个政策选择来说，都不可能避免这样一些问题：由谁来做？做什么？何时做？怎么做？这样能够对在政策研究中所忽视的，以及造成许多政策执行中失误的各个方面，都能够给予充分的注意。

参 考 文 献

1 Patricia Bayne. Generating alternatices—A neglected dimension in planning theory. TPR, 1995

2 Michael Batty. New technology and planning — Reflections on rapid change and the culture of planning in the post-industrial age. TPR, 1991

3 Michael J. Biddulph. Choices in the design control process. TPR, 1998

4 Trevor Bobert. Viewpoint—The statutory system of town planning in the UK: a call for detailed reform. TPR, 1998

5 Melville C. Branch. Urban Planning Theory. Dowden Hutchingon & Ross. Inc, 1975

6 Melville C. Branch. Continuous City Planning. A Wiley-Interscience Publication, 1981

7 M.Brehenry & A. Hooper. Rationality in Planning. University of Reading, 1984

8 Lawrence Lai Wai Chung. The economics of land-use zoning—A literature review and analysis of the work of Coase. TPR, 1994

9 Michael Batty & Bruce Hutchinson. System Analysis in Urban Policy-Making And Planning. New York and London: Plenum Press, 1983

10 Gordon Chery. The Politics of Town Planning. Longman, 1982

11 Lata Chatterjee & Peter Nijkamp. Urban Problems and Economic Development. Sijthoffe Noordhoff International Publishers, 1981

12 Barry Cullingworth. Fifty years of post-war planning. TPR, 1994

13 H.W.E.Devies. Europe and the future of planning. Town Planning Review, 1993

14 John Delafons. Policy Forum—Planning research and the policy process, TPR 1995

15 Katherine Duffy and Jo Hutchinson, Urban policy and the turn to commu-

nity. TPR, 1997

16 T·Eggertsson. Economic Behavior and Institutions. 吴经邦等译. 商务印书馆, 1996

17 Michael Fagence. Citizen Participation in Planning. Pergamon Press, 1971

18 Andreas Faludi. A Reader in Planning Theory. Pergamon Press, 1973

19 Daniel Felsenstein. Joseph Persky and Wim Wiewel. Integrating hard-to-measure externalities into the evaluation of local economic development projects. TPR, 1997

20 David Foot. Operational Urban Models. Methuen. London and New York, 1981

21 Patric Geddes. Cities in Evolution. New York: Oxford University Press, 1950

22 Barry Goodchild. Planning and the modern/postmodern debate. TPR, 1990

23 Michael A. Goldberg. The Technology of Urban Systems Modelling: Nagging Questions. Sagging Hopes and Reasons for Continued Research. New York and London: Plenum Press, 1983

24 Malcolm Grant. Planning Law and the British land use Planning system. TPR, 1992

25 Jill Grant. On public use of planning "theory" — Rhetoric and expertise in community planning disputes. TPR, 1994

26 Robin Hambleton. Issues for urban policy in the 1990s. TPR, 1993

27 Patsy Healey. Collaborative planning in a stakeholder society. TPR, 1998

28 Patsy Healey. "Researching Planning Pratice". Town Planning Review, 1991 (4)

29 Ebebezer Howard. Garden Cities of Tomorrow. Cambridge: MIT Press, 1965

30 Jane Jacobs. Life and Death of Great American Cities. Harmondswoth. Penguin, 1974

31 T.R.Lakshmanan. Urban Development Modelling and Policy Analysis: Review and prospect.

32 Kevin Linch. "A Theory of Good City Form". MIT PRESS, 1981

33 Bryan Macgregor and Andrea Ross. Master or servant? — The changing role of the development plan in the British planning system. TPR, 1995

34 Ali Madanipors. Ambiguities of Urban design. TPR, 1997

35 Luigi Mazza. Technical Knowledge, Practical Reason and the Planner's Responsibility. Town Planning Review , 1994 (1)

36 Robert Moore. Viewpoint— Contradictions in British urban policy. TPR, 1993

37 Howard Newby. Ecology. Amenity and Society. Town Planning Review, 1990 (1)

38 Janet Rothenberg Pack. The failure of Model Use for Policy Analysis in Regional Planning. New York and London: Plenum Press, 1983

39 Chris Paris. Critical Readings In Planning Theory. Pergamon Press, 1982

40 Michael C. Poulton. Externalities. transaction costs. public choice and the appeal of zoning. TPR, 1997

41 John Punter and Matthew Carmona. Design Policies in local plans—Recommendations for good practice. TPR, 1997

42 John Rennie Short. The Urban Order. Blackwell Publishers, 1996

43 Trevor Robert. Viewpoint—The statutory system of town planning in the UK: a call for detailed reform. TPR, 1998

44 W. G. Roeseler. Successful American Urban Planning. D. C. Heath and Company, 1982

45 Aldo Rossi. L'architecture De La Ville, 1982

46 Colin Rowe & Fred Koetter. Collage City. The MIT Press , 1978

47 Ellel Saarinen. The City: Its Growth, Its Decay, Its Future. Reinhold Publishing. Corporation, 1945

48 Paul Selman. Local Sustainability. Town Planning Review, 1995 (3)

49 Keith Shaw and Fred Robinson. Learning from experience? Reflections on

two decades of British urban Policy. TPR, 1998
50 Tony Sorensen. Further thoughts on Coasian approaches to zoning—A response to Lai Wai Chung. TPR, 1994
51 William Solesbury. Policy in Urban Planning Pergamon Press, 1974
52 Authory Sutcliffe. The History of Urban and Regional Planning. Mansell. London, 1981
53 David Yeomans. Rehabilitation and historic preservation— A coomparision of American and British approaches. TPR, 1994
54 詹姆斯·E·安德森. 公共决策. 唐亮译. 华夏出版社, 1990
55 V·奥斯特罗姆, D·菲尼, H·皮希特编. 制度分析与发展——问题与抉择. 商务印书馆, 1996
56 斯特凡·奥多布莱扎. 协调心理学与控制论. 商务印书馆, 1997
57 亚里士多德. 政治学. 吴德彭译. 商务印书馆, 1996
58 K·J·巴顿. 城市经济学. 上海社科院部门经济研究所城市经济研究室译. 商务印书馆, 1986
59 柏拉图. 理想国. 郭斌、张竹明译. 商务印书馆, 1996
60 丹尼尔·W·布罗姆利. 陈郁、郭宇峰、汪春译. 经济利益与经济制度——公共政策的理论基础. 上海三联书店、上海人民出版社, 1996
61 卡尔·波普尔著. 杜汝辑、邱仁宗译. 历史决定论的贫困. 华夏出版社, 1987
62 卡尔·波普尔著. 傅季重等译. 猜想与反驳——科学知识的增长, 1986
63 莫里斯·博恩斯坦编. 朱泱等译. 东西方的经济计划. 商务印书馆, 1995
64 W·鲍尔著. 倪文延译. 城市的发展过程. 中国建筑工业出版社, 1984
65 马里奥·本格. 科学的唯物主义. 张相轮、郑敏信译. 上海译文出版社, 1989
66 F·格林斯坦, N·波尔斯比编. 竺乾威等译. 政治学手册, 商务印书馆, 1996

67 西里尔·E·布莱克编．杨豫、陈祖州译．比较现代化．上海译文出版社，1996
68 陈秉钊．城市规划系统工程学．上海：同济大学出版社，1991
69 陈湛匀．现代决策应用与方法分析．立信会计出版社，1994
70 陈宗胜等著．新发展经济学．中国发展出版社，1996
71 陈郁编．企业制度与市场组织．上海三联书店、上海人民出版社，1994
72 E·迪尔凯姆．狄玉明译．社会学方法的准则．商务出版社，1995
73 肯尼斯·弗兰姆普顿．现代城市——一部批判的历史．原山等译．中国建筑工业出版社，1988
74 傅殷才编．凯恩斯主义经济学．中国经济出版社，1995
75 龚宇清．追溯近现代城市规划的“传统”——从“社经传统”到“新城传统”．城市规划，1992
76 辜胜阻、简新华主编．当代中国人口流动与城镇化．武汉大学出版社，1994
77 顾朝林、张勤．新时期城镇体系规划理论与方法．城市规划汇刊，1997（3）
78 尤尔根·哈贝马斯．交往行动理论．洪佩郁等译．重庆出版社，1994
79 约翰·华特生．康德哲学原著选读．韦卓民译．商务印书馆，1987
80 华民．西方混合经济学．复旦大学出版社，1995
81 P·霍尔．邹德慈、金经元译．城市和区域规划．中国建筑工业出版社，1985
82 郝娟著．西欧城市规划理论与实践．天津大学出版社，1997
83 何景熙、王建敏．西方社会学史说．四川大学出版社，1995
84 塞缪尔·亨廷顿等著．罗荣渠主编．现代化理论与历史经验的再探讨．上海译文出版社，1993
85 埃德蒙德·胡塞尔．欧洲科学危机和超验现象学．张庆熊译．上海译文出版社，1988
86 埃德蒙德·胡塞尔．逻辑研究．倪梁康译．上海译文出版社，1994
87 查尔斯·詹克斯．李大厦译．后现代建筑语言．中国建筑工业出

版社，1977
88 景天魁．社会认识的结构和悖论．中国社会科学出版社，1990
89 勒·柯布西耶．走向新建筑．吴景祥译．中国建筑工业出版社，1981
90 康德．蓝公武译．纯粹理性批判．商务印书馆，1960
91 康德．历史理性批判文集．何兆武译．商务印书馆，1996
92 史蒂文·凯尔曼著．商正译．制定公共政策——美国政府的乐观前景．商务印书馆，1990
93 伊姆雷·拉卡托斯、艾兰·马斯格雷夫著．周寄中译．批判与知识的增长．华夏出版社，1987
94 阿摩斯·拉普卜特．建成环境的意义——非语言表达方法．黄兰谷等译．中国建筑工业出版社，1992
95 威廉·莱斯．自然的控制．岳长龄、李建华译．重庆出版社，1993
96 H·李凯尔特．文化科学和自然科学．涂纪亮译．商务印书馆，1996
97 查尔斯·林德布罗姆著．王逸丹译．政治与市场．世界的政治——经济制度．上海三联书店、上海人民出版社，1991
98 卢现祥著．西方新制度经济学．中国发展出版社，1996
99 林毅夫．制度、技术与中国农业发展．上海三联书店、上海人民出版社，1995
100 刘小枫．现代性社会理论．上海三联出版社，1998
101 阿瑟·刘易斯．经济增长理论．梁小民译．上海三联书店、上海人民出版社，1994
102 阿瑟·刘易斯．增长与波动．梁小民译．华夏出版社，1987
103 马洪、孙尚清主编．96版中国发展研究．中国发展出版社，1997
104 马洪、刘中一主编．97版中国发展研究．中国发展出版社，1997
105 R·麦克法考尔、费正清主编．剑桥中华人民共和国史—革命的中国的兴起．中国社会科学出版社，1990
106 巴林顿·摩尔著．拓夫、张东东译．民主与专制的起源．华夏出

版社，1987
107 托马斯·莫尔．戴镏龄译．乌托邦．商务印书馆，1996
108 刘易斯·孟福德著．倪文彦、宋俊岭译．城市发展史——起源、演变和前景．中国建筑工业出版社，1989
109 道格拉斯·C·诺斯著．陈郁、罗化平等译．经济史中的结构与变迁．上海三联书店、上海人民出版社，1994
110 W·H·纽曼、C·E·萨默．管理过程——概念、行为和实践．李柱流译．中国社会科学出版社，1995
111 R·E·帕克等著．宋俊岭等译．城市社会学．华夏出版社，1987
112 T·帕森斯．现代社会的结构与过程．梁向阳译．光明日报出版社，1985
113 弗朗索瓦·佩鲁．新发展观．华夏出版社，1987
114 小艾尔弗雷德·钱德勒．看得见的手．重武译．商务印书馆，1997
115 H·钱纳里、S·鲁宾逊、M·赛尔奎因．工业化和经济增长的比较研究．上海三联书店，1995
116 保罗·A·萨缪尔森、威廉·D·诺德豪斯著，杜月升等译．经济学．中国发展出版社，1992
117 诺伯格·舒尔茨．存在、空间、建筑．尹培桐译．中国建筑工业出版社，1990
118 奥古斯特·勒施著．经济空间秩序．王守礼译．商务印书馆，1995
119 卡米诺·西特．城市建设艺术．仲德昆译．东南大学出版社，1990
120 亚当·斯密．国民财富的性质和原因的研究．郭大力、王亚南译．商务印书馆，1996
121 G·J·施蒂格勒．产业组织和政府管制．潘振民译．上海三联书店、上海人民出版社，1994
122 乔纳森·H·特纳．现代西方社会学理论．范伟达译．天津人民出版社，1988
123 阿尔文·托夫勒．第三次浪潮．朱志焱译．新华出版社，1996

124 王军．可持续发展．中国发展出版社，1997
125 王士君．城市规划的危机与窘境．城市问题．1996（1）
126 汪翔，钱南．公共选择理论导论．上海人民出版社、智慧出版有限公司，1993
127 约翰·沃特金斯．科学与怀疑论．邱宗仁、范瑞平译．上海译文出版社，1991
128 马克斯·韦伯著．林荣远译．经济与社会．商务印书馆，1997
129 查尔斯·沃尔夫．谢旭译．市场或政府或者——权衡两种不完善的选择．兰德公司的一项研究．中国发展出版社，1994
130 翁君奕、徐华．非均衡增长与协调发展．中国发展出版社，1996
131 徐崇温．全球问题和“人类困境”．辽宁人民出版社，1986
132 A·J·伊萨克斯等著．理解市场经济学．商务印书馆，1996
133 张文范．中国乡村城市化存在的问题与战略性选择．村镇建设，1996（4）
134 张汝伦．历史与实践．上海人民出版社，1995
135 张庭伟．论原理的原理．城市规划汇刊，1992（5）
136 张兵．论城市规划实效评价的若干问题．城市规划汇刊，1996（2）
137 张兵．城市规划实效论——城市规划实践的分析理论．中国人民大学出版社，1998
138 张军著．现代产权经济学．上海三联书店、上海人民出版社，1994
139 张迎维．博弈论与信息经济学．上海三联书店、上海人民出版社，1994
140 周建军．城市规划必须走出误区．城市规划，1993（2）
141 城市规划译文集．中国建筑工业出版社，1980